고시넷의 **고패스**

16년간 위험물 산업기사

기출복원문제+유형분석

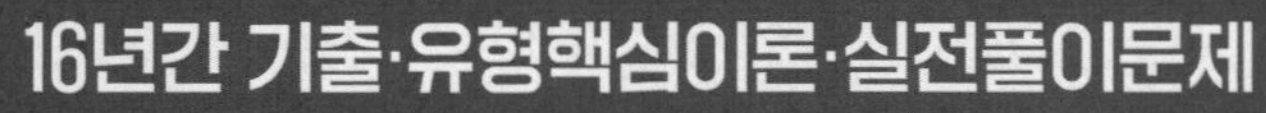

658문항/화학반응식정리 6選/유형핵심이론 161選

2006~2021년 48회분 기출복원문제 수록

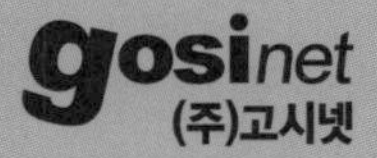

원소 주기율표

→/↓	1A	2A	3B	4B	5B	6B	7B	8B		
	알칼리 금속	알칼리토 금속						철 족		
1	1 H 수소 1.009 1									
2	3 Li 리튬 6.941 1	4 Be 베릴륨 9.01218 2								
3	11 Na 나트륨 22.98977 1	12 Mg 마그네슘 24.305 2								
4	19 K 칼륨 39.098 1	20 Ca 칼슘 40.08 2	21 Sc 스칸듐 44.9559 3	22 Ti 티탄 47.90 3 4	23 V 바나듐 50.9414 3 5	24 Cr 크롬 51.996 2 3 6	25 Mn 망간 54.9380 2 3 4 6 7	26 Fe 철 55.847 2 3	27 Co 코발트 58.9332 2 3	28 Ni 니켈 58.71 2 3
5	37 Rb 루비듐 85.4678 1	38 Sr 스트론튬 87.62 2	39 Y 이트륨 88.9059 3	40 Zr 지르코늄 91.22 4	41 Nb 니오브 92.9064 3 5	42 Mo 몰리브덴 95.94 3 4 5	43 Tc 테크네튬 98.9062[b] 6 7	44 Ru 루테늄 101.07 3 4 6 8	45 Rh 로듐 102.9055 3	46 Pd 팔라듐 106.4 2 4 6
6	55 Cs 세슘 132.9054 1	56 Ba 바륨 137.34 2	57～71 ☆ 란탄계열	72 Hf 하프늄 178.49 4	73 Ta 탄탈 180.9479 5	74 W 텅스텐 183.85 6	75 Re 레늄 186.2 1 4 7	76 Os 오스뮴 190.2 2 3 4 8	77 Ir 이리듐 192.22 3 4	78 Pt 백금 195.09 2 4
7	87 Fr 프란슘 (223)[a] 1	88 Ra 라듐 226.025[b] 2	89～103 ★ 악티늄계열	104 Rf 러더포듐 (260)[a]	105 Db 더브늄 (261)[a]	106 Sg 시보귬 (263)[a]	107 Bh 보륨 (262)[a]	108 Hs 하슘 (265)[a]	109 Mt 마이트너륨 (266)[a]	

A : 전형 원소
B : 전이 원소
1A, 2A : 활성 금속
(빗금) : 양쪽성 물질
→ : 족(group)
↓ : 주기(period)

Inner transition elements

57 La 란탄 138.9055 3	58 Ce 세륨 140.12 3 4	59 Pr 프라세오디뮴 140.9077 3	60 Nd 네오디뮴 144.24 3	61 Pm 프로메튬 (145)[a] 3	62 Sm 사마륨 150.4 2 3	63 Eu 유로퓸 151.96 2 3
89 Ac 악티늄 (227)[a] 3	90 Th 토륨 232.088[b] 4	91 Pa 프로트악티늄 231.035[b] 5	92 U 우라늄 238.029 4 6	93 Np 넵투늄 237.048[b] 4 5 6	94 Pu 플루토늄 (242)[a] 3 4 5 6	95 Am 아메리슘 (243)[a] 3

- 금속원소
- 비금속원소
- 전이원소
- 전이후금속원소
- 준금속원소

1B	2B	3A	4A	5A	6A	7A	8A(0족)
구리족	아연족	붕소족	탄소족	질소족	산소족	할로겐족	불활성 가스

원자번호	6
원소기호	C
원자가	2 ±4
원소명	탄소
원자량	12.011

1B	2B	3A	4A	5A	6A	7A	8A(0족)
							2 He 0 헬륨 4.00260
		5 B 3 붕소 10.81	6 C 2, ±4 탄소 12.011	7 N ±3, 5 질소 14.0067	8 O -2 산소 15.9994	9 F -1 불소 18.998	10 Ne 0 네온 20.179
		13 Al 3 알루미늄 26.98154	14 Si 4 규소 28.086	15 P ±3, 5 인 30.9737	16 S -2, 4, 6 황 32.06	17 Cl -1, 3, 5, 7 염소 35.453	18 Ar 0 아르곤 39.948
29 Cu 1, 2 구리 63.546	30 Zn 2 아연 65.38	31 Ga 2, 3 갈륨 69.72	32 Ge 4 게르마늄 72.59	33 As ±3, 5 비소 74.9216	34 Se -2, 4, 6 셀레늄 78.96	35 Br -1, 3, 5, 7 브롬 79.904	36 Kr 0 크립톤 83.80
47 Ag 1 은 107.868	48 Cd 2 카드뮴 112.40	49 In 3 인듐 114.82	50 Sn 2, 4 주석 118.69	51 Sb 3, 5 안티몬 121.75	52 Te -2, 4, 6 텔레륨 127.60	53 I -1, 3, 5, 7 요오드 126.904	54 Xe 0 크세논 131.30
79 Au 1, 3 금 196.9665	80 Hg 1, 2 수은 200.59	81 Tl 1, 3 탈륨 204.37	82 Pb 2, 4 납 207.2	83 Bi 3, 5 비스무트 208.9804	84 Po 2, 4 폴로늄 (210)[a]	85 At 1, 3, 5, 7 아스타틴 (210)[a]	86 Rn 0 라돈 (222)[a]

※ 수은(Hg)은 실온에서 유일한 액체금속

금속 →|← 비금속

64 Gd 3 가돌리늄 157.25	65 Tb 3 테르븀 158.9254	66 Dy 3 디스프로슘 162.50	67 Ho 3 홀뮴 164.9304	68 Er 3 에르븀 167.26	69 Tm 3 툴륨 168.9342	70 Yb 2, 3 이테르븀 173.04	71 Lu 3 루테튬 174.97
96 Cm 3 퀴륨 (247)[a]	97 Bk 3, 4 버클륨 (249)[a]	98 Cf 3 칼리포르늄 (251)[a]	99 Es 아인시타이늄 (254)[a]	100 Fm 페르뮴 (253)[a]	101 Md 멘델레븀 (256)[a]	102 No 노벨륨 (254)[a]	103 Lr 로렌슘 (257)[a]

도서 소개

2022 16년간 고패스 위험물산업기사 실기 기출복원+유형분석 도서는....

■ 분석기준

2006년~2021년까지 16년분의 위험물산업기사 실기 기출복원문제를 아래와 같은 기준에 입각하여 분석&정리하였습니다.

- 필기시험 합격 회차에 실기까지 한 번에 합격할 수 있도록
- 최대한 중복을 배제해서 짧은 시간동안 효율을 극대화할 수 있도록
- 시험유형을 최대한 고려하여 꼼꼼하게 확인할 수 있도록

■ 분석대상

분석한 2006년~2021년까지 16년분의 위험물산업기사 실기 기출복원 대상문제는 필답형 문제 중 법규변경 등의 이유로 폐기한 문제를 제외한 658개 문항

■ 분석결과

분석한 결과

- 2020년 1회부터 출제기준이 변경되어 시행중인 위험물산업기사 실기시험은 1문항당 5점의 배점을 가지며 총 20문항이 출제되고 있습니다.
- 2020년 이전에 출제되었던 문제와 동일한 문제는 회차당 2~4문항에 그치고 있으며, 거의 대부분의 문제가 이미 출제된 문제를 좀더 세부적으로 출제하거나 다른 문제와 합쳐서 출제하고 있습니다.
- 기존에 출제되지 않은 내용이 출제된 경우는 20문항 중 2~3문항에 불과하며, 나머지 17~18문항은 기존의 출제된 내역을 변형하여 출제되고 있음에 유의하셔야 합니다.

이에 본서에서는 이를 출제유형별로 재분류하여

- 〈1부〉 유형핵심이론 161選+α : 반드시 암기해야 하는 화학반응식을 분류 취합하여 화학반응식 정리 6選으로, 16년간의 기출문제를 해결하는데 필요한 이론을 10개의 Chapter와 세분화된 161개의 코어로 분류 · 제시합니다.

- 〈2부〉 16년간 기출복원문제(I) 복원문제+모범답안 : 2006년부터 2021년 4회차까지 총 16년, 48회분 기출복원문제를 모범답안과 함께 제공합니다. 문제를 해결하는데 필요한 설명을 부가하였으나 부족한 부분은 문제 각각에 표시된 1부의 핵심 Core(번호와 페이지 참조)를 참고하시기 바랍니다. 20년 이후 개편된 시험은 기존에 출제된 문제를 똑같이 출제하고 있지 않습니다. 가능하면 문제를 푸시면서 관련 내용의 Core이론을 함께 학습하시기 바랍니다.

- 〈3부〉 16년간 기출복원문제(II) 복원문제 실전풀어보기 : 2부와 동일하게 2006년부터 2021년 4회차까지 총 16년, 48회분 기출복원문제를 답안없이 제공합니다. 최종 마무리 평가용으로 직접 답안을 써볼 수 있도록 문제만 제시하였습니다. 모든 구성이 2부와 동일하므로 답안은 2부의 같은 페이지를 통해서 확인하실 수 있습니다.

위험물산업기사 실기 개요 및 유의사항

위험물산업기사 실기 개요

- 필답형으로 20문항이 출제됩니다.
- 시험시간은 2시간이며, 100점 만점으로 문항당 5점씩이 부여됩니다.
- 일부 문제를 제외하고 부분점수가 부여되므로 포기하지 말고 답안을 기재하시기 바랍니다.

실기 준비 시 유의사항

1. 주관식이므로 관련 내용을 정확히 기재하셔야 합니다.

- 단위와 이상, 이하, 초과, 미만 등의 표현에 주의하십시오. 이 표현들을 빼먹어서 제대로 점수를 받지 못하는 분들이 의외로 많습니다. 암기하실 때도 이 부분을 소홀하게 취급하시는 분들이 많습니다. 시험 시작할 때 우선적으로 이것부터 챙기겠다고 마음속으로 다짐하시고 시작하십시오. 알고 있음에도 놓치는 점수를 없애기 위해 반드시 필요한 자세가 될 것입니다.
- 계산 문제는 특별한 지시사항이 없는 한 소수점 아래 둘째자리까지 구하시면 됩니다. 지시사항이 있다면 지시사항에 따르면 되고 그렇지 않으면 소수점 아래 셋째자리에서 반올림하셔서 소수점 아래 둘째자리까지 구하셔서 표기하시면 됩니다.
- 아울러 계산 문제의 경우 답이 만들어지는 계산식을 기재하도록 하고 있습니다. 계산기를 이용해서 계산을 하시더라도 계산기에 적으시는 내용정도는 답안지에 기재하신 후 계산결과를 최종적으로 기재하시기 바랍니다.(우리 책의 모범답안에는 학습하시는 분의 이해를 돕기 위해서 계산식 혹은 해당 문제를 풀기 위한 도입설명이 길게 작성되어 있습니다. 해당 내용은 모두 기재하실 필요 없으며 문제를 풀기 위한 가장 기본적인 수식이나 반응식을 기재하신 후 결과값을 기재하시면 됩니다)

2. 부분점수가 부여되므로 포기하지 말고 기재하도록 합니다.

부분점수가 부여되므로 전혀 모르는 내용의 新유형 문제가 나오더라도 포기하지 않고 상식적인 범위 내에서 관련된 답을 기재하는 것이 유리합니다. 공백으로 비울 경우에도 0점이고, 틀린 답을 작성하여 제출하더라도 0점입니다. 상식적으로 답변할 수 있는 수준으로 제출할 경우 부분점수를 획득할 수도 있으니 포기하지 말고 기재하도록 합니다.

어떻게 학습할 것인가?

앞서 도서 소개를 통해 본서가 어떤 기준에 의해서 만들어졌는지를 확인하였습니다. 이에 분석된 데이터들을 가지고 어떻게 학습하는 것이 가장 효율적인지를 저희 국가전문기술자격연구소에서 연구 · 검토한 결과를 제시하고자 합니다.

• 필기와 달리 실기는 직접 답안지에 서술형 혹은 단답형으로 그 내용을 기재하여야 하므로 정확하게 관련 내용에 대한 암기가 필요합니다. 가능한 한 직접 손으로 쓰면서 암기해주십시오.
• 출제되는 문제는 새로운 문제가 포함되기는 하지만 80% 이상이 기출문제에서 출제되는 만큼 기출 위주의 학습이 필요합니다.

1단계 : 〈1부〉 핵심유형이론 161選 + 화학반응식 정리 6選 집중공략

주로 출제가 되는 화학반응식을 정리하여 화학반응식 정리 6選으로 제시하였습니다. 화학반응식은 실기시험 문제를 풀기 위해서는 반드시 암기해야 하는 기본내용입니다. 제시된 화학반응식만 모두 암기하신다면 시설기준이나 법규를 제외한 거의 60%의 문제를 해결하실 수 있습니다. 반드시 암기하여 주시기 바랍니다. 아울러 출제된 문제를 분석하여 161개의 코어로 분류하여 이를 집중적으로 학습할 수 있도록 10개의 Chapter로 구분하였습니다. 필기합격 후 실기시험까지의 일정이 불과 40여일에 불과하므로 이 기간 내에 집중적으로 암기할 수 있도록 정리했습니다. 이미 필기에서 학습한 내용이므로 다시 한번 확인하면서 완벽하게 암기하시기 바랍니다.

2단계 : 2부의 16년간 출제된 필답형 기출복원문제(I)를 한문제씩 직접 풀어가시면서 암기해주십시오.

16년간 출제된 필답형 기출문제를 복원하여 제공되는 2부의 회차별 기출복원문제를 정독하시면서 암기해주시기 바랍니다. 2020년 이후로 필답형만 시행되면서부터 문제의 출제형태가 다소 변화하였습니다. 출제된 기출복원문제를 해결하시면서 가능한 관련 내용도 꼼꼼히 살펴주시기 바랍니다. 문제와 관련된 이론은 문제 하단에 표시된 Core(번호와 페이지)를 통해서 확인하실 수 있습니다.

3단계 : 2부의 회차별 기출복원문제(I)를 반복해서 암기하셔서 더 이상 학습할 필요가 없다고 자신하신다면 실제 시험과 같이 직접 연필을 이용해서 3부의 회차별 기출복원문제(II)를 풀어보시기 바랍니다.

별도의 답안은 제공되지 않고 2부와 동일하게 구성되어있으므로 직접 풀어보신 후에는 2부의 모범답안과 비교해 본 후 틀린 내용은 오답노트를 작성하시기 바랍니다. 그런 후 틀린 내용에 대해서 집중적으로 암기하는 시간을 가져보시기 바랍니다. 답안을 연필로 작성하신 후 지우개로 지워두시기 바랍니다. 시험 전에 다시 한번 최종 마무리 확인시간을 가지면 합격가능성은 더욱 올라갈 것입니다.

위험물산업기사 상세정보

자격종목

자격명		관련부처	시행기관
위험물산업기사	Industrial Engineer Hazardous material	소방청	한국산업인력공단

검정현황

■ 필기시험

	2010	2011	2012	2013	2014	2015	2016	2017	2018	2019	2020	2021	합계
응시인원	8,126	7,851	8,637	10,711	13,503	16,127	19,475	20,764	80,662	23,292	21,597	25,076	255,821
합격인원	3,119	2,713	2,715	4,469	6,355	7,760	7,251	9,818	9,390	11,567	11,622	17,356	94,135
합격률	38.4%	34.6%	31.4%	41.7%	47.1%	48.1%	37.2%	47.3%	45.4%	49.7%	53.8%	69.2%	36.8%

■ 실기시험

	2010	2011	2012	2013	2014	2015	2016	2017	2018	2019	2020	2021	합계
응시인원	4,726	4,960	4,217	5,535	7,316	9,206	9,239	11,200	12,114	14,473	15,985	18,232	117,203
합격인원	1,407	1,588	2,008	2,734	5,240	5,453	6,564	6,490	6,635	9,450	8,544	8,691	64,804
합격률	29.8%	32%	47.6%	49.4%	71.6%	59.2%	71%	57.9%	54.8%	65.3%	53.5%	47.7%	55.3%

■ 취득방법

시험과목	위험물 취급 실무	① 위험물 성상 ③ 위험물 시설기준 ⑤ 관련법규 적용 ⑦ 위험물 운송 · 운반 관리	② 위험물 소화 및 화재, 폭발 예방 ④ 위험물 저장 · 취급 기준 ⑥ 위험물 운송 · 운반기준 파악
검정방법	서술형 및 단답형 문제 20문항 총점 100점 문항당 5점		
합격기준	100점 만점에 60점 이상		
■ 필기시험 합격자는 당해 필기시험 발표일로부터 2년간 필기시험이 면제된다.			

시험접수부터 자격증 취득까지

실기시험

- 원서접수: http://www.q-net.or.kr
- 각 시험의 실기시험 원서접수 일정 확인

- 각 실기시험(필답/작업)의 준비물 확인
- 실기시험 일정 및 응시 장소 확인

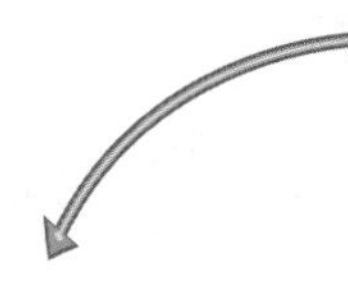

- 합격발표: http://www.q-net.or.kr
- 각 시험의 합격발표 일정 확인

- 인터넷 발급: http://www.q-net.or.kr
- 방문 발급: 신분증 지참 후 발급장소(지부/지사) 방문

이 책의 구성

❶ 화학반응식 정리 6選

– 위험물산업기사 실기시험의 거의 전부라 할 수 있는 화학반응식을 정리하여 제시하였습니다. 반드시 암기하셔야 합니다.

실기시험 합격을 위해 필수적인 화학반응식을 6개로 정리하여 제시하였습니다.

Chapter 00 화학반응식 정리

☑ 정리 01. 물과의 반응

류별	품명	물질명	반응식
제1류	무기과산화물	과산화칼륨(K_2O_2)	$2K_2O_2 + 2H_2O \rightarrow 4KOH + O_2$ 과산화칼륨 + 물 → 수산화칼륨 + 산소
		과산화나트륨(Na_2O_2)	$2Na_2O_2 + 2H_2O \rightarrow 4NaOH + O_2$ 과산화나트륨 + 물 → 수산화나트륨 + 산소
		과산화바륨(BaO_2)	$2BaO_2 + 2H_2O \rightarrow 2Ba(OH)_2 + O_2$ 과산화바륨 + 물 → 수산화바륨 + 산소
	삼산화염류	삼산화크롬(CrO_3)	$CrO_3 + H_2O \rightarrow H_2CrO_4$ 삼산화크롬 + 물 → 크롬산
제2류	황화린	오황화린(P_2O_5)	$P_2S_5 + 8H_2O \rightarrow 5H_2S + 2H_3PO_4$ 오황화린 + 물 → 황화수소 + 올소인산
	마그네슘	마그네슘(Mg)	$Mg + 2H_2O \rightarrow Mg(OH)_2 + H_2$ 마그네슘 + 물(온수) → 수산화마그네슘 + 수소
	금속분	알루미늄(Al)	$2Al + 6H_2O \rightarrow 2Al(OH)_3 + 3H_2$ 알루미늄 + 물 → 수산화알루미늄 + 수소
제3류	칼륨	칼륨(K)	$2K + 2H_2O \rightarrow 2KOH + H_2$ 칼륨 + 물 → 수산화칼륨 + 수소
	나트륨	나트륨(Na)	$2Na + 2H_2O \rightarrow 2NaOH + H_2$ 나트륨 + 물 → 수산화나트륨 + 수소
	알킬알루미늄	트리메틸알루미늄[$(CH_3)_3Al$]	$(CH_3)_3Al + 3H_2O \rightarrow Al(OH)_3 + 3CH_4$ 트리메틸알루미늄 + 물 → 수산화알루미늄 + 메탄
		트리에틸알루미늄[$(C_2H_5)_3Al$]	$(C_2H_5)_3Al + 3H_2O \rightarrow Al(OH)_3 + 3C_2H_6$ 트리에틸알루미늄 + 물 → 수산화알루미늄 + 에탄
	알킬리튬	메틸리튬[$(CH_3)Li$]	$(CH_3)Li + H_2O \rightarrow LiOH + CH_4$ 메틸리튬 + 물 → 수산화리튬 + 메탄
	알칼리토금속 및 알칼리금속	칼슘(Ca)	$Ca + 2H_2O \rightarrow Ca(OH)_2 + H_2$ 칼슘 + 물 → 수산화칼슘 + 수소
	금속의 수소화물	수소화칼륨(KH)	$KH + H_2O \rightarrow K(OH) + H_2$ 수소화칼륨 + 물 → 수산화칼륨 + 수소
	금속의 인화물	인화알루미늄(AlP)	$AlP + 3H_2O \rightarrow Al(OH)_3 + PH_3$ 인화알루미늄 + 물 → 수산화알루미늄 + 포스핀
		인화칼슘(Ca_3P_2)	$Ca_3P_2 + 6H_2O \rightarrow 3Ca(OH)_2 + 2PH_3$ 인화칼슘 + 물 → 수산화칼슘 + 포스핀
	금속의 탄화물	탄화칼슘(CaC_2)	$CaC_2 + 2H_2O \rightarrow Ca(OH)_2 + C_2H_2$ 탄화칼슘 + 물 → 수산화칼슘 + 아세틸렌
		탄화알루미늄(Al_4C_3)	$Al_4C_3 + 12H_2O \rightarrow 4Al(OH)_3 + 3CH_4$ 탄화알루미늄 + 물 → 수산화알루미늄 + 메탄
제4류	특수인화물	이황화탄소(CS_2)	$CS_2 + 2H_2O \rightarrow CO_2 + 2H_2S$ 이황화탄소 + 물 → 이산화탄소 + 황화수소

I–2 1부 _ 유형별 핵심이론 161選

❷ 핵심유형이론 161選

– 최근 16년간 출제된 모든 필답형 기출문제를 분석하여 161개의 코어로 분류하여 제공합니다.

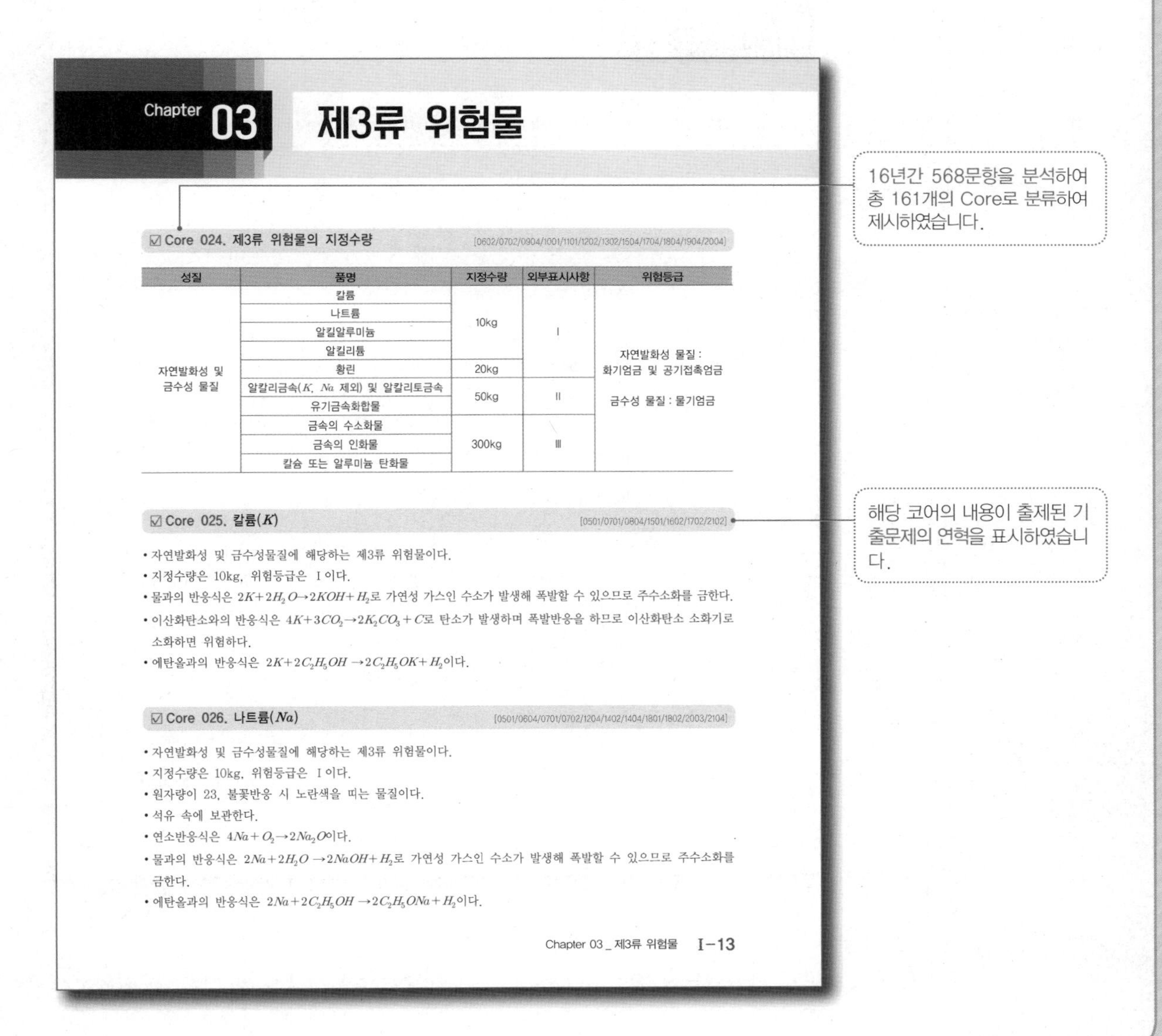

Chapter 03 제3류 위험물

16년간 568문항을 분석하여 총 161개의 Core로 분류하여 제시하였습니다.

☑ Core 024. 제3류 위험물의 지정수량 [0602/0702/0904/1001/1101/1202/1302/1504/1704/1804/1904/2004]

성질	품명	지정수량	외부표시사항	위험등급
자연발화성 및 금수성 물질	칼륨	10kg	Ⅰ	자연발화성 물질 : 화기엄금 및 공기접촉엄금 금수성 물질 : 물기엄금
	나트륨			
	알킬알루미늄			
	알킬리튬			
	황린	20kg		
	알칼리금속(K, Na 제외) 및 알칼리토금속	50kg	Ⅱ	
	유기금속화합물			
	금속의 수소화물	300kg	Ⅲ	
	금속의 인화물			
	칼슘 또는 알루미늄 탄화물			

☑ Core 025. 칼륨(K) [0501/0701/0804/1501/1602/1702/2102]

해당 코어의 내용이 출제된 기출문제의 연혁을 표시하였습니다.

- 자연발화성 및 금수성물질에 해당하는 제3류 위험물이다.
- 지정수량은 10kg, 위험등급은 Ⅰ이다.
- 물과의 반응식은 $2K+2H_2O \rightarrow 2KOH+H_2$로 가연성 가스인 수소가 발생해 폭발할 수 있으므로 주수소화를 금한다.
- 이산화탄소와의 반응식은 $4K+3CO_2 \rightarrow 2K_2CO_3+C$로 탄소가 발생하며 폭발반응을 하므로 이산화탄소 소화기로 소화하면 위험하다.
- 에탄올과의 반응식은 $2K+2C_2H_5OH \rightarrow 2C_2H_5OK+H_2$이다.

☑ Core 026. 나트륨(Na) [0501/0604/0701/0702/1204/1402/1404/1801/1802/2003/2104]

- 자연발화성 및 금수성물질에 해당하는 제3류 위험물이다.
- 지정수량은 10kg, 위험등급은 Ⅰ이다.
- 원자량이 23, 불꽃반응 시 노란색을 띠는 물질이다.
- 석유 속에 보관한다.
- 연소반응식은 $4Na+O_2 \rightarrow 2Na_2O$이다.
- 물과의 반응식은 $2Na+2H_2O \rightarrow 2NaOH+H_2$로 가연성 가스인 수소가 발생해 폭발할 수 있으므로 주수소화를 금한다.
- 에탄올과의 반응식은 $2Na+2C_2H_5OH \rightarrow 2C_2H_5ONa+H_2$이다.

Chapter 03 _ 제3류 위험물 Ⅰ-13

❸ 〈2부〉 16년간 출제된 필답형 기출복원문제(Ⅰ)

– 최근 16년간 출제된 모든 필답형 기출문제를 회차별로 모범답안과 함께 학습하실 수 있도록 제시하였습니다.

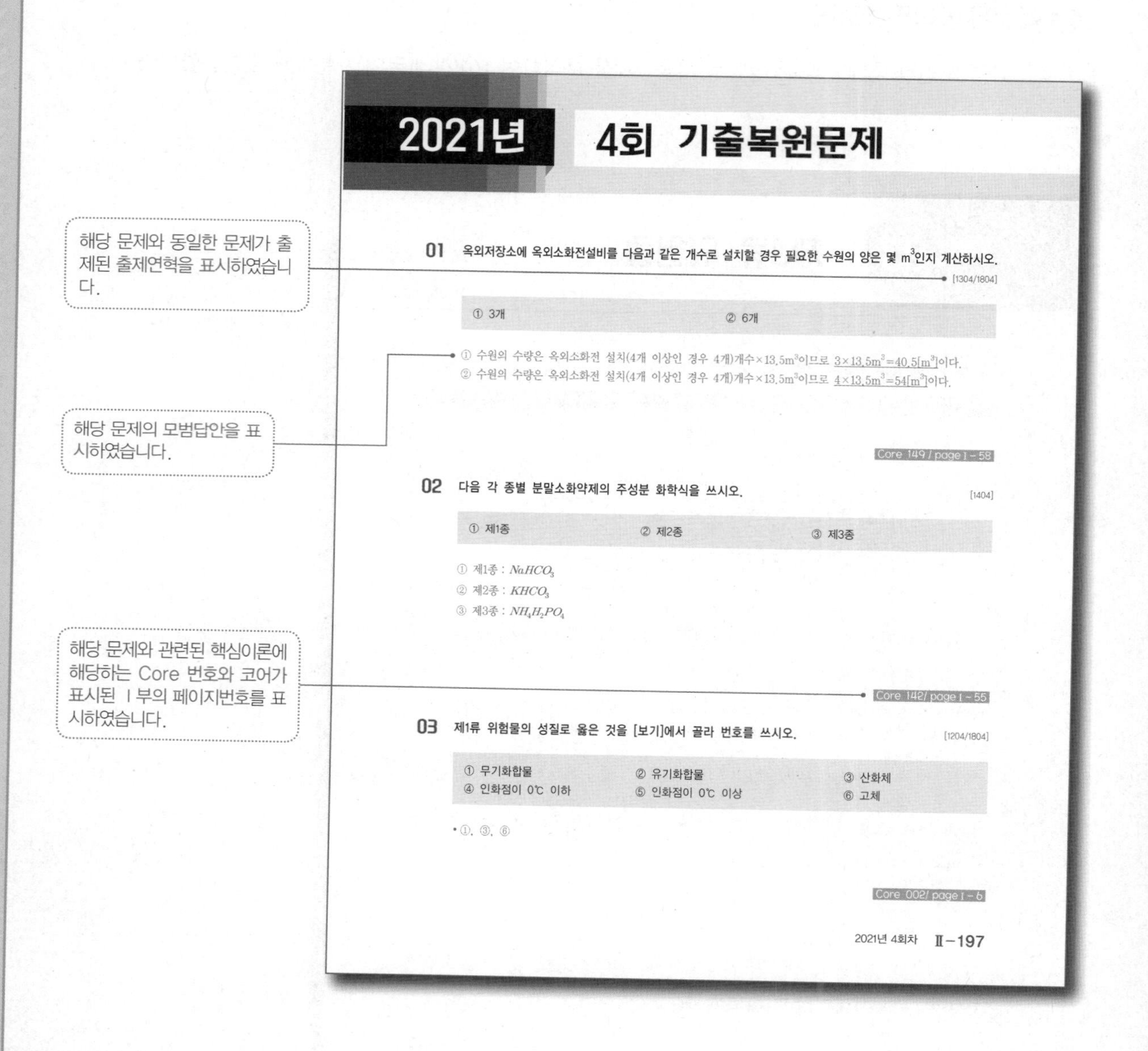

2021년 4회 기출복원문제
해당 문제와 동일한 문제가 출제된 출제연혁을 표시하였습니다.
01 옥외저장소에 옥외소화전설비를 다음과 같은 개수로 설치할 경우 필요한 수원의 양은 몇 m³인지 계산하시오.
[1304/1804]
① 3개
② 6개
① 수원의 수량은 옥외소화전 설치(4개 이상인 경우 4개)개수×13.5m³이므로 3×13.5m³=40.5[m³]이다.
② 수원의 수량은 옥외소화전 설치(4개 이상인 경우 4개)개수×13.5m³이므로 4×13.5m³=54[m³]이다.
해당 문제의 모범답안을 표시하였습니다.
Core 149 / page Ⅰ – 58
02 다음 각 종별 분말소화약제의 주성분 화학식을 쓰시오.
[1404]
① 제1종
② 제2종
③ 제3종
① 제1종 : NaHCO₃
② 제2종 : KHCO₃
③ 제3종 : NH₄H₂PO₄
해당 문제와 관련된 핵심이론에 해당하는 Core 번호와 코어가 표시된 Ⅰ부의 페이지번호를 표시하였습니다.
Core 142/ page Ⅰ – 55
03 제1류 위험물의 성질로 옳은 것을 [보기]에서 골라 번호를 쓰시오.
[1204/1804]
① 무기화합물
② 유기화합물
③ 산화체
④ 인화점이 0℃ 이하
⑤ 인화점이 0℃ 이상
⑥ 고체
• ①, ③, ⑥
Core 002/ page Ⅰ – 6
2021년 4회차 Ⅱ–197

❹ 〈3부〉 16년간 출제된 회차별 기출복원문제(II)

– 〈2부〉의 내용에서 답안을 뺀 기출복원문제를 제시하였습니다. 직접 연필로 답안을 작성해보시고 〈2부〉의 모범답안과 비교해 본 후 틀린 내용은 오답노트를 작성하여 완벽하게 학습하시기 바랍니다.

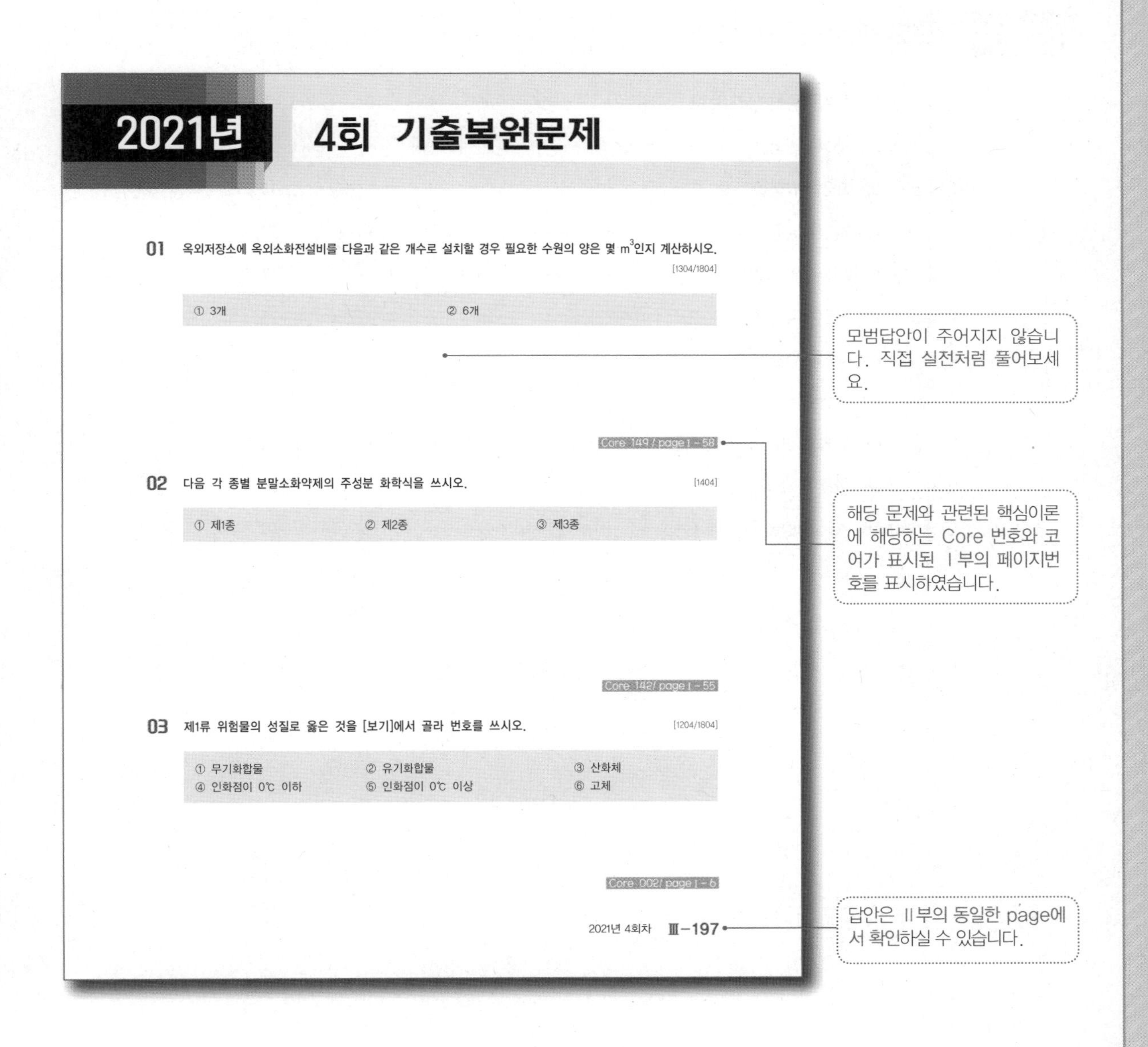
2021년
4회 기출복원문제
01 옥외저장소에 옥외소화전설비를 다음과 같은 개수로 설치할 경우 필요한 수원의 양은 몇 m³인지 계산하시오.
[1304/1804]
① 3개
② 6개
Core 149 / page I - 58
02 다음 각 종별 분말소화약제의 주성분 화학식을 쓰시오.
[1404]
① 제1종
② 제2종
③ 제3종
Core 142/ page I - 55
03 제1류 위험물의 성질로 옳은 것을 [보기]에서 골라 번호를 쓰시오.
[1204/1804]
① 무기화합물
② 유기화합물
③ 산화체
④ 인화점이 0℃ 이하
⑤ 인화점이 0℃ 이상
⑥ 고체
Core 002/ page I - 6
2021년 4회차 Ⅲ-197
모범답안이 주어지지 않습니다. 직접 실전처럼 풀어보세요.
해당 문제와 관련된 핵심이론에 해당하는 Core 번호와 코어가 표시된 I 부의 페이지번호를 표시하였습니다.
답안은 II부의 동일한 page에서 확인하실 수 있습니다.

이 책의 차례

1부 유형별 핵심이론 161選+α

2부 16년간 기출복원문제<복원문제+모범답안>

3부 16년간 기출복원문제<복원문제 실전 풀어보기>

고시넷의 고패스

16년간
위험물
산업기사
기출복원문제+유형분석
실기 〘 1부 〙

유형별 핵심이론 161選 + α

통합정리이론 06選 + 유형별 핵심코어 161選

16년간 출제횟수 별 중요 Core 표

순위	Core No.	출제횟수
1	Core 41	25회
2	Core 80	23회
3	Core 142	19회
4	Core 27	18회
4	Core 86	18회
6	Core 37	17회
6	Core 39	17회
8	Core 18	15회
8	Core 157	15회
10	Core 29	14회

Chapter 00 화학반응식 정리

☑ 정리 01. 물과의 반응

류별	품명	물질명	반응식
제1류	무기과산화물	과산화칼륨(K_2O_2)	$2K_2O_2 + 2H_2O \rightarrow 4KOH + O_2$ 과산화칼륨 + 물 → 수산화칼륨 + 산소
		과산화나트륨(Na_2O_2)	$2Na_2O_2 + 2H_2O \rightarrow 4NaOH + O_2$ 과산화나트륨 + 물 → 수산화나트륨 + 산소
		과산화바륨(BaO_2)	$2BaO_2 + 2H_2O \rightarrow 2Ba(OH)_2 + O_2$ 과산화바륨 + 물 → 수산화바륨 + 산소
	삼산화염류	삼산화크롬(CrO_3)	$CrO_3 + H_2O \rightarrow H_2CrO_4$ 삼산화크롬 + 물 → 크롬산
제2류	황화린	오황화린(P_2O_5)	$P_2S_5 + 8H_2O \rightarrow 5H_2S + 2H_3PO_4$ 오황화린 + 물 → 황화수소 + 올소인산
	마그네슘	마그네슘(Mg)	$Mg + 2H_2O \rightarrow Mg(OH)_2 + H_2$ 마그네슘 + 물(온수) → 수산화마그네슘 + 수소
	금속분	알루미늄(Al)	$2Al + 6H_2O \rightarrow 2Al(OH)_3 + 3H_2$ 알루미늄 + 물 → 수산화알루미늄 + 수소
제3류	칼륨	칼륨(K)	$2K + 2H_2O \rightarrow 2KOH + H_2$ 칼륨 + 물 → 수산화칼륨 + 수소
	나트륨	나트륨(Na)	$2Na + 2H_2O \rightarrow 2NaOH + H_2$ 나트륨 + 물 → 수산화나트륨 + 수소
	알킬알루미늄	트리메틸알루미늄[$(CH_3)_3Al$]	$(CH_3)_3Al + 3H_2O \rightarrow Al(OH)_3 + 3CH_4$ 트리메틸알루미늄 + 물 → 수산화알루미늄 + 메탄
		트리에틸알루미늄[$(C_2H_5)_3Al$]	$(C_2H_5)_3Al + 3H_2O \rightarrow Al(OH)_3 + 3C_2H_6$ 트리에틸알루미늄 + 물 → 수산화알루미늄 + 에탄
	알킬리튬	메틸리튬[$(CH_3)Li$]	$(CH_3)Li + H_2O \rightarrow LiOH + CH_4$ 메틸리튬 + 물 → 수산화리튬 + 메탄
	알칼리토금속 및 알칼리금속	칼슘(Ca)	$Ca + 2H_2O \rightarrow Ca(OH)_2 + H_2$ 칼슘 + 물 → 수산화칼슘 + 수소
	금속의 수소화물	수소화칼륨(KH)	$KH + H_2O \rightarrow K(OH) + H_2$ 수소화칼륨 + 물 → 수산화칼륨 + 수소
	금속의 인화물	인화알루미늄(AlP)	$AlP + 3H_2O \rightarrow Al(OH)_3 + PH_3$ 인화알루미늄 + 물 → 수산화알루미늄 + 포스핀
		인화칼슘(Ca_3P_2)	$Ca_3P_2 + 6H_2O \rightarrow 3Ca(OH)_2 + 2PH_3$ 인화칼슘 + 물 → 수산화칼슘 + 포스핀
	금속의 탄화물	탄화칼슘(CaC_2)	$CaC_2 + 2H_2O \rightarrow Ca(OH)_2 + C_2H_2$ 탄화칼슘 + 물 → 수산화칼슘 + 아세틸렌
		탄화알루미늄(Al_4C_3)	$Al_4C_3 + 12H_2O \rightarrow 4Al(OH)_3 + 3CH_4$ 탄화알루미늄 + 물 → 수산화알루미늄 + 메탄
제4류	특수인화물	이황화탄소(CS_2)	$CS_2 + 2H_2O \rightarrow CO_2 + 2H_2S$ 이황화탄소 + 물 → 이산화탄소 + 황화수소

☑ 정리 02. 연소반응(산소와의 반응)

류별	품명	물질명	반응식
제2류	황화린	삼황화린(P_4S_3)	$P_4S_3+8O_2 \rightarrow 2P_2O_5+3SO_2$ 오황화린+산소 → 오산화린+이산화황
		오황화린(P_2S_5)	$2P_2S_5+15O_2 \rightarrow 2P_2O_5+10SO_2$ 오황화린+산소 → 오산화린+이산화황
	적린	적린(P)	$4P+5O_2 \rightarrow 2P_2O_5$ 적린+산소 → 오산화린
	유황	유황(S)	$S+O_2 \rightarrow SO_2$ 황+산소 → 이산화황
	마그네슘	마그네슘(Mg)	$2Mg+O_2 \rightarrow 2MgO$ 마그네슘+산소 → 산화마그네슘
	금속분	알루미늄(Al)	$4Al+3O_2 \rightarrow 2Al_2O_3$ 알루미늄+산소 → 산화알루미늄
제3류	나트륨	나트륨(Na)	$4Na+O_2 \rightarrow 2Na_2O$ 나트륨+산소 → 산화나트륨
	알킬알루미늄	트리메틸알루미늄[$(CH_3)_3Al$]	$2(CH_3)_3Al+12O_2 \rightarrow Al_2O_3+9H_2O+6CO_2$ 트리메틸알루미늄+산소 → 산화알루미늄+물+이산화탄소
		트리에틸알루미늄[$(C_2H_5)_3Al$]	$2(C_2H_5)_3Al+21O_2 \rightarrow Al_2O_3+15H_2O+12CO_2$ 트리에틸알루미늄+산소 → 산화알루미늄+물+이산화탄소
	황린	황린(P_4)	$P_4+5O_2 \rightarrow 2P_2O_5$ 황린+산소 → 오산화린
제4류	특수인화물	이황화탄소(CS_2)	$CS_2+3O_2 \rightarrow CO_2+2SO_2$ 이황화탄소+산소 → 이산화탄소+이산화황
	제1석유류	아세톤(CH_3COCH_3)	$CH_3COCH_3+4O_2 \rightarrow 3CO_2+3H_2O$ 아세톤+산소 → 이산화탄소+물
	알코올류	메틸알코올(CH_3OH)	$2CH_3OH+3O_2 \rightarrow 2CO_2+4H_2O$ 메틸알코올+산소 → 이산화탄소+물
		에틸알코올(C_2H_5OH)	$C_2H_5OH+3O_2 \rightarrow 2CO_2+3H_2O$ 에틸알코올+산소 → 이산화탄소+물
	제2석유류	아세트(초)산(CH_3COOH)	$CH_3COOH+2O_2 \rightarrow 2CO_2+2H_2O$ 아세트산+산소 → 이산화탄소+물
분류 외		메탄(CH_4)	$CH_4+2O_2 \rightarrow CO_2+2H_2O$ 메탄+산소 → 이산화탄소+물
		아세틸렌(C_2H_2)	$2C_2H_2+5O_2 \rightarrow 4CO_2+2H_2O$ 아세틸렌+산소 → 이산화탄소+물

☑ 정리 03. 분해반응(열분해)

류별	품명	물질명	반응식
제1류	염소산염류	염소산칼륨($KClO_3$) 분해(400℃)	$2KClO_3 \rightarrow KClO_4 + KCl + O_2$ 염소산칼륨 → 과염소산칼륨 + 염화칼륨 + 산소
		염소산칼륨($KClO_3$) 분해(540℃~)	$2KClO_3 \rightarrow 2KCl + 3O_2$ 염소산칼륨 → 염화칼륨 + 산소
	과염소산염류	과염소산칼륨($KClO_4$)	$KClO_4 \rightarrow KCl + 2O_2$ 과염소산칼륨 → 염화칼륨 + 산소
	질산염류	질산칼륨(KNO_3)	$2KNO_3 \rightarrow 2KNO_2 + O_2$ 질산칼륨 → 아질산칼륨 + 산소
		질산암모늄(NH_4NO_3)	$2NH_4NO_3 \rightarrow 2N_2 + 4H_2O + O_2$ 질산암모늄 → 질소 + 물 + 산소
	삼산화염류	삼산화크롬(CrO_3)	$4CrO_3 \rightarrow 2Cr_2O_3 + 3O_2$ 삼산화크롬 → 산화크롬 + 산소
	과망간산염류	과망간산칼륨($KMnO_4$)	$2KMnO_4 \rightarrow K_2MnO_4 + MnO_2 + O_2$ 과망간산칼륨 → 망간산칼륨 + 이산화망간 + 산소
	중크롬산염류	중크롬산칼륨($K_2Cr_2O_7$)	$4K_2Cr_2O_7 \rightarrow 2Cr_2O_3 + 4K_2CrO_4 + 3O_2$ 중크롬산칼륨 → 산화크롬 + 크롬산칼륨 + 산소
제5류	질산에스테르류	니트로글리세린[$C_3H_5(ONO_2)_3$]	$4C_3H_5(ONO_2)_3 \rightarrow 12CO_2 + 10H_2O + 6N_2 + O_2$ 니트로글리세린 → 이산화탄소 + 물 + 질소 + 산소
	니트로화합물	트리니트로톨루엔[$C_6H_2CH_3(NO_2)_3$]	$2C_6H_2CH_3(NO_2)_3 \rightarrow 2C + 3N_2 + 5H_2 + 12CO$ 트리니트로톨루엔 → 탄소 + 질소 + 수소 + 일산화탄소
제6류	과산화수소	과산화수소(H_2O_2)	$2H_2O_2 \rightarrow 2H_2O + O_2$ 과산화수소 → 물 + 산소
	질산	질산(HNO_3)	$4HNO_3 \rightarrow 2H_2O + 4NO_2 + O_2$ 질산 → 물 + 이산화질소 + 산소
	과염소산	과염소산($HClO_4$)	$HClO_4 \rightarrow HCl + 2O_2$ 과염소산 → 염산 + 산소

☑ 정리 04. 제조반응

류별	품명	물질명	반응식
제4류	제1석유류	벤젠 (C_6H_6)	■ 니트로벤젠 제조 $C_6H_6 + HNO_3 \xrightarrow[\text{니트로화}]{C-H_2SO_4} C_6H_5NO_2 + H_2O$ 벤젠 + 질산 → 니트로벤젠 + 물
	알코올류	에틸알코올 (C_2H_5OH)	■ 디에틸에테르 제조 $2C_2H_5OH \xrightarrow{C-H_2SO_4} C_2H_5OC_2H_5 + H_2O$ 에틸알코올 → 디에틸에테르 + 물

제4류	제2석유류	아세트(초)산 (CH_3COOH)	■ 아세트산에틸 제조 $CH_3COOH + C_2H_5OH \xrightarrow[\text{에스테르화}]{C-H_2SO_4} CH_3COOC_2H_5 + H_2O$ 초산 + 에틸알코올 → 초산에틸 + 물
	질산에스테르류	니트로글리세린 $[C_3H_5(ONO_2)_3]$	■ 니트로글리세린 제조 $C_3H_5(OH)_3 + 3HNO_3 \xrightarrow{C-H_2SO_4} C_3H_5(ONO_2)_3 + 3H_2O$ 글리세린 + 질산 → 니트로글리세린 + 물
	니트로화합물	트리니트로톨루엔 $[C_6H_2CH_3(NO_2)_3]$	■ 트리니트로톨루엔 제조 $C_6H_5CH_3 + 3HNO_3 \xrightarrow[\text{니트로화}]{C-H_2SO_4} C_6H_2CH_3(NO_2)_3 + 3H_2O$ 톨루엔 + 질산 → 트리니트로톨루엔 + 물

☑ 정리 05. 분말소화약제

종별	소화약제	반응식 외		
제1종	탄산수소나트륨$(NaHCO_3)$	백색		B, C
		270℃	$2NaHCO_3 \rightarrow Na_2CO_3 + H_2O + CO_2$	
		850℃	$2NaHCO_3 \rightarrow Na_2O + H_2O + 2CO_2$	
제2종	탄산수소칼륨$(KHCO_3)$	담회색		B, C
			$2KHCO_3 \rightarrow K_2CO_3 + H_2O + CO_2$	
		890℃	$2KHCO_3 \rightarrow K_2O + H_2O + 2CO_2$	
제3종	제1인산암모늄$(NH_4H_2PO_4)$	담홍색		A, B, C

☑ 정리 06. 이상기체방정식

- 이상적인 기체(부피가 0에 가깝고, 입자간의 상호작용이 거의 없는)의 상태를 나타내는 방정식으로 기체의 압력, 부피, 온도, 몰수와의 관계를 정의한다.
- $PV = \frac{W}{M}RT$식을 이용해서 구한다.
  - V(부피 L), W(무게 g), M(분자량 [g/mol]), R(기체상수), T(절대온도 K), P(압력 atm)을 의미한다.
  - $\frac{W}{M}$은 몰수에 해당한다.
  - 기체상수는 0.082를 적용한다.
  - 절대온도[K]는 섭씨온도[℃]에 273을 더하여 구한다.
  - 압력은 기압(atm)을 기준으로 하며, 이는 760mm 높이의 수은이 누르는 압력으로 760mmHg와 같다.

Chapter 01 제1류 위험물

☑ Core 001. 제1류 위험물의 종류와 지정수량 [0501/0601/0901/1002/2001]

성질	품명	지정수량	위험등급	외부 표시사항
산화성 고체	아염소산염류	50kg	Ⅰ	화기주의 충격주의 물기엄금 가연물접촉주의
	염소산염류			
	과염소산염류			
	무기과산화물			
	브롬산염류	300kg	Ⅱ	
	질산염류			
	요오드산염류			
	과망간산염류	1,000kg	Ⅲ	
	중크롬산염류			

☑ Core 002. 제1류 위험물의 성질 [0504/0601/1204/1804/2104]

- 무기화합물이다.
- 산화제이다.
- 고체이다.
- 알칼리금속 과산화물(무기과산화물)은 물과 심하게 발열반응하여 산소를 발생시키며 발생량이 많을 경우 폭발하게 된다.
- 화재시 다량의 주수로 냉각소화한다.

☑ Core 003. 아염소산나트륨($NaClO_2$) [0902]

- 산화성 고체에 해당하는 제1류 위험물 중 아염소산염류이다.
- 지정수량이 50kg, 위험등급은 Ⅰ이다.
- 아염소산나트륨과 알루미늄의 반응식은 $3NaClO_2 + 4Al \rightarrow 2Al_2O_3 + 3NaCl$이다.

☑ Core 004. 염소산칼륨($KClO_3$)

[0501/0502/1001/1302/1704/2001]

• 산화성 고체에 해당하는 제1류 위험물 중 염소산염류이다.
• 지정수량이 50kg, 위험등급은 Ⅰ이다.
• 염소산칼륨의 열분해반응식은 $2KClO_3 \rightarrow 2KCl + 3O_2$이다.

400℃	$2KClO_3 \rightarrow KCl + KClO_4 + O_2$: 염화칼륨 + 과염소산칼륨 + 산소
540~560℃	$2KClO_3 \rightarrow 2KCl + 3O_2$: 염화칼륨 + 산소

• 염소산칼륨과 적린의 반응식은 $5KClO_3 + 6P \rightarrow 3P_2O_5 + 5KCl$이다.

☑ Core 005. 염소산나트륨($NaClO_3$)

[0602/0701/1101/1304]

• 산화성 고체에 해당하는 제1류 위험물 중 염소산염류이다.
• 지정수량이 50kg, 위험등급은 Ⅰ이다.
• 철제용기를 부식시키는 위험물로 분자량이 106.5, 비중이 2.5, 분해온도가 300℃이다.

☑ Core 006. 과염소산칼륨($KClO_4$)

[0904/1601/1702]

• 산화성 고체에 해당하는 제1류 위험물 중 과염소산염류이다.
• 지정수량이 50kg, 위험등급은 Ⅰ이다.
• 과염소산칼륨의 610℃에서의 열분해 반응식은 $KClO_4 \rightarrow KCl + 2O_2$이다.

☑ Core 007. 과염소산암모늄(NH_4ClO_4)

[0604]

• 산화성 고체에 해당하는 제1류 위험물 중 과염소산염류이다.
• 지정수량이 50kg, 위험등급은 Ⅰ이다.
• 분자량이 117.58이고, 300℃에서 급격히 질소, 염소, 산소, 물로 분해된다.

☑ Core 008. 염소산염류의 열분해 반응식

[1704/2001]

아염소산나트륨	$NaClO_2 \rightarrow NaCl + O_2$	염소산암모늄	$2NH_4ClO_3 \rightarrow N_2 + Cl_2 + O_2 + 4H_2O$
염소산나트륨	$NaClO_3 \rightarrow NaCl + 1.5O_2$	과염소산나트륨	$NaClO_4 \rightarrow NaCl + 2O_2$
염소산칼륨	$2KClO_3 \rightarrow 2KCl + 3O_2$	과염소산암모늄	$2NH_4ClO_4 \rightarrow N_2 + Cl_2 + 2O_2 + 4H_2O$

☑ Core 009. 과산화나트륨(Na_2O_2)

[0801/0804/1201/1202/1401/1402/1701/1704/1904/2003/2004/2102]

- 산화성 고체에 해당하는 제1류 위험물 중 무기과산화물이다.
- 지정수량이 50kg, 위험등급은 Ⅰ이다.
- 과산화나트륨의 열분해 반응식은 $2Na_2O_2 \rightarrow 2Na_2O + O_2$이다.
- 과산화나트륨의 물과의 반응식은 $2Na_2O_2 + 2H_2O \rightarrow 4NaOH + O_2$이다.
- 과산화나트륨과 이산화탄소의 반응식은 $2Na_2O_2 + 2CO_2 \rightarrow 2Na_2CO_3 + O_2$이다.
- 과산화나트륨과 아세트산의 반응식은 $2CH_3COOH + Na_2O_2 \rightarrow 2CH_3COONa + H_2O_2$이다.

☑ Core 010. 과산화칼륨(K_2O_2)

[0604/1004/1801/2003]

- 산화성 고체에 해당하는 제1류 위험물 중 무기과산화물이다.
- 지정수량이 50kg, 위험등급은 Ⅰ이다.
- 과산화칼륨과 물과의 반응식은 $2K_2O_2 + 2H_2O \rightarrow 4KOH + O_2$이고, 물과 반응하면 폭발적으로 산소를 방출하여 화재를 더욱 확대시킬 수 있다.

☑ Core 011. 질산암모늄(NH_4NO_3)

[0702/1002/1104/1302/1502/1604/1901/1902/2004/2101/2102]

- 산화성 고체에 해당하는 제1류 위험물 중 질산염류이다.
- 지정수량이 300kg, 위험등급은 Ⅱ이다.
- ANFO 폭약의 재료물질이다.
- 질산암모늄의 열분해 반응식은 $2NH_4NO_3 \rightarrow 2N_2 + 4H_2O + O_2$이다.

☑ Core 012. 질산칼륨(KNO_3)

[2003]

- 산화성 고체에 해당하는 제1류 위험물 중 질산염류이다.
- 지정수량이 300kg, 위험등급은 Ⅱ이다.
- 질산칼륨의 열분해반응식은 $2KNO_3 \rightarrow 2KNO_2 + O_2$이다.

☑ Core 013. 과망간산칼륨($KMnO_4$)

[0601/1004]

- 산화성 고체에 해당하는 제1류 위험물 중 과망간산염류이다.
- 지정수량이 1,000kg, 위험등급은 Ⅲ이다.
- 과망간산칼륨의 열분해 반응식은 $2KMnO_4 \rightarrow K_2MnO_4 + MnO_2 + O_2$이다.
- 과망간산칼륨과 황산의 반응식은 $4KMnO_4 + 6H_2SO_4 \rightarrow 2K_2SO_4 + 4MnSo_4 + 6H_2O + 5O_2$이다.
- 과망간산칼륨과 염산의 반응식은 $2KMnO_4 + 16HCl \rightarrow 2KCl + 2MnCl_2 + 8H_2O + 5Cl_2$이다.

☑ Core 014. 산화성 고체의 분해온도

[1802]

물질명	염소산칼륨 ($KClO_3$)	과염소산암모늄 (NH_4ClO_4)	과산화바륨 (BaO_2)
품명	염소산염류	과염소산염류	무기과산화물
분류	제1류 위험물	제1류 위험물	제1류 위험물
성질	산화성 고체	산화성 고체	산화성 고체
지정수량	50kg	50kg	50kg
위험등급	Ⅰ	Ⅰ	Ⅰ
분해온도	400℃	130℃	840℃

Chapter 02

제2류 위험물

☑ Core 015. 제2류 위험물에 관한 정의

[0702/0901/1202/2004/2101]

가연성 고체	고체로서 화염에 의한 발화의 위험성 또는 인화의 위험성을 판단하기 위하여 고시로 정하는 성질과 상태를 나타내는 것
유황	순도가 60중량퍼센트 이상인 것
철분	철의 분말로서 53마이크로미터의 표준체를 통과하는 것이 50중량퍼센트 미만인 것은 제외
금속분	알칼리금속 · 알칼리토류금속 · 철 및 마그네슘외의 금속의 분말을 말하고, 구리분 · 니켈분 및 150마이크로미터의 체를 통과하는 것이 50중량퍼센트 미만인 것은 제외
인화성 고체	고형알코올 그 밖에 1기압에서 인화점이 섭씨 40도 미만인 고체

☑ Core 016. 제2류 위험물의 종류와 지정수량

[0504/1104/1602/1701]

성질	품명	지정수량	외부표시사항	위험등급
가연성 고체	황화린	100kg	화기주의	II
	적린			
	유황			
	마그네슘	500kg	화기주의, 물기엄금	III
	철분			
	금속분			
	인화성 고체	1,000kg	화기엄금	

☑ Core 017. 제2류 위험물의 성질

[0602/1101/1704/2004]

- 비중이 1보다 크다.
- 산화제와의 접촉을 피해야 한다.
- 지정수량이 100kg, 500kg, 1,000kg이다.
- 점화원을 멀리하고, 가열을 피한다.
- 위험물에 따라 제조소에 설치하는 주의사항은 화기엄금 또는 화기주의로 표시한다.
- 마그네슘, 철분, 금속분은 물과 접촉 시 발열되므로 물기를 피해야 한다.

☑ Core 018. 황화린

[0602/0901/0902/0904/1001/1301/1404/1501/1601/1701/1804/1901/2003/2102/2104]

- 가연성 고체에 해당하는 제2류 위험물이다.
- 지정수량이 100kg이고, 위험등급이 Ⅱ이다.
- 황화린은 황과 인의 성분에 따라 삼황화린(P_4S_3), 오황화린(P_2S_5), 칠황화린(P_4S_7)으로 구분된다.
- 조해성은 고체가 대기 속에서 습기를 빨아들여 녹는 성질을 말하며, 삼황화린(P_4S_3)은 조해성이 없고 발화점이 가장 낮다.
- 삼황화린의 연소반응식은 $P_4S_3+8O_2 \rightarrow 2P_2O_5+3SO_2$이다.
- 오황화린의 연소 반응식은 $2P_2S_5+15O_2 \rightarrow 2P_2O_5+10SO_2$이고, 물과의 반응식은 $P_2S_5+8H_2O \rightarrow 2H_3PO_4+5H_2S$이다.
- 공기 중의 이산화황은 산성비의 원인이 된다.

☑ Core 019. 적린(P)

[1102]

- 가연성 고체에 해당하는 제2류 위험물이다.
- 지정수량이 100kg이고, 위험등급이 Ⅱ이다.
- 연소반응식은 $4P+5O_2 \rightarrow 2P_2O_5$이고, 발생한 오산화린은 흰색 기체이다.

☑ Core 020. 황(S_8)

[0602/1004]

- 가연성 고체에 해당하는 제2류 위험물이다.
- 지정수량이 100kg이고, 위험등급이 Ⅱ이다.
- 고무상황은 이황화탄소에 녹지 않는다.

☑ Core 021. 마그네슘(Mg)

[0604/0902/1002/1201/1402/1604/1801/2003/2101/2102]

- 가연성 고체에 해당하는 제2류 위험물이다.
- 지정수량이 500kg이고, 위험등급이 Ⅲ이다.
- 완전연소반응식은 $2Mg+O_2 \rightarrow 2MgO$이다.
- 물의 반응식은 $Mg+2H_2O \rightarrow Mg(OH)_2+H_2$로 수소가 발생하여 폭발하므로 주수소화가 불가능하다.
- 황산과의 반응식은 $Mg+H_2SO_4 \rightarrow MgSO_4+H_2$이다.
- 이산화탄소의 반응식은 $2Mg+CO_2 \rightarrow 2MgO+C$로 탄소가 발생하여 폭발하므로 이산화탄소 소화약제로 소화할 수 없다.

☑ Core 022. 알루미늄분(Al)

[1002/1304/2102]

- 가연성 고체에 해당하는 제2류 위험물 중 금속분이다.
- 지정수량이 500kg이고, 위험등급이 Ⅲ이다.
- 물과의 반응식은 $2Al+6H_2O \rightarrow 2Al(OH)_3+3H_2$로 수소가 발생하여 폭발하므로 주수소화가 불가능하다.
- 산화반응식은 $4Al+3O_2 \rightarrow 2Al_2O_3$로 산화알루미늄 피막이 형성되므로 건설현장에서 많이 사용한다.

☑ Core 023. 고형알코올

[0602]

- 가연성 고체에 해당하는 제2류 위험물 중 인화성 고체이다.
- 지정수량이 1,000kg, 위험등급은 Ⅲ이다.

Chapter 03 제3류 위험물

☑ Core 024. 제3류 위험물의 지정수량 [0602/0702/0904/1001/1101/1202/1302/1504/1704/1804/1904/2004]

성질	품명	지정수량	외부표시사항	위험등급
자연발화성 및 금수성 물질	칼륨	10kg	I	자연발화성 물질 : 화기엄금 및 공기접촉엄금 금수성 물질 : 물기엄금
	나트륨			
	알킬알루미늄			
	알킬리튬			
	황린	20kg		
	알칼리금속(K, Na 제외) 및 알칼리토금속	50kg	II	
	유기금속화합물			
	금속의 수소화물	300kg	III	
	금속의 인화물			
	칼슘 또는 알루미늄 탄화물			

☑ Core 025. 칼륨(K) [0501/0701/0804/1501/1602/1702/2102]

- 자연발화성 및 금수성물질에 해당하는 제3류 위험물이다.
- 지정수량은 10kg, 위험등급은 Ⅰ이다.
- 물과의 반응식은 $2K+2H_2O \rightarrow 2KOH+H_2$로 가연성 가스인 수소가 발생해 폭발할 수 있으므로 주수소화를 금한다.
- 이산화탄소와의 반응식은 $4K+3CO_2 \rightarrow 2K_2CO_3+C$로 탄소가 발생하며 폭발반응을 하므로 이산화탄소 소화기로 소화하면 위험하다.
- 에탄올과의 반응식은 $2K+2C_2H_5OH \rightarrow 2C_2H_5OK+H_2$이다.

☑ Core 026. 나트륨(Na) [0501/0604/0701/0702/1204/1402/1404/1801/1802/2003/2104]

- 자연발화성 및 금수성물질에 해당하는 제3류 위험물이다.
- 지정수량은 10kg, 위험등급은 Ⅰ이다.
- 원자량이 23, 불꽃반응 시 노란색을 띠는 물질이다.
- 석유 속에 보관한다.
- 연소반응식은 $4Na+O_2 \rightarrow 2Na_2O$이다.
- 물과의 반응식은 $2Na+2H_2O \rightarrow 2NaOH+H_2$로 가연성 가스인 수소가 발생해 폭발할 수 있으므로 주수소화를 금한다.
- 에탄올과의 반응식은 $2Na+2C_2H_5OH \rightarrow 2C_2H_5ONa+H_2$이다.

☑ Core 027. 트리에틸알루미늄[$(C_2H_5)_3Al$] [0502/0804/0904/1004/1101/1104/1202/1204/1304/1402/1404/1602/1704/1804/1902/2104]

- 자연발화성 및 금수성 물질에 해당하는 제3류 위험물 중 알킬알루미늄이다.
- 지정수량은 10kg, 위험등급은 Ⅰ이다.
- 연소반응식은 $2(C_2H_5)_3Al+21O_2 \rightarrow 12CO_2+Al_2O_3+15H_2O$이다.
- 물과의 반응식은 $(C_2H_5)_3Al+3H_2O \rightarrow Al(OH)_3+3C_2H_6$이다.
- 메탄올과의 반응식은 $(C_2H_5)_3Al+3CH_3OH \rightarrow Al(CH_3O)_3+3C_2H_6$이다.

☑ Core 028. 트리메틸알루미늄[$(CH_3)_3Al$] [2001/2003]

- 자연발화성 및 금수성 물질에 해당하는 제3류 위험물 중 알킬알루미늄이다.
- 지정수량은 10kg, 위험등급은 Ⅰ이다.
- 연소반응식은 $2(CH_3)_3Al+12O_2 \rightarrow Al_2O_3+6CO_2+9H_2O$이다.
- 물과의 반응식은 $(CH_3)_3Al+3H_2O \rightarrow Al(OH)_3+3CH_4$이다.

☑ Core 029. 황린(P_4) [0602/0701/0702/0901/1001/1202/1302/1401/1402/1504/1901/1902/2003]

- 자연발화성 물질에 해당하는 제3류 위험물이다.
- 지정수량은 20kg, 위험등급은 Ⅰ이다.
- 물에 녹지 않아 pH9에 해당하는 알칼리성 물속에 저장한다.
- 저장하는 옥내저장소의 바닥면적은 1,000m^2 이하로 하여야 한다.
- 연소반응식은 $P_4+5O_2 \rightarrow 2P_2O_5$로 백색의 오산화린이 발생한다.
- 알칼리와의 반응식은 $P_4+3NaOH+3H_2O \rightarrow 3NaHPO_2+PH_3$로 독성물질인 포스핀($PH_3$) 가스가 발생한다.

☑ Core 030. 리튬(Li) [0604/0804/0901/1604]

- 자연발화성 및 금수성물질에 해당하는 제3류 위험물 중 알칼리금속(K, Na 제외) 및 알칼리토금속이다.
- 지정수량은 50kg, 위험등급은 Ⅱ이다.
- 연한 경금속으로 2차전지로 이용하며, 비중 0.53, 융점 180℃, 불꽃반응 시 적색을 띤다.
- 리튬과 물의 반응식은 $2Li+2H_2O \rightarrow 2LiOH+H_2$이다.

☑ Core 031. 알루미늄(Al) [1401]

- 자연발화성 및 금수성물질에 해당하는 제3류 위험물 중 알칼리금속(K, Na 제외) 및 알칼리토금속이다.
- 지정수량은 50kg, 위험등급은 Ⅱ이다.
- 연소반응식은 $4Al+3O_2 \rightarrow 2Al_2O_3$이다.
- 염산과의 반응식은 $2Al+6HCl \rightarrow 2AlCl_3+3H_2$이다.

☑ Core 032. 칼슘(Ca) [0701/1404]

- 자연발화성 및 금수성 물질에 해당하는 제3류 위험물의 종류 중 알칼리금속(K, Na 제외) 및 알칼리토금속이다.
- 지정수량 50kg, 위험등급 Ⅱ이다.
- 물과의 반응식은 $Ca+2H_2O \rightarrow Ca(OH)_2+H_2$이다.

☑ Core 033. 유기금속화합물(알킬알루미늄 · 알킬리튬 제외) [0501]

- 자연발화성 물질에 해당하는 제3류 위험물이다.
- 지정수량이 50kg, 위험등급은 Ⅱ이다.
- Al, Li을 제외한 금속과 알킬기, 알릴기 등과 같은 작용기와의 화합물의 명칭이다.
- 탄소수가 작으며, 공기 중에 노출될 경우 자연발화한다.

☑ Core 034. 수소화칼슘(CaH_2) [2004]

- 자연발화성 및 금수성 물질에 해당하는 제3류 위험물 중 금속의 수소화물이다.
- 지정수량은 300kg, 위험등급은 Ⅲ이다.
- 물과의 반응식은 $CaH_2+2H_2O \rightarrow Ca(OH)_2+2H_2$이다.

☑ Core 035. 인화칼슘(Ca_3P_2) [0502/0601/0704/0802/1401/1501/1602/1604/2004]

- 자연발화성 및 금수성 물질에 해당하는 제3류 위험물 중 금속의 인화물이다.
- 지정수량은 300kg, 위험등급은 Ⅲ이다.
- 적갈색의 고체로 분자량이 182.3[g/mol]이고, 건조한 공기 중에서 안정하나 300℃ 이상에서 산화하는 물질이다.
- 물과의 반응식은 $Ca_3P_2+6H_2O \rightarrow 3Ca(OH)_2+2PH_3$로 발생된 기체인 포스핀($PH_3$)은 유독성 및 가연성 가스이다.

☑ Core 036. 인화알루미늄(AlP) [1202/1204/1602/1802/1901]

- 자연발화성 및 금수성 물질에 해당하는 제3류 위험물 중 금속의 인화물이다.
- 지정수량은 300kg, 위험등급은 Ⅲ이다.
- 물과의 반응식은 $AlP+3H_2O \rightarrow Al(OH)_3+PH_3$이다.

☑ Core 037. 탄화칼슘(CaC_2) [0604/0702/0801/0804/0902/1001/1002/1201/1304/1502/1701/1801/1901/2001/2101/2104]

- 자연발화성 및 금수성 물질에 해당하는 제3류 위험물 중 칼슘 또는 알루미늄의 탄화물(카바이트)이다.
- 지정수량은 300kg, 위험등급은 Ⅲ이다.
- 물과의 반응식은 $CaC_2+2H_2O \rightarrow Ca(OH)_2+C_2H_2$이고, 이때 발생한 아세틸렌 가스의 연소반응식은 $C_2H_2+2.5O_2 \rightarrow 2CO_2+H_2O$이다.
- 구리와의 반응식은 $C_2H_2+2Cu \rightarrow Cu_2C_2+H_2$로 금속과 반응하면 폭발성 물질인 금속아세틸리드를 생성하므로 위험하다.

☑ Core 038. 탄화알루미늄(Al_4C_3) [0704/1301/1602/2003/2104]

- 자연발화성 및 금수성 물질에 해당하는 제3류 위험물 중 칼슘 또는 알루미늄의 탄화물(카바이트)이다.
- 지정수량은 300kg, 위험등급은 Ⅲ이다.
- 물과의 반응식은 $Al_4C_3+12H_2O \rightarrow 4Al(OH)_3+3CH_4$이고, 이때 발생하는 가스는 메탄으로 연소범위는 5~15%, 위험도는 2이다.

Chapter 04 제4류 위험물

☑ Core 039. 제4류 위험물의 정의

[0701/0704/0901/1001/1002/1201/1301/1304/1401/1402/1404/1601/1702/1704/1902/2003]

구분	정의
특수인화물	이황화탄소, 디에틸에테르 그 밖에 1기압에서 발화점이 섭씨 100도 이하인 것 또는 인화점이 섭씨 영하 20도 이하이고 비점이 섭씨 40도 이하인 것
제1석유류	아세톤, 휘발유 그 밖에 1기압에서 인화점이 섭씨 21도 미만인 것
알코올류	1분자를 구성하는 탄소원자의 수가 1개부터 3개까지인 포화1가 알코올(변성알코올을 포함한다)
제2석유류	등유, 경유 그 밖에 1기압에서 인화점이 섭씨 21도 이상 70도 미만인 것
제3석유류	중유, 클레오소트유 그 밖에 1기압에서 인화점이 섭씨 70도 이상 섭씨 200도 미만인 것
제4석유류	기어유, 실린더유 그 밖에 1기압에서 인화점이 섭씨 200도 이상 섭씨 250도 미만의 것
동식물유류	동물의 지육 등 또는 식물의 종자나 과육으로부터 추출한 것으로서 1기압에서 인화점이 섭씨 250도 미만인 것
가연성고체	고체로서 화염에 의한 발화의 위험성 또는 인화의 위험성을 판단하기 위하여 고시로 정하는 성질과 상태를 나타내는 것을 말한다.
인화성고체	고형알코올 그 밖에 1기압에서 인화점이 섭씨 40도 미만인 고체를 말한다.

- 고인화점 위험물이란 인화점이 100℃ 이상인 제4류 위험물을 말한다.

☑ Core 040. 알코올류의 정의

[1302/2101]

- 알코올류라 함은 1분자를 구성하는 탄소원자의 수가 1개부터 3개까지인 포화1가 알코올(변성알코올을 포함한다)을 말한다.
- 제외되는 경우
  - 1분자를 구성하는 탄소원자의 수가 1개 내지 3개의 포화1가 알코올의 함유량이 60중량퍼센트 미만인 수용액
  - 가연성액체량이 60중량퍼센트 미만이고 인화점 및 연소점이 에틸알코올 60중량퍼센트 수용액의 인화점 및 연소점을 초과하는 것

☑ Core 041. 제4류 위험물의 종류와 지정수량

[0501/0502/0701/0804/0904/1001/1004/1101/1102/1104/1201/1301/1502/1602/1604/1701/1902/2001/2003/2004/2101]

<table>
<tr><th colspan="2">품명</th><th colspan="2">물질</th><th>지정수량</th><th>등급</th></tr>
<tr><td colspan="2" rowspan="2">특수인화물</td><td>비수용성</td><td>디에틸에테르, 이황화탄소</td><td rowspan="2">50[L]</td><td rowspan="2">I</td></tr>
<tr><td>수용성</td><td>아세트알데히드, 산화프로필렌</td></tr>
<tr><td colspan="2" rowspan="2">제1석유류</td><td>비수용성</td><td>가솔린, 벤젠, 톨루엔, 시클로헥산, 에틸벤젠, 메틸에틸케톤, 초산메틸, 초산에틸, 초산프로필, 의산메틸, 의산에틸, 의산프로필, 의산부틸</td><td>200[L]</td><td rowspan="3">II</td></tr>
<tr><td>수용성</td><td>아세톤, 피리딘, 시안화수소</td><td rowspan="2">400[L]</td></tr>
<tr><td colspan="2">알코올류</td><td>수용성</td><td>메틸알코올, 에틸알코올, 이소프로필알코올, 변성알코올, 퓨젤유</td></tr>
<tr><td colspan="2" rowspan="2">제2석유류</td><td>비수용성</td><td>등유, 경유, 오르소크실렌, 메타크실렌, 파라크실렌, 스티렌, 테레핀유, 장뇌유, 송근유, 클로로벤젠</td><td>1,000[L]</td><td rowspan="5">III</td></tr>
<tr><td>수용성</td><td>포름산(의산), 아세트산(초산), 메틸셀로솔브, 에틸셀로솔브, 프로필셀로솔브, 부틸셀로솔브, 히드라진</td><td rowspan="2">2,000[L]</td></tr>
<tr><td colspan="2" rowspan="2">제3석유류</td><td>비수용성</td><td>중유, 크레오소오트유, 아닐린, 벤질알콜, 니트로벤젠, 담금질유</td></tr>
<tr><td>수용성</td><td>에틸렌글리콜, 글리세린, 아세톤시안히드린</td><td>4,000[L]</td></tr>
<tr><td colspan="2">제4석유류</td><td colspan="2">윤활유, 기어유, 실린더유, 기계유</td><td>6,000[L]</td></tr>
<tr><td rowspan="3">동식물유류</td><td>건성유</td><td>요오드값 130 이상</td><td>정어리유, 대구유, 상어유, 해바라기유, 동유, 아마인유, 들기름</td><td rowspan="3">10,000[L]</td><td rowspan="3">III</td></tr>
<tr><td>반건성유</td><td>요오드값 100～130</td><td>청어유, 쌀겨기름, 면실유, 채종유, 옥수수기름, 참기름, 콩기름</td></tr>
<tr><td>불건성유</td><td>요오드값 100 이하</td><td>쇠기름, 돼지기름, 고래기름, 피마자유, 올리브유, 팜유, 땅콩기름, 야자유</td></tr>
</table>

☑ Core 042. 제4류 위험물의 성질

[0501]

- 대단히 인화되기 쉽다.
- 대부분 물보다 가볍고, 물에 잘 녹지 않는다.
- 증기는 공기보다 무겁다.
- 착화온도가 낮은 것은 위험하다.
- 증기는 공기와 약간만 혼합되어 있어도 연소한다.

☑ Core 043. 이황화탄소(CS_2)

[0504/0704/0802/1102/1401/1402/1501/1601/1702/1802/2004/2101]

- 인화성 액체에 해당하는 제4류 위험물 중 특수인화물이다.
- 지정수량은 50[L], 위험등급은 Ⅰ이다.
- 분자량은 76이고, 불꽃반응 색은 푸른색이다.
- 이황화탄소의 비중은 1.26으로 물보다 무겁고 물에 녹지 않으므로 산소공급원을 차단하는 질식소화가 가능하다.
- 수조의 두께는 0.2m 이상이다.
- 연소반응식은 $CS_2+3O_2 \rightarrow 2SO_2+CO_2$이다.
- 물과의 반응식은 $CS_2+2H_2O \rightarrow 2H_2S+CO_2$이다.

☑ Core 044. 디에틸에테르($C_2H_5OC_2H_5$)

[0602/0804/1601/2104]

- 인화성 액체에 해당하는 제4류 위험물 중 특수인화물이다.
- 지정수량은 50[L], 위험등급은 Ⅰ이다.
- 인화점이 −45℃, 연소범위가 1.9~48%로 넓은 편이고, 증기는 제4류 위험물 중 가장 인화성이 크다.
- 에탄올과 황산의 반응으로 생성되며, 생성식은 $2C_2H_5OH \xrightarrow{C-H_2SO_4} C_2H_5OC_2H_5+H_2O$이다.

☑ Core 045. 산화프로필렌(CH_3CH_2CHO)

[0501/0602/1002/1704]

- 인화성 액체에 해당하는 제4류 위험물 중 특수인화물이다.
- 지정수량은 50[L], 위험등급은 Ⅰ이다.
- 인화점은 −37℃, 분자량은 58, 연소범위는 2.5~38.5%, 비중은 0.83이다.

☑ Core 046. 아세트알데히드(CH_3COOH)

[0704/0802/0901/1304/1501/1504/1602/1604/1801/1901/2001/2003/2104]

- 인화성 액체에 해당하는 제4류 위험물 중 특수인화물이다.
- 지정수량은 50[L], 위험등급은 Ⅰ이다.
- 에틸렌과 산소를 $CuCl_2$의 촉매 하에($C_2H_4+PdCl_2+H_2O \rightarrow CH_3CHO+Pd+2HCl$) 생성된 물질이다.
- 환원력이 아주 크며, 산화하여 아세트산이 된다.
- 인화점이 −39℃, 비점이 21℃, 연소범위는 4.1~57%, 증기비중이 1.52이다.
- 옥외탱크 중 압력탱크 외의 탱크에 저장하는 저장온도 15℃이다.
- 산화 반응식은 $CH_3CHO+\frac{1}{2}O_2 \rightarrow CH_3COOH$, 연소반응식은 $2CH_3CHO+5O_2 \rightarrow 4CO_2+4H_2O$이다.

☑ Core 047. 벤젠(C_6H_6)

[0504/0801/0802/1401/1502/2001/2102]

- 인화성 액체에 해당하는 제4류 위험물 중 제1석유류(비수용성)이다.
- 지정수량은 200[L], 위험등급은 Ⅱ이다.
- 분자량이 78이다.
- 금속니켈 촉매 하에서 300℃로 가열하면 수소첨가반응이 일어나서 시클로헥산을 생성하는 데 사용된다.
- 구조식은 ⌬ 이다.
- 벤젠의 니트로화 반응식은 $C_6H_6 + HNO_3 \xrightarrow[\text{니트로화}]{C-H_2SO_4} C_6H_5NO_2 + H_2O$이다.

☑ Core 048. 톨루엔($C_6H_5CH_3$)

[0701/1101/1201/1604/1904]

- 인화성 액체에 해당하는 제4류 위험물 중 제1석유류(비수용성)이다.
- 지정수량은 200[L], 위험등급은 Ⅱ이다.
- 분자량은 92이다.
- 니트로화 반응식은 $C_6H_5CH_3 + 3HNO_3 \xrightarrow[\text{니트로화}]{C-H_2SO_4} C_6H_2CH_3(NO_2)_3 + 3H_2O$이다.

☑ Core 049. 메틸에틸케톤($CH_3COC_2H_5$)(MEK)

[0504]

- 인화성 액체에 해당하는 제4류 위험물 중 제1석유류(비수용성)이다.
- 지정수량은 200[L], 위험등급은 Ⅱ이다.
- 저장 시 주의사항은 화기 및 점화원으로부터 멀리 저장할 것, 증기 및 액체의 누설에 주의할 것, 용기는 밀전하여 통풍이 잘되는 찬 곳에 저장할 것 등이 있다.

☑ Core 050. 콜로디온

[0504]

- 인화성 액체에 해당하는 제4류 위험물 중 제1석유류(비수용성)이다.
- 지정수량은 200[L], 위험등급은 Ⅱ이다.
- 질화도가 낮은 약질화면에 에테르 : 알코올을 1 : 3 비율로 용해시켜 제조하며, 인화점이 −18℃ 이하이다.

☑ Core 051. 아세톤(CH_3COCH_3) [0802/1504/1804/2102]

- 인화성 액체에 해당하는 제4류 위험물 중 제1석유류(수용성)이다.
- 지정수량은 400[L], 위험등급은 Ⅱ이다.
- 제1석유류 중 요오드포름(CHI_3) 반응(황색)을 하며, 이소프로필알코올을 산화시켜 만든다.
- 분자량은 58, 증기비중은 2이다.
- 구조식은 $H-\overset{\overset{H}{|}}{\underset{\underset{H}{|}}{C}}-\overset{\overset{O}{||}}{C}-\overset{\overset{H}{|}}{\underset{\underset{H}{|}}{C}}-H$ 이다.

☑ Core 052. 시안화수소(HCN) [0601/0902/2001]

- 인화성 액체에 해당하는 제4류 위험물 중 제1석유류(수용성)이다.
- 지정수량은 400[L], 위험등급은 Ⅱ이다.
- 분자량이 27이고, 끓는점이 26℃, 증기비중이 0.93인 맹독성 물질이다.

☑ Core 053. 메틸알코올(CH_3OH)/메탄올 [0801/0904/1501/1502/2101/2102/2104]

- 인화성 액체에 해당하는 제4류 위험물 중 알코올류이다.
- 지정수량은 400[L], 위험등급은 Ⅱ이다.
- 흡입 시 시신경이 마비된다.
- 인화점 11℃, 발화점 464℃, 분자량은 32이다.
- 연소반응식은 $2CH_3OH+3O_2 \rightarrow 2CO_2+4H_2O$ 이다.
- 산화반응식은 $2CH_3OH+O_2 \rightarrow 2HCHO+2H_2O$ 이다.

☑ Core 054. 에틸알코올(C_2H_5OH)/에탄올 [0502/0902/1101/1104/1401/1404/1801/1902/2004/2104]

- 인화성 액체에 해당하는 제4류 위험물 중 알코올류이다.
- 지정수량은 400[L], 위험등급은 Ⅱ이다.
- 술과 화장품의 원료이다.
- 증기는 마취성이 있고, 요오드프름 반응을 한다.
- 산화시키면 아세트알데히드가 된다.
- 구조이성질체는 디메틸에테르(CH_3OCH_3)이다.
- 연소반응식은 $C_2H_5OH+3O_2 \rightarrow 2CO_2+3H_2O$ 이다.
- 칼륨과의 반응식은 $2C_2H_5OH+2K \rightarrow 2C_2H_5OK+H_2$ 이다.
- 진한황산과의 축합반응식은 $2C_2H_5OH \xrightarrow{C-H_2SO_4} C_2H_5OC_2H_5+H_2O$ 이다.

☑ Core 055. 요오드포름 반응

[0704/1004/2101]

- 아세톤(CH_3COCH_3), 아세트알데히드(CH_3CHO), 에틸알코올(C_2H_5OH)을 수산화칼륨(KOH)과 요오드(I_2)를 반응시킬 경우 노란색의 요오드포름(CHI_3) 침전물이 생성되는 현상을 말한다.
- 반응식

$$\left.\begin{matrix} CH_3COCH_3 \\ CH_3CHO \\ C_2H_5OH \end{matrix}\right. \xrightarrow{KOH+I_2} CHI_3$$

☑ Core 056. 크실렌[$C_6H_4(CH_3)_2$]

[0604/0702/1402/1501]

- 인화성 액체에 해당하는 제4류 위험물 중 제2석유류(비수용성)이다.
- 지정수량은 1,000[L], 위험등급은 Ⅲ이다.
- 벤젠의 수소원자 2개가 메틸기(CH_3)로 치환된 것이다.
- 이성질체

명 칭	o-크실렌	m-크실렌	p-크실렌
구조식	CH_3, CH_3	CH_3, CH_3	CH_3, CH_3
한국어	오르소크실렌	메타크실렌	파라크실렌
인화점	30℃	25℃	25℃

☑ Core 057. 아세트산(CH_3COOH, 초산)

[0504/1102/1804]

- 인화성 액체에 해당하는 제4류 위험물 중 제2석유류(수용성)이다.
- 지정수량은 2,000[L], 위험등급은 Ⅲ이다.
- 연소반응식은 $CH_3COOH+2O_2 \rightarrow 2CO_2+2H_2O$이다.
- 에틸알코올(C_2H_5OH)을 첨가하여 에스테르화($CH_3COOH+C_2H_5OH \xrightarrow[\text{에스테르화}]{C-H_2SO_4} CH_3COOC_2H_5+H_2O$)하면 딸기향의 초산에틸($CH_3COOC_2H_5$)이 생성된다.

☑ Core 058. 크레졸($C_6H_4CH_3OH$) [0801]

- 인화성 액체에 해당하는 제4류 위험물 중 제3석유류(비수용성)이다.
- 지정수량은 2,000[L], 위험등급은 Ⅲ이다.
- 이성질체

명 칭	o-크레졸	m-크레졸	p-크레졸
구조식	OH, CH_3	OH, CH_3	OH, CH_3

☑ Core 059. 동식물유류 [0601/0604/1304/1502/1604/1802/2003]

- 인화성 액체에 해당하는 제4류 위험물이다.
- 지정수량은 10,000[L]이고 위험등급이 Ⅲ이다.
- 요오드값에 의해 분류한다.
- 요오드가란 지질 100g에 흡수되는 할로겐의 양을 요오드의 g수로 나타낸 것이다.

건성유	요오드값 130 이상	정어리유, 대구유, 상어유, 해바라기유, 동유, 아마인유, 들기름
반건성유	요오드값 100~130	청어유, 쌀겨기름, 면실유, 채종유, 옥수수기름, 참기름, 콩기름
불건성유	요오드값 100 이하	쇠기름, 돼지기름, 고래기름, 피마자유, 올리브유, 팜유, 땅콩기름, 야자유

☑ Core 060. 대표적인 제4류 위험물의 인화점 [0602/0704/0802/0904/1002/1201/1404/1502/1602/1604/1701/1904/2004]

품명	물질명	인화점	품명	물질명	인화점
특수인화물	디에틸에테르($C_2H_5OC_2H_5$)	-45℃	알코올류	메틸알코올(CH_3OH)	11℃
	산화프로필렌(CH_3CH_2CHO)	-37℃	제2석유류	클로로벤젠(C_6H_5Cl)	32℃
	이황화탄소(CS_2)	-30℃	제3석유류	아닐린($C_6H_5NH_2$)	75℃
제1석유류	아세톤(CH_3COCH_3)	-18℃		니트로벤젠($C_6H_5NO_2$)	88℃
	초산메틸($C_3H_6O_2$)	-10℃		에틸렌글리콜[$C_2H_4(OH)_2$]	111℃
	초산에틸($C_4H_8O_2$)	-4℃		글리세린[$C_3H_5(OH)_3$]	160℃

☑ Core 061. 대표적인 제4류 위험물의 특징 [1501/2104]

㉠ 연소범위

- 아세톤 : 2.6~12.8%
- 메틸에틸케톤 : 1.8~10%
- 디에틸에테르 : 1.9~48%
- 메틸알코올 : 4.3~19%
- 톨루엔 : 1.4~6.7%

㉡ 지정수량과 비중

물질	이황화탄소	글리세린	산화프로필렌	클로로벤젠	피리딘
성질	인화성 액체 -특수인화물	인화성 액체 -제3석유류	인화성 액체 -특수인화물	인화성 액체 -제2석유류	인화성 액체 -제1석유류
지정수량	50L	4,000L	50L	1,000L	400L
비중	1.26	1.26	0.83	1.11	0.98

Chapter 05 제5류 위험물

☑ Core 062. 제5류 위험물의 종류와 지정수량

[0902/1304/1502/2001/2101/2104]

품명	물질	지정수량	등급
유기과산화물	과산화벤조일, 과산화메틸에틸케톤, 아세틸퍼옥사이드	10kg	I
질산에스테르류	질산메틸, 질산에틸, 니트로글리세린, 니트로글리콜, 니트로셀룰로오스	10kg	I
니트로화합물	트리니트로톨루엔, 트리니트로페놀, 디노셉, 디엔오시	200kg	II
니트로소화합물	파라디니트로소벤젠, 디니트로소레조르신	200kg	II
아조화합물	아조벤젠, 히드록시아조벤젠, 아미노아조벤젠, 아족시벤젠	200kg	II
디아조화합물	디아조메탄, 디아조카르복실산에틸	200kg	II
히드라진 유도체	페닐히드라진, 히드라조벤젠	200kg	II
히드록실아민 히드록실아민류	히드록실아민 히드록실아민염류	100kg	II

☑ Core 063. 제5류 위험물의 성질

[0501/0504/0604/2104]

- 자기반응성 물질이다.
- 화약의 원료로 사용되는 물질이 다수 포함되어 있다.
- 물질 내부에 산소를 포함하고 있어 화재 시 질식소화가 어려워 대량의 물로 주수소화한다.
- 사용 및 취급상 주의사항은 가열, 마찰, 충격을 피할 것, 직사광선을 피하고 냉암소에 보관할 것, 운반용기 및 저장용기에 "화기엄금 및 충격주의" 표시를 할 것 등이다.

☑ Core 064. 벤조일퍼옥사이드(BPO), 과산화벤조일

[0802/0904/1001/1401]

- 자기반응성 물질에 해당하는 제5류 위험물 중 유기과산화물이다.
- 지정수량은 10kg, 위험등급은 Ⅰ이다.
- 상온에서 고체상태이며, 가열하면 약 100℃ 부근에서 백색 연기를 내며 분해한다.
- 구조식은 O = C − O − O − C = O (각 C에 벤젠고리 결합) 이다.

☑ Core 065. 질산메틸(CH_3ONO_2) [0704/1104/1501]

- 자기반응성 물질에 해당하는 제5류 위험물 중 질산에스테르류이다.
- 지정수량은 10kg, 위험등급은 Ⅰ이다.
- 분자량은 77g이다.

☑ Core 066. 트리니트로톨루엔[TNT, $C_6H_2CH_3(NO_2)_3$] [0802/0901/1004/1102/1201/1202/1501/1504/1601/1901/1904/2104]

- 자기반응성 물질에 해당하는 제5류 위험물 중 니트로화합물이다.
- 지정수량은 200kg, 위험등급은 Ⅱ이다.
- 담황색의 주상결정이며 분자량이 227, 융점이 81℃, 물에 녹지 않고 알코올, 벤젠, 아세톤에 녹는다.
- 톨루엔($C_6H_5CH_3$)을 재료로 해서 질산과 결합하여 만들어진다.

$$(C_6H_5CH_3 + 3HNO_3 \xrightarrow[\text{니트로화}]{C-H_2SO_4} C_6H_2CH_3(NO_2)_3 + 3H_2O)$$

- 분해 반응식은 $2C_6H_2CH_3(NO_2)_3 \rightarrow 12CO + 5H_2 + 3N_2 + 2C$이다.
- 구조식은 (CH3, O2N, NO2, NO2 치환 벤젠고리) 이다.

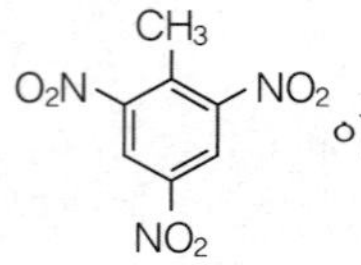

☑ Core 067. 피크린산[$C_6H_2OH(NO_2)_3$, 트리니트로페놀(TNP)] [0801/0904/1002/1201/1302/1504/1601/1602/1701/1702/1804/2001]

- 자기반응성 물질에 해당하는 제5류 위험물 중 니트로화합물이다.
- 지정수량은 200kg, 위험등급은 Ⅱ이다.
- 착화점이 300℃, 비중이 1.77, 끓는점이 255℃, 융점이 122.5℃이고 금속과 반응하여 염이 생성된다.
- 구조식은 (OH, NO2, NO2, NO2 치환 벤젠고리) 이다.

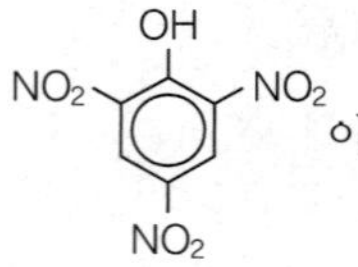

Chapter **06** 제6류 위험물

☑ Core 068. 제6류 위험물

[0502/0704/0801/0902/1302/1702/2003]

- 액체로서 산화력의 잠재적인 위험성을 판단하기 위하여 고시로 정하는 시험에서 고시로 정하는 성질과 상태를 나타내는 것을 말한다.
- 운반용기에 표시하는 주의사항은 "가연물접촉주의"이다.

품명	제한대상	지정수량	위험등급	표시
과산화수소(H_2O_2)	농도가 36중량퍼센트 이상인 것	300kg	I	가연물 접촉주의
과염소산($HClO_4$)	없음			
질산(HNO_3)	비중이 1.49 이상인 것			

☑ Core 069. 과산화수소(H_2O_2)

[0502/1004/1301/2001/2101]

- 산화성 액체에 해당하는 제6류 위험물이다.
- 지정수량은 300kg, 위험등급은 I이다.
- 36중량% 이상이 위험물로 분류된다.
- 분해반응식(이산화망간 촉매작용)은 $2H_2O_2 \rightarrow 2H_2O + O_2$이다.
- 이산화망간과의 반응식은 $MnO_2 + 2H_2O_2 \rightarrow MnO_2 + 2H_2O + O_2$이다.
- 히드라진(N_2H_4)의 접촉 반응식은 $2H_2O_2 + N_2H_4 \rightarrow 4H_2O + N_2$으로 폭발위험을 갖는다.

☑ Core 070. 과염소산($HClO_4$)

[0501]

- 산화성 액체에 해당하는 제6류 위험물이다.
- 지정수량은 300kg, 위험등급은 I이다.
- 가열하면 폭발하고, 공기 중에서 염화수소(HCl) 가스를 발생한다.
- 산화력이 강하여 종이, 나무조각, 여러 유기물 등과 접촉 시 연소·폭발한다.
- 물과 접촉하면 심하게 반응하여 발열하며, 생긴 혼합물도 강한 산화력을 가진다.

☑ Core 071. 질산(HNO_3)

[0502/0701/0702/0901/1001/1401/2102/2104]

- 산화성 액체에 해당하는 제6류 위험물이다.
- 지정수량은 300kg, 위험등급은 Ⅰ이다.
- 비중이 1.49인 것이 위험물로 분류되며, 분자량은 63이고 산화력이 커 금과 백금을 부식시킨다.
- 햇빛에 의한 분해반응식은 $4HNO_3 \rightarrow 2H_2O + 4NO_2 + O_2$이고, 이를 방지하기 위해 갈색 병에 보관한다.

Chapter 07

위험물 통합

☑ Core 072. 위험물에 관한 정의 [0801/1101]

특수인화물	이황화탄소, 디에틸에테르 그 밖에 1기압에서 발화점이 섭씨 100도 이하인 것 또는 인화점이 섭씨 영하 20도 이하이고 비점이 섭씨 40도 이하인 것
가연성고체	고체로서 화염에 의한 발화의 위험성 또는 인화의 위험성을 판단하기 위하여 고시로 정하는 성질과 상태를 나타내는 것
유황	순도가 60중량퍼센트 이상인 것
철분	철의 분말로서 53마이크로미터의 표준체를 통과하는 것(50중량퍼센트 미만인 것은 제외)
금속분	알칼리금속 · 알칼리토류금속 · 철 및 마그네슘 외의 금속의 분말을 말하고, 구리분 · 니켈분 및 150마이크로미터의 체를 통과하는 것(50중량퍼센트 미만인 것은 제외)
인화성고체	고형알코올 그 밖에 1기압에서 인화점이 섭씨 40도 미만인 고체

☑ Core 073. 행정안전부령으로 지정한 위험물 품명 [1102/1801]

유별	품명	유별	품명
제1류 위험물	• 과요오드산염류 • 과요오드산 • 크롬, 납 또는 요오드의 산화물 • 아질산염류 • 차아염소산염류 • 염소화이소시아눌산 • 퍼옥소이황산염류 • 퍼옥소붕산염류	제3류 위험물	• 염소화규소화합물
		제5류 위험물	• 금속의 아지화합물 • 질산구아니딘
		제6류 위험물	• 할로겐간화합물

☑ Core 074. 각 류 위험물의 위험등급 Ⅰ [1301]

류별	성질	지정수량	품명
제1류	산화성 고체	50kg	아염소산염류, 염소산염류, 과염소산염류, 무기과산화물
제3류	자연발화성 및 금수성 물질	10kg	칼륨, 나트륨, 알킬알루미늄, 알킬리튬
		20kg	황린
제4류	인화성 액체	50L	특수인화물
제5류	자기반응성 물질	10kg	유기과산화물, 질산에스테르류
제6류	산화성 액체	300kg	과산화수소, 과염소산, 질산

☑ Core 075. 각 류 위험물의 위험등급 II

[1204/2004/2104]

류별	성질	지정수량	품명
제1류	산화성 고체	300kg	브롬산염류, 질산염류, 요오드산염류
제2류	가연성 고체	100kg	황화린, 적린, 유황
제3류	자연발화성 및 금수성 물질	50kg	알칼리금속 및 알칼리토금속, 유기금속화합물
제4류	인화성 액체	200L	제1석유류(비수용성)
		400L	제1석유류(수용성), 알코올류
제5류	자기반응성 물질	200kg	니트로화합물, 니트로소화합물, 아조화합물, 디아조화합물, 히드라진유도체
		100kg	히드록실아민, 히드록실아민염류

☑ Core 076. 대표적인 위험물의 지정수량과 위험등급 [0504/0701/0802/0804/1102/1201/1404/1604/1801/1901/1902/2003/2104]

물질명(화학식)	품명	유별	지정수량	위험등급
질산칼륨, 질산나트륨, 질산암모늄	질산염류	제1류	300kg	II
중크롬산나트륨($Na_2Cr_2O_7 \cdot 2H_2O$)	중크롬산염류	제1류	1,000kg	III
과망간산암모늄(NH_4MnO_4)	과망간산염류	제1류	1,000kg	III
칠황화린(P_4S_7)	황화린	제2류	100kg	II
유황(S_8)	유황	제2류	100kg	II
마그네슘(Mg)	마그네슘	제2류	500kg	III
철분(Fe)	철분	제2류	500kg	III
칼륨(K)	칼륨	제3류	10kg	I
나트륨(Na)	나트륨	제3류	10kg	I
알킬리튬[$(C_nH_{2n+1})Li$]	알킬리튬	제3류	10kg	I
황린(P_4)	황린	제3류	20kg	I
바륨(Ba)	알칼리금속(K, Na 제외) 및 알칼리토금속	제3류	50kg	II
라듐(Ra)		제3류	50kg	II
수소화나트륨(NaH)	금속수소화합물	제3류	300kg	III
인화아연(Zn_3P_2)	금속의 인화물	제3류	300kg	III
아닐린($C_6H_5NO_2$)	제3석유류	제4류	2,000[L]	III
아세틸퍼옥사이드[$(CH_3CO)_2O_2$]	유기과산화물	제5류	10kg	I
벤조일퍼옥사이드/과산화벤조일[$(C_6H_5CO)_2O_2$)]		제5류	10kg	I
니트로글리세린[$C_3H_5(ONO_2)_3$]	질산에스테르류	제5류	10kg	I
TNT, TNP	니트로화합물	제5류	200kg	II
질산(HNO_3)	질산	제6류	300kg	I

☑ Core 077. 흑색화약의 재료

[1301]

• 흑색화약의 재료는 질산칼륨(초석), 황, 숯이며, 이중 숯은 위험물에 해당하지 않는다.

물질명(화학식)	품명	유별	지정수량	위험등급
질산칼륨(KNO_3)	질산염류	제1류	300kg	II
황/유황(S)	유황	제2류	100kg	II

☑ Core 078. 보호액

[0502/0504/0604/0902/0904]

물질명(화학식)	품명	유별	지정수량	위험등급	저장 시 보호액
황린(P_4)	황린	제3류	20kg	I	pH9인 알칼리성 물
칼륨(K)	칼륨	제3류	10kg	I	석유
나트륨(Na)	나트륨	제3류	10kg	I	석유
이황화탄소(CS_2)	특수인화물	제4류	50L	I	물

Chapter 08

위험물 관련 법규 및 기준

☑ Core 079. 위험물의 유별 저장 · 취급의 공통기준

[1501/1704/1802/2001/2102]

제1류 위험물	가연물과의 접촉 · 혼합이나 분해를 촉진하는 물품과의 접근 또는 과열 · 충격 · 마찰 등을 피하는 한편, 알카리금속의 과산화물 및 이를 함유한 것에 있어서는 물과의 접촉을 피하여야 한다.
제2류 위험물	산화제와의 접촉 · 혼합이나 불티 · 불꽃 · 고온체와의 접근 또는 과열을 피하는 한편, 철분 · 금속분 · 마그네슘 및 이를 함유한 것에 있어서는 물이나 산과의 접촉을 피하고 인화성 고체에 있어서는 함부로 증기를 발생시키지 아니하여야 한다.
제3류 위험물	자연발화성물질에 있어서는 불티 · 불꽃 또는 고온체와의 접근 · 과열 또는 공기와의 접촉을 피하고, 금수성물질에 있어서는 물과의 접촉을 피하여야 한다.
제4류 위험물	불티 · 불꽃 · 고온체와의 접근 또는 과열을 피하고, 함부로 증기를 발생시키지 아니하여야 한다.
제5류 위험물	불티 · 불꽃 · 고온체와의 접근이나 과열 · 충격 또는 마찰을 피하여야 한다.
제6류 위험물	가연물과의 접촉 · 혼합이나 분해를 촉진하는 물품과의 접근 또는 과열을 피하여야 한다.

☑ Core 080. 유별을 달리하는 위험물의 혼재 기준

[0504/0601/0602/0701/0704/0804/1001/1102/1104/1302/1401/1404/1502/1504/1601/1604/1704/1801/1802/1804/1901/1902/2001/2102]

위험물의 구분	제1류	제2류	제3류	제4류	제5류	제6류
제1류		×	×	×	×	○
제2류	×		×	○	○	×
제3류	×	×		○	×	×
제4류	×	○	○		○	×
제5류	×	○	×	○		×
제6류	○	×	×	×	×	

* 비고) "×" 표시는 혼재할 수 없음 "○" 표시는 혼재할 수 있음

☑ Core 081. 옥내 및 옥외저장소에서 혼재하여 보관할 수 있는 경우 [1304/1502/1804/1902/2004]

- 다음 위험물을 유별로 정리하여 저장하는 한편, 서로 1m 이상의 간격을 두어야 한다.

> - 제1류 위험물(알칼리금속의 과산화물 또는 이를 함유한 것을 제외)과 제5류 위험물을 저장하는 경우
> - 제1류 위험물과 제6류 위험물을 저장하는 경우
> - 제1류 위험물과 제3류 위험물 중 자연발화성물질(황린 또는 이를 함유한 것)을 저장하는 경우
> - 제2류 위험물 중 인화성고체와 제4류 위험물을 저장하는 경우
> - 제3류 위험물 중 알킬알루미늄등과 제4류 위험물(알킬알루미늄 또는 알킬리튬을 함유한 것)을 저장하는 경우
> - 제4류 위험물 중 유기과산화물 또는 이를 함유하는 것과 제5류 위험물 중 유기과산화물 또는 이를 함유한 것을 저장하는 경우

- 제3류 위험물 중 황린 그 밖에 물속에 저장하는 물품과 금수성 물질은 동일한 저장소에서 저장하지 아니하여야 한다.
- 옥내저장소에서 동일 품명의 위험물이더라도 자연발화 할 우려가 있는 위험물 또는 재해가 현저하게 증대할 우려가 있는 위험물을 다량 저장하는 경우에는 지정수량의 10배 이하마다 구분하여 상호간 0.3m 이상의 간격을 두어 저장하여야 한다.

☑ Core 082. 적재하는 위험물의 성질에 따른 피복 기준 [0704/1704/1904]

구분	대상
차광성 피복	제1류 위험물, 제3류 위험물 중 자연발화성물질, 제4류 위험물 중 특수인화물, 제5류 위험물 또는 제6류 위험물
방수성 피복	제1류 위험물 중 알칼리금속의 과산화물 또는 이를 함유한 것, 제2류 위험물 중 철분 · 금속분 · 마그네슘 또는 이들 중 어느 하나 이상을 함유한 것 또는 제3류 위험물 중 금수성 물질

- 제5류 위험물 중 55℃ 이하의 온도에서 분해될 우려가 있는 것은 보냉 컨테이너에 수납하는 등 적정한 온도관리를 할 것
- 액체위험물 또는 위험등급Ⅱ의 고체위험물을 기계에 의하여 하역하는 구조로 된 운반용기에 수납하여 적재하는 경우에는 당해 용기에 대한 충격 등을 방지하기 위한 조치를 강구할 것

☑ Core 083. 주유취급소의 표지 및 게시판 [0604/0701/1201/1402/1602/1802/1904]

- 주유취급소에는 보기 쉬운 곳에 "위험물 주유취급소"라는 표시를 한 표지, 게시판 및 황색바탕에 흑색문자로 **주유 중 엔진정지** 라는 표시를 한 게시판을 설치하여야 한다.

☑ Core 084. 제조소 등의 주의사항 게시판 표시 [0502/1501]

제1류 위험물 중 알칼리금속의 과산화물과 이를 함유한 것 또는 제3류 위험물 중 금수성물질	물기엄금 (청색바탕, 흰글씨)
제2류 위험물(인화성고체를 제외한다)	화기주의 (적색바탕, 흰글씨)
제2류 위험물 중 인화성고체, 제3류 위험물 중 자연발화성물질, 제4류 위험물 또는 제5류 위험물	화기엄금 (적색바탕, 흰글씨)

☑ Core 085. 소요단위 [0604/0802/1202/1204/1704/1804/2001]

㉠ 소요단위의 정의

- 소요단위란 소화설비의 설치대상이 되는 건축물 그 밖의 공작물의 규모 또는 위험물의 양의 기준단위를 말한다.

㉡ 건축물 그 밖의 공작물 또는 위험물의 소요단위의 계산방법

- 제조소 또는 취급소의 건축물은 외벽이 내화구조인 것은 연면적 $100m^2$를 1소요단위로 하며, 외벽이 내화구조가 아닌 것은 연면적 $50m^2$를 1소요단위로 할 것
- 저장소의 건축물은 외벽이 내화구조인 것은 연면적 $150m^2$를 1소요단위로 하고, 외벽이 내화구조가 아닌 것은 연면적 $75m^2$를 1소요단위로 할 것
- 제조소 등의 옥외에 설치된 공작물은 외벽이 내화구조인 것으로 간주하고 공작물의 최대수평투영면적을 연면적으로 간주하여 소요단위를 산정할 것
- 위험물은 지정수량의 10배를 1소요단위로 할 것

☑ Core 086. 위험물의 류별 외부용기 표시사항

[0701/0801/0902/0904/1001/1004/1101/1201/1202/1404/1504/1601/1701/1801/1802/2003/2004/2101]

제1류 위험물	산화성 고체	화기주의, 충격주의, 물기엄금, 가연물접촉주의
제2류 위험물	가연성 고체	• 철분, 금속분, 마그네슘 : 화기주의, 물기엄금 • 인화성 고체 : 화기엄금 • 기타 : 화기주의
제3류 위험물	자연발화성 및 금수성 물질	• 자연발화성 물질 : 화기엄금 및 공기접촉엄금 • 금수성 물질 : 물기엄금
제4류 위험물	인화성 액체	화기엄금
제5류 위험물	자기반응성 물질	화기엄금, 충격주의
제6류 위험물	산화성 액체	가연물접촉주의

☑ Core 087. 운반용기의 최대용적 또는 중량

[0601]

운반 용기		수납위험물의 종류								
내장 용기		제3류			제4류			제5류		제6류
용기의 종류	최대용적 또는 중량	I	II	III	I	II	III	I	II	I
유리용기	5L	○	○	○	○	○	○	○	○	○
	10L		○	○		○	○		○	
							○			
	5L	○	○	○	○	○	○	○	○	○
	10L						○			
플라스틱용기	10L	○	○	○	○	○	○	○	○	○
			○	○		○	○		○	
							○			
		○	○	○	○	○	○	○	○	○
							○			
금속제용기	30L	○	○	○	○	○	○	○	○	○
							○			
		○	○	○	○	○	○	○	○	○
			○	○		○	○		○	

☑ Core 088. 액체위험물의 운반용기의 최대용적 또는 중량 [1504]

운반 용기				수납위험물의 종류								
내장 용기		외장 용기		제3류			제4류			제5류		제6류
용기의 종류	최대용적 또는 중량	용기의 종류	최대용적 또는 중량	I	II	III	I	II	III	I	II	I
유리용기	5L	나무 또는 플라스틱상자 (불활성의 완충재를 채울 것)	75kg	○	○	○	○	○	○	○	○	○
	10L		125kg		○	○		○	○		○	
			225kg						○			
	5L	파이버판상자 (불활성의 완충재를 채울 것)	40kg	○	○	○	○	○	○	○	○	○
	10L		55kg						○			
플라스틱 용기	10L	나무 또는 플라스틱상자 (필요에 따라 불활성의 완충재를 채울 것)	75kg	○	○	○	○	○	○	○	○	○
			125kg		○	○		○	○		○	
			225kg						○			
		파이버판상자 (필요에 따라 불활성의 완충재를 채울 것)	40kg	○	○	○	○	○	○	○	○	○
			55kg						○			
금속제 용기	30L	나무 또는 플라스틱상자	125kg	○	○	○	○	○	○	○	○	○
			225kg						○			
		파이버판상자	40kg	○	○	○	○	○	○	○	○	○
			55kg		○	○		○	○		○	
		금속제용기 (금속제드럼제외)	60L		○	○		○	○		○	
		플라스틱용기 (플라스틱드럼제외)	10L		○	○		○	○		○	
			20L					○	○			
			30L						○		○	
		금속제드럼(뚜껑고정식)	250L	○	○	○	○	○	○	○	○	○
		금속제드럼(뚜껑탈착식)	250L					○	○			
		플라스틱또는파이버드럼 (플라스틱내용기부착의것)	250L		○	○			○		○	

☑ Core 089. 위험물의 적재방법

[1104/1204/1501/1604/1802/2004]

- 위험물이 온도변화 등에 의하여 누설되지 아니하도록 운반용기를 밀봉하여 수납할 것
- 수납하는 위험물과 위험한 반응을 일으키지 아니하는 등 당해 위험물의 성질에 적합한 재질의 운반용기에 수납할 것
- 고체위험물은 운반용기 내용적의 95% 이하의 수납율로 수납할 것
- 액체위험물은 운반용기 내용적의 98% 이하의 수납율로 수납하되, 55도의 온도에서 누설되지 아니하도록 충분한 공간용적을 유지하도록 할 것
- 하나의 외장용기에는 다른 종류의 위험물을 수납하지 아니할 것
- 제3류 위험물 중 자연발화성물질에 있어서는 불활성 기체를 봉입하여 밀봉하는 등 공기와 접하지 아니하도록 할 것
- 제3류 위험물 중 자연발화성물질외의 물품에 있어서는 파라핀 · 경유 · 등유 등의 보호액으로 채워 밀봉하거나 불활성 기체를 봉입하여 밀봉하는 등 수분과 접하지 아니하도록 할 것
- 제3류 위험물 중 자연발화성 물질 중 알킬알루미늄 등은 운반용기의 내용적의 90% 이하의 수납율로 수납하되, 50℃의 온도에서 5% 이상의 공간용적을 유지하도록 할 것

☑ Core 090. 옥내저장소의 바닥면적

[1904/2102]

- 하나의 저장창고의 바닥면적(2 이상의 구획된 실이 있는 경우에는 각 실의 바닥면적의 합계)은 다음 구분에 의한 면적 이하로 하여야 한다. 이 경우 가목의 위험물과 나목의 위험물을 같은 저장창고에 저장하는 때에는 가목의 위험물을 저장하는 것으로 보아 그에 따른 바닥면적을 적용한다.

1,000m^2	• 제1류 위험물 중 아염소산염류, 염소산염류, 과염소산염류, 무기과산화물 그 밖에 지정수량이 50kg인 위험물 • 제3류 위험물 중 칼륨, 나트륨, 알킬알루미늄, 알킬리튬 그 밖에 지정수량이 10kg인 위험물 및 황린 • 제4류 위험물 중 특수인화물, 제1석유류 및 알코올류 • 제5류 위험물 중 유기과산화물, 질산에스테르류 그 밖에 지정수량이 10kg인 위험물 • 제6류 위험물
2,000m^2	위의 위험물 외의 위험물
1,500m^2	위의 위험물을 내화구조의 격벽으로 완전히 구획된 실에 각각 저장하는 경우

☑ Core 091. 제조소의 피뢰설비

[0804]

- 지정수량의 10배 이상의 위험물을 취급하는 제조소에는 피뢰침을 설치하여야 한다.

☑ Core 092. 옥내저장소 저장 기준

[0904/1902/2003/2102]

- 저장소에는 위험물 외의 물품을 저장하지 아니하여야 한다.
- 유별을 달리하는 위험물은 동일한 저장소(내화구조의 격벽으로 완전히 구획된 실이 2 이상 있는 저장소에 있어서는 동일한 실)에 저장하지 아니하여야 한다. 다만, 옥내저장소 또는 옥외저장소에 있어서 다음의 각목의 규정에 의한 위험물을 저장하는 경우로서 위험물을 유별로 정리하여 저장하는 한편, 서로 1m 이상의 간격을 두는 경우에는 그러하지 아니하다(중요기준).
  - 제1류 위험물(알칼리금속의 과산화물 또는 이를 함유한 것을 제외)과 제5류 위험물을 저장하는 경우
  - 제1류 위험물과 제6류 위험물을 저장하는 경우
  - 제1류 위험물과 제3류 위험물 중 자연발화성물질(황린 또는 이를 함유한 것)을 저장하는 경우
  - 제2류 위험물 중 인화성고체와 제4류 위험물을 저장하는 경우
  - 제3류 위험물 중 알킬알루미늄등과 제4류 위험물(알킬알루미늄 또는 알킬리튬을 함유한 것)을 저장하는 경우
  - 제4류 위험물 중 유기과산화물 또는 이를 함유하는 것과 제5류 위험물 중 유기과산화물 또는 이를 함유한 것을 저장하는 경우
- 제3류 위험물 중 황린 그 밖에 물속에 저장하는 물품과 금수성물질은 동일한 저장소에서 저장하지 아니하여야 한다.
- 옥내저장소에서 동일 품명의 위험물이더라도 자연발화할 우려가 있는 위험물 또는 재해가 현저하게 증대할 우려가 있는 위험물을 다량 저장하는 경우에는 지정수량의 10배 이하마다 구분하여 상호간 0.3m 이상의 간격을 두어 저장하여야 한다. 다만, 제48조의 규정에 의한 위험물 또는 기계에 의하여 하역하는 구조로 된 용기에 수납한 위험물에 있어서는 그러하지 아니하다(중요기준)
- 옥내저장소에 있어서 위험물은 용기에 수납하여 저장하여야 한다. 다만, 덩어리상태의 유황은 그러하지 아니하다.(옥내저장소에서는 용기에 수납하여 저장하는 위험물의 온도가 55℃를 넘지 아니하도록 필요한 조치를 강구하여야 한다.)
- 옥내저장소 위험물 용기 쌓는 기준

기계에 의하여 하역하는 구조로 된 용기만을 겹쳐 쌓는 경우	6m
제4류 위험물 중 제3석유류, 제4석유류 및 동식물유류를 수납하는 용기만을 겹쳐 쌓는 경우	4m
그 밖의 경우	3m

☑ Core 093. 지정과산화물을 저장 또는 취급하는 옥내저장소의 저장창고 격벽의 설치기준

[1202/1504/1702/2101/2102]

저장창고	$150m^2$ 이내마다 격벽으로 완전하게 구획할 것. 이 경우 당해 격벽은 두께 30cm 이상의 철근콘크리트조 또는 철골철근콘크리트조로 하거나 두께 40cm 이상의 보강콘크리트블록조로 하고, 당해 저장창고의 양측의 외벽으로부터 1m 이상, 상부의 지붕으로부터 50cm 이상 돌출하게 하여야 한다.
외벽	두께 20cm 이상의 철근콘크리트조나 철골철근콘크리트조 또는 두께 30cm 이상의 보강콘크리트블록조로 할 것
지붕	• 중도리 또는 서까래의 간격은 30cm 이하로 할 것 • 지붕의 아래쪽 면에는 한 변의 길이가 45cm 이하의 환강 · 경량형강 등으로 된 강제의 격자를 설치할 것 • 지붕의 아래쪽 면에 철망을 쳐서 불연재료의 도리 · 보 또는 서까래에 단단히 결합할 것 • 두께 5cm 이상, 너비 30cm 이상의 목재로 만든 받침대를 설치할 것
출입구	갑종방화문을 설치할 것
창	바닥면으로부터 2m 이상의 높이에 두되, 하나의 벽면에 두는 창의 면적의 합계를 당해 벽면의 면적의 80분의 1 이내로 하고, 하나의 창의 면적을 $0.4m^2$ 이내로 할 것

☑ Core 094. 옥외저장소에 저장 [1302/1701/2102/2104]

㉠ 보관 가능한 물질
- 제2류 위험물 중 유황 또는 인화성 고체(인화점이 섭씨 0도 이상인 것에 한한다)
- 제4류 위험물 중 제1석유류(인화점이 섭씨 0도 이상인 것에 한한다) · 알코올류 · 제2석유류 · 제3석유류 · 제4석유류 및 동식물유류
- 제6류 위험물
- 제2류 위험물 및 제4류 위험물중 특별시 · 광역시 또는 도의 조례에서 정하는 위험물(보세구역안에 저장하는 경우)
- 「국제해사기구에 관한 협약」에 의하여 설치된 국제해사기구가 채택한 「국제해상위험물규칙」(IMDG Code)에 적합한 용기에 수납된 위험물

㉡ 옥외저장소에 덩어리 상태의 유황만을 저장하는 경우의 기준
- 하나의 경계표시의 내부의 면적은 $100m^2$ 이하일 것
- 2 이상의 경계표시를 설치하는 경우에 있어서는 각각의 경계표시 내부의 면적을 합산한 면적은 $1,000m^2$ 이하로 하고, 인접하는 경계표시와 경계표시와의 간격을 제1호 라목의 규정에 의한 공지의 너비의 2분의 1 이상으로 할 것. 다만, 저장 또는 취급하는 위험물의 최대수량이 지정수량의 200배 이상인 경우에는 10m 이상으로 하여야 한다.
- 경계표시는 불연재료로 만드는 동시에 유황이 새지 아니하는 구조로 할 것
- 경계표시의 높이는 1.5m 이하로 할 것
- 경계표시에는 유황이 넘치거나 비산하는 것을 방지하기 위한 천막 등을 고정하는 장치를 설치하되, 천막 등을 고정하는 장치는 경계표시의 길이 2m마다 한 개 이상 설치할 것
- 유황을 저장 또는 취급하는 장소의 주위에는 배수구와 분리장치를 설치할 것

☑ Core 095. 옥외저장소에 위험물을 저장하는 경우 용기의 쌓는 방법 [1402]

구분	높이
기계에 의하여 하역하는 구조로 된 용기만을 겹쳐 쌓는 경우	6m
제4류 위험물 중 제3석유류, 제4석유류 및 동식물유류를 수납하는 용기만을 겹쳐 쌓는 경우	4m
그 밖의 경우	3m
옥외저장소에서 위험물을 수납한 용기를 선반에 저장하는 경우에는 6m를 초과하여 저장하지 아니하여야 한다.	

☑ Core 096. 제조소 등에서의 위험물의 저장 및 취급에 관한 기준 [0604/1202/1304/1602/1901/1904]

- 옥외저장탱크 · 옥내저장탱크 또는 지하저장탱크 중 압력탱크 외의 탱크에 저장하는 디에틸에테르등 또는 아세트알데히드등의 온도는 산화프로필렌과 이를 함유한 것 또는 디에틸에테르등에 있어서는 30℃ 이하로, 아세트알데히드 또는 이를 함유한 것에 있어서는 15℃ 이하로 각각 유지할 것
- 옥외저장탱크 · 옥내저장탱크 또는 지하저장탱크 중 압력탱크에 저장하는 아세트알데히드등 또는 디에틸에테르등의 온도는 40℃ 이하로 유지할 것
- 보냉장치가 있는 이동저장탱크에 저장하는 아세트알데히드등 또는 디에틸에테르등의 온도는 당해 위험물의 비점 이하로 유지할 것
- 보냉장치가 없는 이동저장탱크에 저장하는 아세트알데히드등 또는 디에틸에테르등의 온도는 40℃ 이하로 유지할 것

☑ Core 097. 탱크의 내용적 [0501/0804/1202/1504/1601/1701/1801/1802/2003/2101/2104]

- 횡으로 눕혀진 탱크의 내용적 $=\pi r^2\left[L+\frac{L_1+L_2}{3}\right]$이고, 이때 L은 사각형부분의 길이, L_1과 L_2는 사각형과 면해있는 반원부위의 길이이다.

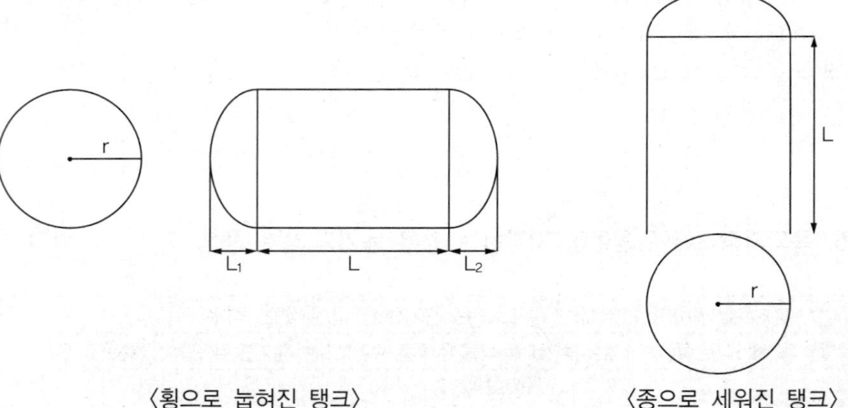

〈횡으로 눕혀진 탱크〉 〈종으로 세워진 탱크〉

- 종으로 세워진 탱크의 내용적 $=\pi r^2 \times L$이고, 이때 L은 사각형부분의 길이이다. 즉, 원통의 윗부분의 둥근부분은 제외한 높이를 가지고 계산한다.

☑ Core 098. 지하탱크저장소의 설치기준 [1502/2003/2104]

- 지하저장탱크의 주위에는 당해 탱크로부터의 액체위험물의 누설을 검사하기 위한 관을 4개소 이상 적당한 위치에 설치하여야 한다.

- 선단은 옥외에 있어서 지상 4m 이상의 높이로 하며 또한 건축물의 창, 출입구등의 개구부로 부터 1m 이상 떨어지는 것으로 하여야 한다.
- 지하저장탱크의 윗부분은 지면으로부터 0.6m 이상 아래에 있어야 한다.

☑ Core 099. 지하저장탱크 탱크전용실 [1502/2003/2104]

- 위험물을 저장 또는 취급하는 지하탱크는 지면하에 설치된 탱크전용실에 설치하여야 한다.

탱크전용실 설치 예외사항	
4류 위험물 지하저장탱크	• 당해 탱크를 지하철 · 지하가 또는 지하터널로부터 수평거리 10m 이내의 장소 또는 지하건축물내의 장소에 설치하지 아니할 것 • 당해 탱크를 그 수평투영의 세로 및 가로보다 각각 0.6m 이상 크고 두께가 0.3m 이상인 철근콘크리트조의 뚜껑으로 덮을 것 • 뚜껑에 걸리는 중량이 직접 당해 탱크에 걸리지 아니하는 구조일 것 • 당해 탱크를 견고한 기초 위에 고정할 것 • 당해 탱크를 지하의 가장 가까운 벽 · 피트 · 가스관 등의 시설물 및 대지경계선으로부터 0.6m 이상 떨어진 곳에 매설할 것

- 탱크전용실은 지하의 가장 가까운 벽 · 피트 · 가스관 등의 시설물 및 대지경계선으로부터 0.1m 이상 떨어진 곳에 설치하고, 지하저장탱크와 탱크전용실의 안쪽과의 사이는 0.1m 이상의 간격을 유지하도록 하며, 당해 탱크의 주위에 마른 모래 또는 습기 등에 의하여 응고되지 아니하는 입자지름 5mm 이하의 마른 자갈분을 채워야 한다.
- 탱크전용실의 벽 · 바닥 및 뚜껑의 두께는 0.3m 이상인 철근콘크리트구조 또는 이와 동등 이상의 강도가 있는 구조로 설치하여야 한다.
- 탱크전용실의 벽 · 바닥 및 뚜껑의 내부에는 지름 9mm부터 13mm까지의 철근을 가로 및 세로로 5cm부터 20cm까지의 간격으로 배치할 것
- 탱크전용실의 벽 · 바닥 및 뚜껑의 재료에 수밀콘크리트를 혼입하거나 벽 · 바닥 및 뚜껑의 중간에 아스팔트층을 만드는 방법으로 적정한 방수조치를 할 것

☑ Core 100. 지하저장탱크의 인접설치 시 간격기준 [0901/1302/1801/2104]

- 상호간에 1m(당해 2 이상의 지하저장탱크의 용량의 합계가 지정수량의 100배 이하인 때에는 0.5m) 이상의 간격을 유지하여야 한다. 다만, 그 사이에 탱크전용실의 벽이나 두께 20cm 이상의 콘크리트 구조물이 있는 경우에는 그러하지 아니하다.

☑ Core 101. 간이탱크저장소의 위치 · 구조 및 설비의 기준 [0604/1504]

- 간이저장탱크는 움직이거나 넘어지지 아니하도록 지면 또는 가설대에 고정시키되, 옥외에 설치하는 경우에는 그 탱크의 주위에 너비 1m 이상의 공지를 두고, 전용실안에 설치하는 경우에는 탱크와 전용실의 벽과의 사이에 0.5m 이상의 간격을 유지하여야 한다.
- 간이저장탱크의 용량은 600L 이하이어야 한다.
- 간이저장탱크는 두께 3.2mm 이상의 강판으로 흠이 없도록 제작하여야 하며, 70kPa의 압력으로 10분간의 수압시험을 실시하여 새거나 변형되지 아니하여야 한다.
- 간이저장탱크의 외면에는 녹을 방지하기 위한 도장을 하여야 한다. 다만, 탱크의 재질이 부식의 우려가 없는 스테인레스 강판 등인 경우에는 그러하지 아니하다.

☑ Core 102. 이동탱크저장소의 표지 및 게시판 [0802]

- 이동저장탱크의 뒷면중 보기 쉬운 곳에는 당해 탱크에 저장 또는 취급하는 위험물의 유별 · 품명 · 최대수량 및 적재중량을 게시한 게시판을 설치하여야 한다.
- 표시문자의 크기는 가로 40mm, 세로 45mm 이상으로 하여야 한다.
- 차량의 전후방의 보기 쉬운 곳에 사각형(한 변의 길이가 0.6미터 이상, 다른 변의 길이가 0.3미터 이상)의 흑색바탕에 황색의 반사도료 기타 반사성이 있는 재료로 "위험물"이라고 표시한 표지를 설치하여야 한다.

☑ Core 103. 이동저장탱크 [1004/2102]

㉠ 구조

- 탱크는 두께 3.2mm 이상의 강철판 또는 이와 동등 이상의 강도 · 내식성 및 내열성이 있다고 인정하여 소방청장이 정하여 고시하는 재료 및 구조로 위험물이 새지 아니하게 제작할 것
- 압력탱크 외의 탱크는 70kPa의 압력으로, 압력탱크는 최대상용압력의 1.5배의 압력으로 각각 10분간의 수압시험을 실시하여 새거나 변형되지 아니할 것
- 이동저장탱크는 그 내부에 4,000L 이하마다 3.2mm 이상의 강철판 또는 이와 동등 이상의 강도 · 내열성 및 내식성이 있는 금속성의 것으로 칸막이를 설치할 것

㉡ 방파판

- 두께 1.6mm 이상의 강철판 또는 이와 동등 이상의 강도 · 내열성 및 내식성이 있는 금속성의 것으로 할 것
- 하나의 구획부분에 2개 이상의 방파판을 이동탱크저장소의 진행방향과 평행으로 설치하되, 각 방파판은 그 높이 및 칸막이로부터의 거리를 다르게 할 것
- 하나의 구획부분에 설치하는 각 방파판의 면적의 합계는 당해 구획부분의 최대 수직단면적의 50% 이상으로 할 것

㉢ 정전기 재해 예방

- 휘발유 · 벤젠 그 밖에 정전기에 의한 재해발생의 우려가 있는 액체의 위험물을 이동저장탱크에 주입하거나 이동저장탱크로부터 배출하는 때에는 도선으로 이동저장탱크와 접지전극 등과의 사이를 긴밀히 연결하여 당해 이동저장탱크를 접지할 것

- 휘발유 · 벤젠 · 그 밖에 정전기에 의한 재해발생의 우려가 있는 액체의 위험물을 이동저장탱크의 상부로 주입하는 때에는 주입관을 사용하되, 당해 주입관의 끝부분을 이동저장탱크의 밑바닥에 밀착할 것

㉣ 기타

- 컨테이너식 이동탱크저장소외의 이동탱크저장소에 있어서는 위험물을 저장한 상태로 이동저장탱크를 옮겨 싣지 아니할 것

☑ Core 104. 이동저장탱크의 구조

[0702/0801/0804/0901/1201/1404/1701]

- 탱크는 두께 3.2mm 이상의 강철판 또는 이와 동등 이상의 강도 · 내식성 및 내열성이 있다고 인정하여 소방청장이 정하여 고시하는 재료 및 구조로 위험물이 새지 아니하게 제작할 것
- 압력탱크 외의 탱크는 70kPa의 압력으로, 압력탱크는 최대상용압력의 1.5배의 압력으로 각각 10분간의 수압시험을 실시하여 새거나 변형되지 아니할 것
- 이동저장탱크는 그 내부에 4,000L 이하마다 3.2mm 이상의 강철판 또는 이와 동등 이상의 강도 · 내열성 및 내식성이 있는 금속성의 것으로 칸막이를 설치할 것

☑ Core 105. 이동탱크저장소 주입설비 기준

[1902/2104]

- 위험물이 샐 우려가 없고 화재예방상 안전한 구조로 할 것
- 주입설비의 길이는 50m 이내로 하고, 그 끝부분에 축적되는 정전기를 유효하게 제거할 수 있는 장치를 할 것
- 분당 배출량은 200L 이하로 할 것
- 주입호스는 내경이 23mm 이상이고, 0.3MPa 이상의 압력에 견딜 수 있는 것으로 하며, 필요 이상으로 길게 하지 아니할 것

☑ Core 106. 알킬알루미늄 및 아세트알데히드 등의 취급과 저장

[1301/2102]

㉠ 취급기준

- 알킬알루미늄등의 제조소 또는 일반취급소에 있어서 알킬알루미늄 등을 취급하는 설비에는 불활성의 기체를 봉입할 것
- 알킬알루미늄 등의 이동탱크저장소에 있어서 이동저장탱크로부터 알킬알루미늄 등을 꺼낼 때에는 동시에 200kPa 이하의 압력으로 불활성의 기체를 봉입할 것
- 아세트알데히드 등의 제조소 또는 일반취급소에 있어서 아세트알데히드 등을 취급하는 설비에는 연소성 혼합기체의 생성에 의한 폭발의 위험이 생겼을 경우에 불활성의 기체 또는 수증기[아세트알데히드 등을 취급하는 탱크(옥외에 있는 탱크 또는 옥내에 있는 탱크로서 그 용량이 지정수량의 5분의 1 미만의 것을 제외한다)에 있어서는 불활성의 기체]를 봉입할 것
- 아세트알데히드 등의 이동탱크저장소에 있어서 이동저장탱크로부터 아세트알데히드 등을 꺼낼 때에는 동시에 100kPa 이하의 압력으로 불활성의 기체를 봉입할 것

㉡ 저장 시 온도기준

- 옥외저장탱크 · 옥내저장탱크 또는 지하저장탱크 중 압력탱크 외의 탱크에 저장하는 디에틸에테르등 또는 아세트알데히드등의 온도는 산화프로필렌과 이를 함유한 것 또는 디에틸에테르등에 있어서는 30℃ 이하로, 아세트알데히드 또는 이를 함유한 것에 있어서는 15℃ 이하로 각각 유지할 것
- 옥외저장탱크 · 옥내저장탱크 또는 지하저장탱크 중 압력탱크에 저장하는 아세트알데히드등 또는 디에틸에테르등의 온도는 40℃ 이하로 유지할 것
- 보냉장치가 있는 이동저장탱크에 저장하는 아세트알데히드등 또는 디에틸에테르등의 온도는 당해 위험물의 비점 이하로 유지할 것
- 보냉장치가 없는 이동저장탱크에 저장하는 아세트알데히드등 또는 디에틸에테르등의 온도는 40℃ 이하로 유지할 것

☑ Core 107. 소화난이도 등급 Ⅲ의 제조소 등에 설치하여야 하는 소화설비 [1104]

제조소등의 구분	소화설비	설치기준	
지하탱크저장소	소형수동식소화기 등	능력단위의 수치가 3 이상	2개 이상
이동탱크저장소	자동차용소화기	무상의 강화액 8L 이상	2개 이상
		이산화탄소 3.2킬로그램 이상	
		일브롬화일염화이플루오르화메탄(CF_2ClBr) 2L 이상	
		일브롬화삼플루오르화메탄(CF_3Br) 2L 이상	
		이브롬화사플루오르화에탄($C_2F_4Br_2$) 1L 이상	
		소화분말 3.3킬로그램 이상	
	마른 모래 및 팽창질석 또는 팽창진주암	마른모래 150L 이상	
		팽창질석 또는 팽창진주암 640L 이상	
그 밖의 제조소 등	소형수동식소화기 등	능력단위의 수치가 건축물 그 밖의 공작물및 위험물의 소요단위의 수치에 이르도록 설치할 것. 다만, 옥내소화전설비, 옥외소화전설비, 스프링클러설비, 물분무등소화설비 또는 대형수동식소화기를 설치한 경우에는 당해 소화설비의 방사능력범위내의 부분에 대하여는 수동식소화기등을 그 능력단위의 수치가 당해 소요단위의 수치의 1/5이상이 되도록 하는 것으로 족하다	

* 비고 : 알킬알루미늄 등을 저장 또는 취급하는 이동탱크저장소에 있어서는 자동차용소화기를 설치하는 외에 마른모래나 팽창질석 또는 팽창진주암을 추가로 설치하여야 한다.

☑ Core 108. 옥내저장탱크 밸브 없는 통기관의 설치기준 [0902/1901]

- 통기관의 선단은 건축물의 창 · 출입구 등의 개구부로부터 1m 이상 떨어진 옥외의 장소에 지면으로부터 4m 이상의 높이로 설치하되, 인화점이 40℃ 미만인 위험물의 탱크에 설치하는 통기관에 있어서는 부지경계선으로부터 1.5m 이상 이격할 것. 다만, 고인화점 위험물만을 100℃ 미만의 온도로 저장 또는 취급하는 탱크에 설치하는 통기관은 그 선단을 탱크전용실 내에 설치할 수 있다.
- 통기관은 가스 등이 체류할 우려가 있는 굴곡이 없도록 할 것

☑ Core 109. 옥내 및 옥외저장탱크 주입구에 설치해야 하는 것 [0504]

- 주입구에는 밸브 또는 뚜껑을 설치할 것
- 정전기를 유효하게 제거하기 위한 접지전극을 설치할 것
- 인화점이 21℃ 미만인 위험물의 주입구에는 보기 쉬운 곳에 다음의 기준에 의한 게시판을 설치할 것
- 주입구 주위에는 새어나온 기름 등 액체가 외부로 유출되지 아니하도록 방유턱을 설치하거나 집유설비 등의 장치를 설치할 것

☑ Core 110. 옥내탱크저장소의 기준 [2004/2104]

- 옥내저장탱크와 탱크전용실의 벽과의 사이 및 옥내저장탱크의 상호간에는 0.5m 이상의 간격을 유지할 것
- 옥내저장탱크의 용량(동일한 탱크전용실에 옥내저장탱크를 2 이상 설치하는 경우에는 각 탱크의 용량의 합계를 말한다)은 지정수량의 40배(제4석유류 및 동식물유류 외의 제4류 위험물에 있어서 당해 수량이 20,000L를 초과할 때에는 20,000L) 이하일 것
- 펌프실은 상층이 있는 경우에 있어서는 상층의 바닥을 내화구조로 하고, 상층이 없는 경우에 있어서는 지붕을 불연재료로 하며, 천장을 설치하지 아니할 것
- 펌프실의 출입구에는 갑종방화문을 설치할 것. 다만, 제6류 위험물의 탱크전용실에 있어서는 을종방화문을 설치할 수 있다.
- 탱크전용실에 펌프설비를 설치하는 경우에는 견고한 기초 위에 고정한 다음 그 주위에는 불연재료로 된 턱을 0.2m 이상의 높이로 설치하는 등 누설된 위험물이 유출되거나 유입되지 아니하도록 하는 조치를 할 것
- 액상의 위험물의 옥내저장탱크를 설치하는 탱크전용실의 바닥은 위험물이 침투하지 아니하는 구조로 하고, 적당한 경사를 두는 한편, 집유설비를 설치할 것
- 탱크전용실의 창 또는 출입구에 유리를 이용하는 경우에는 망입유리로 할 것

☑ Core 111. 옥외저장탱크의 구조 [1801]

- 옥외저장탱크는 두께 3.2mm 이상의 강철판 또는 이와 동등 이상의 강도·내식성 및 내열성이 있다고 인정하여 소방청장이 정하여 고시하는 재료 및 구조로 위험물이 새지 아니하게 제작할 것
- 특정옥외저장탱크 및 준특정옥외저장탱크는 소방청장이 정하여 고시하는 규격에 적합한 강철판 또는 이와 동등 이상의 기계적 성질 및 용접성이 있는 재료로 틈이 없도록 제작할 것
- 압력탱크 외의 탱크는 충수시험, 압력탱크는 최대상용압력의 1.5배의 압력으로 10분간 실시하는 수압시험에서 각각 새거나 변형되지 아니할 것

☑ Core 112. 옥외탱크저장소

[1504/2101]

소화난이도 등급 I	액표면적이 $40m^2$ 이상인 것 (제6류 위험물을 저장하는 것 및 고인화점위험물만을 100℃ 미만의 온도에서 저장하는 것은 제외)
	지반면으로부터 탱크 옆판의 상단까지 높이가 6m 이상인 것 (제6류 위험물을 저장하는 것 및 고인화점위험물만을 100℃ 미만의 온도에서 저장하는 것은 제외)
	지중탱크 또는 해상탱크로서 지정수량의 100배 이상인 것 (제6류 위험물을 저장하는 것 및 고인화점위험물만을 100℃ 미만의 온도에서 저장하는 것은 제외)
	고체위험물을 저장하는 것으로서 지정수량의 100배 이상인 것
소화난이도 등급 II	소화난이도등급 I 의 제조소등 외의 것(고인화점위험물만을 100℃ 미만의 온도로 저장하는 것 및 제6류 위험물만을 저장하는 것은 제외)

☑ Core 113. 인화성 액체 위험물 옥외탱크저장소의 탱크 주위에 방유제 설치 기준

[0902/1001/1104/1601/2001/2004]

- 방유제의 용량은 방유제안에 설치된 탱크가 하나인 때에는 그 탱크 용량의 110% 이상, 2기 이상인 때에는 그 탱크 중 용량이 최대인 것의 용량의 110% 이상으로 할 것
- 방유제는 높이 0.5m 이상 3m 이하, 두께 0.2m 이상, 지하매설 깊이 1m 이상으로 할 것
- 방유제 내의 면적은 8만m^2 이하로 할 것
- 방유제 내의 설치하는 옥외저장탱크의 수는 10 이하로 할 것
- 방유제 외면의 2분의 1 이상은 자동차 등이 통행할 수 있는 3m 이상의 노면폭을 확보한 구내도로에 직접 접하도록 할 것
- 방유제 또는 간막이 둑에는 해당 방유제를 관통하는 배관을 설치하지 아니할 것
- 방유제에는 그 내부에 고인 물을 외부로 배출하기 위한 배수구를 설치하고 이를 개폐하는 밸브 등을 방유제의 외부에 설치할 것
- 높이가 1m를 넘는 방유제 및 간막이 둑의 안팎에는 방유제 내에 출입하기 위한 계단 또는 경사로를 약 50m마다 설치할 것

☑ Core 114. 아세트알데히드 등의 옥외탱크저장소 설치 기준

[1102/1702]

- 옥외저장탱크의 설비는 동 · 마그네슘 · 은 · 수은 또는 이들을 성분으로 하는 합금으로 만들지 아니할 것
- 옥외저장탱크에는 냉각장치 또는 보냉장치, 그리고 연소성 혼합기체의 생성에 의한 폭발을 방지하기 위한 불활성의 기체를 봉입하는 장치를 설치할 것

☑ Core 115. 강화플라스틱제 이중벽 탱크의 성능시험

[1201]

- 기밀시험
- 운반용 고리의 강도시험
- 수압시험
- 충수시험
- 개구부의 강도시험
- 재료시험

☑ Core 116. 배출설비의 설치기준

[0904/1601/2101]

- 배출설비는 국소방식으로 하여야 한다.
- 배출설비는 배풍기 · 배출닥트 · 후드 등을 이용하여 강제적으로 배출하는 것으로 하여야 한다.
- 배출능력은 1시간당 배출장소 용적의 20배 이상인 것으로 하여야 한다. 단, 전역방식의 경우에는 $1m^2$당 $18m^3$ 이상으로 할 수 있다.
- 배풍기는 강제배기방식으로 하고, 옥내닥트의 내압이 대기압 이상이 되지 아니하는 위치에 설치하여야 한다.
- 급기구는 높은 곳에 설치하고, 가는 눈의 구리망 등으로 인화방지망을 설치하여야 한다.
- 배출구는 지상 2m 이상으로서 연소의 우려가 없는 장소에 설치하고, 배출 덕트가 관통하는 벽부분의 바로 가까이에 화재시 자동으로 폐쇄되는 방화댐퍼(화재 시 연기 등을 차단하는 장치)를 설치하여야 한다.
- 배풍기는 강제배기방식으로 하고, 옥내 덕트의 내압이 대기압 이상이 되지 아니하는 위치에 설치하여야 한다.

☑ Core 117. 위험물 제조소에서의 옥외 위험물 취급탱크의 방유제 설치 기준

[1004/1301/1604]

- 하나의 취급탱크 주위에 설치하는 방유제의 용량은 당해 탱크용량의 50% 이상으로 할 것
- 2 이상의 취급탱크 주위에 하나의 방유제를 설치하는 경우 그 방유제의 용량은 당해 탱크 중 용량이 최대인 것의 50%에 나머지 탱크용량 합계의 10%를 가산한 양 이상이 되게 할 것

☑ Core 118. 제조소의 안전거리

[1302]

- 별도의 규정에 의한 것 외의 건축물 그 밖의 공작물로서 주거용으로 사용되는 것(제조소가 설치된 부지 내에 있는 것을 제외)에 있어서는 10m 이상
- 학교 · 병원 · 극장 그 밖에 다수인을 수용하는 시설은 30m 이상
- 문화재보호법의 규정에 의한 유형문화재와 기념물 중 지정문화재에 있어서는 50m 이상

> • 단, 주거용, 다수인 수용시설, 문화재 등에 의한 건축물 등은 부표의 기준에 의하여 불연재료로 된 방화상 유효한 담 또는 벽을 설치하는 경우에는 동표의 기준에 의하여 안전거리를 단축할 수 있다.

- 고압가스, 액화석유가스 또는 도시가스를 저장 또는 취급하는 시설로서 다음의 1에 해당하는 것에 있어서는 20m 이상
- 사용전압이 7,000V 초과 35,000V 이하의 특고압가공전선에 있어서는 3m 이상
- 사용전압이 35,000V를 초과하는 특고압가공전선에 있어서는 5m 이상

☑ Core 119. 제조소 등에서 위험물 저장 및 취급의 기준 [1001/2102]

- 위험물을 저장 또는 취급하는 건축물 그 밖의 공작물 또는 설비는 당해 위험물의 성질에 따라 차광 또는 환기를 실시하여야 한다.
- 위험물은 온도계, 습도계, 압력계 그 밖의 계기를 감시하여 당해 위험물의 성질에 맞는 적정한 온도, 습도 또는 압력을 유지하도록 저장 또는 취급하여야 한다.
- 위험물을 저장 또는 취급하는 경우에는 위험물의 변질, 이물의 혼입 등에 의하여 당해 위험물의 위험성이 증대되지 아니하도록 필요한 조치를 강구하여야 한다.
- 위험물이 남아 있거나 남아 있을 우려가 있는 설비, 기계 · 기구, 용기 등을 수리하는 경우에는 안전한 장소에서 위험물을 완전하게 제거한 후에 실시하여야 한다.
- 위험물을 용기에 수납하여 저장 또는 취급할 때에는 그 용기는 당해 위험물의 성질에 적응하고 파손 · 부식 · 균열 등이 없는 것으로 하여야 한다.
- 가연성의 액체 · 증기 또는 가스가 새거나 체류할 우려가 있는 장소 또는 가연성의 미분이 현저하게 부유할 우려가 있는 장소에서는 전선과 전기기구를 완전히 접속하고 불꽃을 발하는 기계 · 기구 · 공구 · 신발 등을 사용하지 아니하여야 한다.
- 위험물을 보호액 중에 보존하는 경우에는 당해 위험물이 보호액으로부터 노출되지 아니하도록 하여야 한다.
- 제조소등에서 허가 및 신고와 관련되는 품명 외의 위험물 또는 이러한 허가 및 신고와 관련되는 수량 또는 지정수량의 배수를 초과하는 위험물을 저장 또는 취급하지 아니하여야 한다.

☑ Core 120. 방화벽의 높이 [0601]

<table>
<tr><td>$H \leq pD^2+a$인 경우 h=2</td><td rowspan="2">D : 제조소등과 인근 건축물 또는 공작물과의 거리(m)
H : 인근 건축물 또는 공작물의 높이(m)
a : 제조소등의 외벽의 높이(m)
d : 제조소등과 방화상 유효한 담과의 거리(m)
h : 방화상 유효한 담의 높이(m)
p : 상수</td></tr>
<tr><td>$H > pD^2+a$인 경우 h=$H-p(D^2-d^2)$</td></tr>
</table>

☑ Core 121. 위험물의 성질에 따른 제조소의 특례 [2101]

㉠ 알킬알루미늄 등을 취급하는 제조소의 설비
- 불활성기체 봉입장치를 갖추어야 한다.
- 누설된 알킬알루미늄 등을 안전한 장소에 설치된 저장실에 유입시킬 수 있는 설비를 갖추어야 한다.

㉡ 아세트알데히드 등을 취급하는 제조소의 설비
- 은, 수은, 구리(동), 마그네슘을 성분으로 하는 합금으로 만들지 아니한다.

- 연소성 혼합기체의 폭발을 방지하기 위한 불활성기체 또는 수증기 봉입장치를 갖추어야 한다.
- 저장하는 탱크에는 냉각장치 또는 보냉장치 및 불활성기체 봉입장치를 갖추어야 한다.

ⓒ 히드록실아민 등을 취급하는 제조소의 설비

- 히드록실아민 등의 온도 및 농도의 상승에 따른 위험한 반응을 방지하기 위한 조치를 강구한다.
- 철, 이온 등의 혼입에 따른 위험한 반응을 방지하기 위한 조치를 강구한다.

☑ Core 122. 아세트알데히드 등을 취급하는 제조소의 특례 [1104]

- 아세트알데히드 등을 취급하는 설비는 은 · 수은 · 동 · 마그네슘 또는 이들을 성분으로 하는 합금으로 만들지 아니할 것
- 아세트알데히드 등을 취급하는 설비에는 연소성 혼합기체의 생성에 의한 폭발을 방지하기 위한 불활성기체 또는 수증기를 봉입하는 장치를 갖출 것
- 아세트알데히드 등을 취급하는 탱크에는 냉각장치 또는 저온을 유지하기 위한 보냉장치 및 연소성 혼합기체의 생성에 의한 폭발을 방지하기 위한 불활성기체를 봉입하는 장치를 갖출 것
- 냉각장치 또는 보냉장치는 2 이상 설치하여 하나의 냉각장치 도는 보냉장치가 고장난 때에도 일정 온도를 유지할 수 있도록 하고, 비상전원을 갖출 것
- 아세트알데히드 등을 취급하는 탱크를 지하에 매설하는 경우에는 당해 탱크를 탱크전용실에 설치할 것

☑ Core 123. 제조소 · 일반취급소의 소화난이도 등급 [1004/1302/1702/1804]

소화난이도 등급 I	연면적 1,000m^2 이상인 것
	지정수량의 100배 이상인 것
	지반면으로부터 6m 이상의 높이에 위험물 취급설비가 있는 것
	일반취급소로 사용되는 부분 외의 부분을 갖는 건축물에 설치된 것
소화난이도 등급 II	연면적 600m^2 이상인 것
	지정수량의 10배 이상인 것

☑ Core 124. 소화난이도 등급 I의 제조소 또는 일반취급소에 반드시 설치해야 할 소화설비 [0601/1402]

구분	소화설비
제조소 및 일반취급소	옥내소화전설비, 옥외소화전설비, 스프링클러설비 또는 물분무등소화설비(화재발생시 연기가 충만할 우려가 있는 장소에는 스프링클러설비 또는 이동식 외의 물분무등소화설비에 한한다)

☑ Core 125. 제조소등에 관한 용어 [2101]

- 제조소, 저장소, 취급소를 통틀어 제조소등이라 한다.
- 지정수량 이상의 위험물을 저장하기 위한 저장소의 구분에는 옥내저장소, 옥외탱크저장소, 옥내탱크저장소, 지하탱크저장소, 간이탱크저장소, 이동탱크저장소, 옥외저장소, 암반탱크저장소가 있다.
- 제조소등의 관계인은 위험물의 안전관리에 관한 직무를 수행하게 하기 위하여 제조소등마다 대통령령이 정하는 위험물의 취급에 관한 자격이 있는 자를 위험물안전관리자로 선임하여야 하나 주택의 난방시설을 위한 저장소나 취급소, 농예용 · 축산용 또는 수산용으로 필요한 난방시설 또는 건조시설을 위한 저장소와 이동탱크저장소는 안전관리자를 선임하지 않아도 된다.
- 위험물을 제조 외의 목적으로 취급하기 위한 취급소의 구분에는 주유취급소, 판매취급소, 이송취급소, 일반취급소가 있다.
- 이동저장탱크에 액체위험물(알킬알루미늄등, 아세트알데히드등 및 히드록실아민등을 제외)을 주입하는 일반취급소(액체위험물을 용기에 옮겨 담는 취급소를 포함)를 "충전하는 일반취급소"라 한다.

☑ Core 126. 위험물을 배합하는 실의 시설기준 [1204/1704/2001]

- 바닥면적은 $6m^2$ 이상 $15m^2$ 이하로 할 것
- 내화구조 또는 불연재료로 된 벽으로 구획할 것
- 바닥은 위험물이 침투하지 아니하는 구조로 하여 적당한 경사를 두고 집유설비를 할 것
- 출입구에는 수시로 열 수 있는 자동폐쇄식의 갑종방화문을 설치할 것
- 출입구 문턱의 높이는 바닥면으로부터 0.1m 이상으로 할 것
- 내부에 체류한 가연성의 증기 또는 가연성의 미분을 지붕 위로 방출하는 설비를 할 것

☑ Core 127. 주유취급소의 탱크 용량 [1102/1404/1802]

- 자동차 등에 주유하기 위한 고정주유설비에 직접 접속하는 전용탱크로서 50,000L 이하의 것
- 고정급유설비에 직접 접속하는 전용탱크로서 50,000L 이하의 것
- 보일러 등에 직접 접속하는 전용탱크로서 10,000L 이하의 것
- 자동차 등을 점검 · 정비하는 작업장 등에서 사용하는 폐유 · 윤활유 등의 위험물을 저장하는 탱크로서 용량이 2,000L 이하인 탱크
- 고속국도의 도로변에 설치된 주유취급소에 있어서는 탱크의 용량을 60,000L까지 할 수 있다.

☑ Core 128. 주유취급소의 고정주유설비 설치 기준 [1002/2004]

- 고정주유설비의 중심선을 기점으로 하여 도로경계선까지 4m 이상, 부지경계선 · 담 및 건축물의 벽까지 2m(개구부가 없는 벽까지는 1m) 이상의 거리를 유지하고, 고정급유설비의 중심선을 기점으로 하여 도로경계선까지 4m 이상, 부지경계선 및 담까지 1m 이상, 건축물의 벽까지 2m(개구부가 없는 벽까지는 1m) 이상의 거리를 유지할 것
- 고정주유설비와 고정급유설비의 사이에는 4m 이상의 거리를 유지할 것

☑ Core 129. 셀프용 고정주유설비의 기준 [1301]

- 주유호스의 선단부에 수동개폐장치를 부착한 주유노즐을 설치할 것. 다만, 수동개폐장치를 개방한 상태로 고정시키는 장치가 부착된 경우에는 다음의 기준에 적합할 것
  - 주유작업을 개시함에 있어서 주유노즐의 수동개폐장치가 개방상태에 있는 때에는 당해 수동개폐장치를 일단 폐쇄시켜야만 다시 주유를 개시할 수 있는 구조로 할 것
  - 주유노즐이 자동차 등의 주유구로부터 이탈된 경우 주유를 자동적으로 정지시키는 구조일 것
- 주유노즐은 자동차 등의 연료탱크가 가득 찬 경우 자동적으로 정지시키는 구조일 것
- 주유호스는 200kg중 이하의 하중에 의하여 파단(破斷) 또는 이탈되어야 하고, 파단 또는 이탈된 부분으로부터의 위험물 누출을 방지할 수 있는 구조일 것
- 휘발유와 경유 상호간의 오인에 의한 주유를 방지할 수 있는 구조일 것
- 1회의 연속주유량 및 주유시간의 상한을 미리 설정할 수 있는 구조일 것. 이 경우 주유량의 상한은 휘발유는 100L 이하, 경유는 200L 이하로 하며, 주유시간의 상한은 4분 이하로 할 것

☑ Core 130. 안전장치의 작동 [1304/2102]

이동저장탱크	상용압력이 20kPa 이하인 탱크에 있어서는 20kPa 이상 24kPa 이하의 압력에서, 상용압력이 20kPa를 초과하는 탱크에 있어서는 상용압력의 1.1배 이하의 압력에서 작동하는 것으로 할 것
이송취급소	• 배관계에는 배관 내의 압력이 최대상용압력을 초과하거나 유격작용 등에 의하여 생긴 압력이 최대상용압력의 1.1배를 초과하지 아니하도록 제어하는 장치(압력안전장치)를 설치할 것 • 이송취급소에서는 위험물을 이송하기 위한 배관 · 펌프 및 이에 부속한 설비의 안전을 확인하기 위한 순찰을 행하고, 위험물을 이송하는 중에는 이송하는 위험물의 압력 및 유량을 항상 감시할 것

☑ Core 131. 옥외탱크 저장시설의 위험물 취급 수량과 보유공지 [0504/1901/2102]

저장 또는 취급하는 위험물의 최대수량	공지의 너비
지정수량의 500배 이하	3m 이상
지정수량의 500배 초과 1,000배 이하	5m 이상
지정수량의 1,000배 초과 2,000배 이하	9m 이상
지정수량의 2,000배 초과 3,000배 이하	12m 이상
지정수량의 3,000배 초과 4,000배 이하	15m 이상
지정수량의 4,000배 초과	당해 탱크의 수평단면의 최대지름(횡형인 경우에는 긴 변)과 높이 중 큰 것과 같은 거리 이상. 다만, 30m 초과의 경우에는 30m 이상으로 할 수 있고, 15m 미만의 경우에는 15m 이상으로 하여야 한다.

☑ Core 132. 옥외저장소 보유공지 기준 [0901/1602/1702]

저장 또는 취급하는 위험물의 최대수량	공지의 너비
지정수량의 10배 이하	3m 이상
지정수량의 10배 초과 20배 이하	5m 이상
지정수량의 20배 초과 50배 이하	9m 이상
지정수량의 50배 초과 200배 이하	12m 이상
지정수량의 200배 초과	15m 이상

☑ Core 133. 제조소 보유공지 [1204/2104]

㉠ 제조소의 보유공지

지정수량의 10배 이하	3m 이상
지정수량의 10배 초과	5m 이상

㉡ 격벽설치 시 공지를 보유하지 않아도 되는 경우

제조소의 작업공정이 다른 작업장의 작업공정과 연속되어 있어, 제조소의 건축물 그 밖의 공작물의 주위에 공지를 두게 되면 그 제조소의 작업에 현저한 지장이 생길 우려가 있는 경우	• 방화벽은 내화구조로 할 것. 다만 취급하는 위험물이 제6류 위험물인 경우에는 불연재료로 할 수 있다.
	• 방화벽에 설치하는 출입구 및 창 등의 개구부는 가능한 한 최소로 하고, 출입구 및 창에는 자동폐쇄식의 갑종방화문을 설치할 것
	• 방화벽의 양단 및 상단이 외벽 또는 지붕으로부터 50cm 이상 돌출하도록 할 것

☑ Core 134. 경계구역

[1002]

- 하나의 경계구역이 2개 이상의 건축물에 미치지 아니하도록 할 것
- 하나의 경계구역이 2개 이상의 층에 미치지 아니하도록 할 것. 다만, 500m^2 이하의 범위안에서는 2개의 층을 하나의 경계구역으로 할 수 있다
- 하나의 경계구역의 면적은 600m^2 이하로 하고 한변의 길이는 50m 이하로 할 것. 다만, 해당 특정소방대상물의 주된 출입구에서 그 내부 전체가 보이는 것에 있어서는 한 변의 길이가 50m의 범위 내에서 1,000m^2 이하로 할 수 있다.
- 지하구의 경우 하나의 경계구역의 길이는 700m 이하로 할 것

☑ Core 135. 탱크시험자의 기술능력

[1102/1602]

필수인력	• 위험물기능장 · 위험물산업기사 또는 위험물기능사 중 1명 이상 • 비파괴검사기술사 1명 이상 또는 초음파비파괴검사 · 자기비파괴검사 및 침투비파괴검사별로 기사 또는 산업기사 각 1명 이상
필요한 경우에 두는 인력	• 충 · 수압시험, 진공시험, 기밀시험 또는 내압시험의 경우 : 누설비파괴검사 기사, 산업기사 또는 기능사 • 수직 · 수평도시험의 경우 : 측량 및 지형공간정보 기술사, 기사, 산업기사 또는 측량기능사 • 방사선투과시험의 경우 : 방사선비파괴검사 기사 또는 산업기사 • 필수 인력의 보조 : 방사선비파괴검사 · 초음파비파괴검사 · 자기비파괴검사 또는 침투비파괴검사 기능사

Chapter 09 화재 및 소화

☑ Core 136. 소화방법의 종류 [2102]

냉각소화법	증발잠열을 이용해 점화원을 차단하는 소화방법이다.
질식소화법	산소공급원을 차단하는 방식이다.
억제소화법	할로겐 화합물 등을 첨가하여 연쇄반응을 억제하는 화학적 소화방식이다.
제거소화법	가연물을 제거하거나 격리시키는 방식이다.
희석소화법	가연성 가스나 증기의 농도를 연소한계(하한) 이하로 만들어 소화하는 방식이다.

☑ Core 137. 연소형태에 따른 물질의 분류 [0702/0902/1204/1904]

표면연소	숯, 코크스, 목탄, 금속분
증발연소	파라핀(양초), 황, 나프탈렌, 왁스, 휘발유, 등유, 경유, 아세톤 등 제4류 위험물
분해연소	석탄, 목재, 플라스틱, 종이, 합성수지, 중유
자기연소	질화면(니트로셀룰로오스), 셀룰로이드, 니트로글리세린 등 제5류 위험물
확산연소	아세틸렌, LPG, LNG

☑ Core 138. 연소범위와 온도 [0504]

- 온도가 높아지면 기체분자의 운동이 증가하므로 연소범위는 넓어진다.
- 온도가 높아지면 하한값은 크게 변화가 없는 반면 상한값은 넓어진다.

☑ Core 139. 자연발화 [0602/0704]

㉠ 개요

- 물질이 공기 중에서 화학반응에 의해 자연 발열하여 그 열이 장기간 축적되어 발화온도에 다달아 물질 자신 혹은 접촉한 가연물 등에 의해 자신이 연소되는 현상을 말한다.

㉡ 자연발화의 요인

- 수분
- 발열량
- 열전도율
- 열의 축적
- 공기의 유동

☑ Core 140. 정전기 [0502/0602/0702]

㉠ 개요

- 물체 위에 정지하고 있는 전기를 말하며, 유리막대와 명주 등의 두 가지 절연체를 마찰하면 발생하는 전기이다.

㉡ 제거 방법

- 접지에 의한 방법
- 공기 중의 상대습도를 70% 이상으로 하는 방법
- 공기를 이온화하는 방법

☑ Core 141. 이산화탄소 소화설비 [1204/2003]

㉠ 분사헤드의 기준

- 방사된 소화약제가 방호구역의 전역에 균일하게 신속히 확산할 수 있도록 할 것
- 분사헤드의 방사압력이 2.1MPa(저압식은 1.05MPa) 이상의 것으로 할 것

㉡ 이산화탄소를 저장하는 저압식 저장용기 기준

- 이산화탄소를 저장하는 저압식저장용기에는 액면계 및 압력계를 설치할 것
- 이산화탄소를 저장하는 저압식저장용기에는 2.3MPa 이상의 압력 및 1.9MPa 이하의 압력에서 작동하는 압력경보장치를 설치할 것
- 이산화탄소를 저장하는 저압식저장용기에는 용기내부의 온도를 영하 20℃ 이상 영하 18℃ 이하로 유지할 수 있는 자동냉동기를 설치할 것
- 이산화탄소를 저장하는 저압식저장용기에는 파괴판을 설치할 것
- 이산화탄소를 저장하는 저압식저장용기에는 방출밸브를 설치할 것

☑ Core 142. 분말소화약제의 열분해식 [0501/0602/0701/0801/0901/1204/1301/1404/1502/1504/1601/1602/1604/1701/1801/1904/2003/2101/2104]

제1종 분말	• 중탄산나트륨($NaHCO_3$) : 백색(BC화재) • (270℃) $2NaHCO_3 \rightarrow Na_2CO_3 + CO_2 + H_2O$: 탄산나트륨 + 이산화탄소 + 물 • (850℃) $2NaHCO_3 \rightarrow Na_2O + 2CO_2 + H_2O$: 산화나트륨 + 이산화탄소 + 물
제2종 분말	• 중탄산칼륨($KHCO_3$) : 보라색(BC화재) • $2KHCO_3 \rightarrow K_2CO_3 + CO_2 + H_2O$: 탄산칼륨 + 이산화탄소 + 물
제3종 분말	• 인산암모늄($NH_4H_2PO_4$) : 담홍색(핑크색) (ABC화재) • 1차분해 : $NH_4H_2PO_4 \rightarrow H_3PO_4 + NH_3$: 올소인산 + 암모니아 • 2차분해 : $NH_4H_2PO_4 \rightarrow HPO_3 + NH_3 + H_2O$: 메타인산 + 암모니아 + 물

☑ Core 143. 할로겐 소화약제 [0802/1401/1901]

할론1301	할론2402	할론1211
분자식은 CF_3Br 상태(상온) : 기체	분자식은 $C_2F_4Br_2$ 상태(상온) : 액체	분자식은 CF_2ClBr 상태(상온) : 기체
• 소화성능 가장 좋음 • 오존파괴지수가 가장 높다 • 방사압력 0.9MPa	방사압력 0.1Mpa	• 유일하게 ABC급 화재 사용 가능 • 오존파괴지수 가장 낮다 • 방사압력 0.2MPa

☑ Core 144. 불활성가스 소화기 [1802/1804]

- 헬륨, 네온, 아르곤 또는 질소가스 중 하나 이상의 원소를 기본성분으로 하는 소화기를 말한다.
- IG-XXX에서 XXX에 해당하는 첫 번째 숫자는 질소, 두 번째 숫자는 아르곤, 세 번째 숫자는 이산화탄소의 비중을 의미한다.

소화기	구성물질1		구성물질2		구성물질3	
	물질명	비중	물질명	비중	물질명	비중
IG-55	질소	50	아르곤	50	-	-
IG-541	질소	52	아르곤	40	이산화탄소	8

☑ Core 145. 산 · 알칼리소화기 [0801]

- 소화기의 내부에 탄산수소나트륨($NaHCO_3$) 수용액과 진한황산(H_2SO_4)이 분리 · 저장되어 있으며 사용 시 탄산수소나트륨수용액과 황산이 혼합되어 발생되는 이산화탄소를 압력원으로 하여 약제를 방사하는 소화기이다.
- 산 · 알칼리소화기의 반응식은 $2NaHCO_3 + H_2SO_4 \rightarrow Na_2SO_4 + 2CO_2 + 2H_2O$(황산나트륨+이산화탄소+물)이다.

☑ Core 146. 화학포 소화기 [0702]

- 탄산염류와 같은 알칼리 금속염류 등을 주성분으로 하는 액체를 압축공기 또는 질소가스를 축압하여 만든 소화기로 강화액소화기라 불리운다.
- 화학포 반응식은 $6NaHCO_3 + Al_2(SO_4)_3 \cdot 18H_2O \rightarrow 3Na_2SO_4 + 2Al(OH)_3 + 6CO_2 + 18H_2O$(황산나트륨+수산화알루미늄+이산화탄소+물)이다.

☑ Core 147. 소화설비의 적응성

[1002/1101/1202/1601/1702/1902/2001/2003/2004]

소화설비의 구분			대상물 구분											
			건축물 · 그 밖의 공작물	전기설비	제1류 위험물		제2류 위험물			제3류 위험물		제4류 위험물	제5류 위험물	제6류 위험물
					알칼리금속과산화물등	그 밖의 것	철분 · 금속분 · 마그네슘등	인화성고체	그 밖의 것	금수성물품	그 밖의 것			
옥내소화전 또는 옥외소화전설비			○			○		○	○		○		○	○
스프링클러설비			○			○		○	○		○	△	○	○
물분무등 소화설비	물분무소화설비		○	○		○		○	○		○	○	○	○
	포소화설비		○			○		○	○		○	○	○	○
	불활성가스소화설비			○				○				○		
	할로겐화합물소화설비			○				○				○		
	분말소화설비	인산염류등	○	○		○		○	○			○		○
		탄산수소염류등		○	○		○	○		○		○		
		그 밖의 것			○		○			○				
대형 · 소형 수동식 소화기	봉상수(棒狀水)소화기		○			○		○	○		○		○	○
	무상수(霧狀水)소화기		○	○		○		○	○		○		○	○
	봉상강화액소화기		○			○		○	○		○		○	○
	무상강화액소화기		○	○		○		○	○		○	○	○	○
	포소화기		○			○		○	○		○	○	○	○
	이산화탄소소화기			○				○				○		△
	할로겐화합물소화기			○				○				○		
	분말소화기	인산염류소화기	○	○		○		○	○			○		○
		탄산수소염류소화기		○	○		○	○		○		○		
		그 밖의 것			○		○			○				
기타	물통 또는 수조		○			○		○	○		○		○	○
	건조사				○	○	○	○	○	○	○	○	○	○
	팽창질석 또는 팽창진주암				○	○	○	○	○	○	○	○	○	○

☑ Core 148. 자체소방대에 두는 화학소방자동차 및 인원 [1102/1402/1404/2001/2101]

사업소의 구분	화학소방자동차	자체소방대원의 수
1. 지정수량의 12만배 미만인 사업소	1대	5인
2. 지정수량의 12만배 이상 24만배 미만인 사업소	2대	10인
3. 지정수량의 24만배 이상 48만배 미만인 사업소	3대	15인
4. 지정수량의 48만배 이상인 사업소	4대	20인

- 자체소방대를 설치하지 않을 경우 1년 이하의 징역 또는 1천만원 이하의 벌금에 처한다.

☑ Core 149. 수원의 수량 [1301/1304/1702/1804/2104]

옥내소화전	옥내소화전 설치개수(설치개수가 5개 이상인 경우는 5개)에 7.8m^{3}를 곱한 양 이상
옥외소화전	옥외소화전의 설치개수(설치개수가 4개 이상인 경우는 4개의 옥외소화전)에 13.5m^{3}를 곱한 양 이상

☑ Core 150. 옥외소화전설비의 기준 [0802/1202]

- 옥외소화전의 개폐밸브 및 호스접속구는 지반면으로부터 1.5m 이하의 높이에 설치할 것
- 방수용기구를 격납하는 함은 불연재료로 제작하고 옥외소화전으로부터 보행거리 5m 이하의 장소로서 화재발생시 쉽게 접근가능하고 화재 등의 피해를 받을 우려가 적은 장소에 설치할 것
- 가압송수장치, 시동표시등, 물올림장치, 비상전원, 조작회로의 배선 및 배관 등은 옥내소화전설비의 기준의 예에 준하여 설치할 것
- 옥외소화전설비는 습식으로 하고 동결방지조치를 할 것

☑ Core 151. 옥내소화전설비의 설치기준 [1701/2102]

- 옥내소화전은 제조소 등의 건축물의 층마다 당해 층의 각 부분에서 하나의 호스접속구까지의 수평거리가 25m 이하가 되도록 설치할 것. 이 경우 옥내소화전은 각층의 출입구 부근에 1개 이상 설치하여야 한다.
- 수원의 수량은 옥내소화전이 가장 많이 설치된 층의 옥내소화전 설치개수(설치개수가 5개 이상인 경우는 5개)에 7.8m^{3}를 곱한 양 이상이 되도록 설치할 것
- 옥내소화전설비는 각층을 기준으로 하여 당해 층의 모든 옥내소화전(설치개수가 5개 이상인 경우는 5개의 옥내소화전)을 동시에 사용할 경우에 각 노즐선단의 방수압력이 350kPa 이상이고 방수량이 1분당 260L 이상의 성능이 되도록 할 것
- 옥내소화전설비에는 비상전원을 설치할 것

☑ Core 152. 압력수조를 이용한 가압송수장치 기준 [1301/2004]

- 압력수조의 압력 : $P=p_1+p_2+p_3+0.35$[MPa]

  P : 필요한 압력 (단위 MPa)

  p_1 : 소방용호스의 마찰손실수두압 (단위 MPa)

  p_2 : 배관의 마찰손실수두압 (단위 MPa)

  p_3 : 낙차의 환산수두압 (단위 MPa)
- 압력수조의 수량은 당해 압력수조 체적의 2/3 이하일 것
- 압력수조에는 압력계, 수위계, 배수관, 보급수관, 통기관 및 맨홀을 설치할 것

Chapter 10

기타 위험물 관련 내용

☑ Core 153. 산화성 액체의 시험방법 [1002/1904]

• 산화력의 잠재적 위험성을 판단하기 위한 시험을 위해 연소시간 측정시험을 실시한다.
• 목분(수지분이 적은 삼에 가까운 재료로 하고 크기는 500㎛의 체를 통과하고 250㎛의 체를 통과하지 않는 것), 질산 90% 수용액 및 시험물품을 사용하여 온도 20℃, 습도 50%, 1기압의 실내에서 연소시간을 측정한다.

☑ Core 154. 과산화물의 검출과 제거 [0504/1102]

검출	10% 요오드화칼륨 용액(KI, 옥화칼륨)을 반응시켜 황색으로 변화하는지의 여부로 검출
제거	황산제일철 또는 환원철을 이용
생성방지	40[mesh]의 구리망을 넣어준다.

☑ Core 155. 인화점 측정시험의 종류와 시료의 양 [1101/1302/2001]

태그밀폐식	시료의 양은 $50cm^3$
신속평형법	시료의 양은 2mL
클리브랜드개방컵	시료의 양은 시료컵의 표선까지

☑ Core 156. 인화성 액체의 연소범위 측정에 영향을 미치는 인자 [0502]

• 온도
• 압력
• 점화원
• 화염의 전파 방향
• 측정용기의 직경

☑ Core 157. 증기비중

[0602/0704/0901/1104/1304/1501/1602/1801/1804/1901/1904/2001/2003/2102]

- 증기비중은 $\frac{\text{대상물의 분자량}}{\text{공기의 분자량}}$으로 구한다.

☑ Core 158. 증기밀도

[0701/0901/1201/1604]

- 밀도 = $\frac{\text{질량}}{\text{부피}}$이고, 증기밀도는 0℃, 1기압에서의 기체의 부피가 22.4L이므로 $\frac{\text{분자량}}{22.4}$[g/L]로 구한다.

☑ Core 159. 슬롭오버(Slop over)

[0502]

- 화재 발생 후 물 또는 포의 방사 시 물이 비등하면서 위험물이 탱크 밖으로 비산하는 현상을 말한다.
- 물의 비점보다 높은 고인화점 유류의 소화작업 시 물 또는 포를 상부표면 위에 방사하였을 때 발생되는 사례로 기름 속에 수분이 조금이라도 있으면 급격히 증발하여 기름 거품이 되고 더욱이 팽창하여 탱크상부로부터 기름이 넘쳐흐르는 현상을 말한다.

☑ Core 160. 분압

[0504]

- 분압 = 전압 × $\frac{\text{성분몰수}}{\text{전체몰수}}$으로 구한다.

☑ Core 161. 현열과 잠열

[0604/1101]

㉠ 현열

- 상태의 변화 없이 특정 물질의 온도를 증가시키는데 들어가는 열량을 말한다.
- $Q_{\text{현열}} = m \cdot c \cdot \Delta t$[cal]로 구하며 이때 m은 질량[g], c는 비열[cal/g · ℃], Δt는 온도차[℃]이다.

㉡ 잠열

- 온도의 변화 없이 물질의 상태를 변화시키는데 소요되는 열량을 말한다.
- 잠열에는 융해열과 기화열 등이 있다.
- $Q_{\text{잠열}} = m \cdot k$[cal]로 구하며 이때 m은 질량[g], k는 잠열상수(융해열 및 기화열 등)[cal/g]이다.

MEMO

고시넷의 고패스

16년간

위험물 산업기사

기출복원문제+유형분석

실기 〖 2부 〗

16년간 기출복원문제(Ⅰ)

복원문제+모범답안

gosinet
(주)고시넷

2006년 1회 기출복원문제

01 Ca_3P_2에 대한 다음 각 물음에 대해 답을 쓰시오. [0704/0802/1401/1501/1602]

① 지정수량을 쓰시오.
② 물과의 반응식을 쓰시오.
③ 발생가스의 성질을 쓰시오.

① 지정수량 : 300[kg]
② 반응식 : $Ca_3P_2+6H_2O \rightarrow 3Ca(OH)_2+2PH_3$: 수산화칼슘+포스핀(인화수소)
③ 발생가스의 성질 : 유독성 및 가연성 가스

Core 035 / page I - 15

02 빈칸을 채우시오.

알칼리금속 과산화물은 (①)과 심하게 (②)반응하여 (③)을 발생시키며 발생량이 많을 경우 (④)하게 된다.

① 물 ② 발열
③ 산소 ④ 폭발

Core 002 / page I - 6

03 다음과 같은 제조소의 조건일 경우 방화벽 설치 높이는 얼마가 되어야 하는가?

① 제조소 높이 30m ② 인접건물 높이 40m ③ p상수 0.15
④ 제조소와 방화벽 거리 5m ⑥ 제조소와 인접건물 거리 10m

- H=40이고 $pD^2+a=0.15\times10^2+30=45$이므로 $H\leq pD^2+a$인 경우에 해당하므로 h=2[m]가 된다.
- 결과값 : 2[m]

Core 120 / page I - 48

04 제1류 위험물 중 위험등급 Ⅱ 에 해당하는 품명을 3가지 쓰시오.

① 브롬산염류　② 질산염류　③ 요오드산염류

Core 001 / page Ⅰ - 6

05 특수인화물 저장 · 운반 시 용기재질별 용량(L)을 쓰시오.

① 금속제	② 유리	③ 플라스틱

① 30　② 5　③ 10

Core 087 / page Ⅰ - 35

06 동식물유류 중에서 건성유의 요오드값은 얼마 이상인지 쓰시오.

• 130

Core 059 / page Ⅰ - 23

07 제1류 위험물인 $KMnO_4$에 대해 다음 각 물음에 답을 쓰시오.

① 지정수량을 쓰시오.
② 가열분해 시 발생하는 조연성가스를 쓰시오.
③ 염산과 반응 시 발생되는 가스를 쓰시오.

① 지정수량 : 1,000[kg]
② 240℃ 가열분해 반응식 : $2KMnO_4 \rightarrow K_2MnO_4 + MnO_2 + O_2$: 망간산칼륨+이산화망간+산소
③ 염산과 반응식 : $2KMnO_4 + 16HCl \rightarrow 2KCl + 2MnCl_2 + 8H_2O + 5Cl_2$: 염화칼륨+염화망간+물+염소
발생가스 : 염소

Core 013 / page Ⅰ - 9

08 소화난이도 등급 Ⅰ의 제조소 또는 일반취급소에 반드시 설치해야 할 소화설비 종류 3가지를 쓰시오. [1402]

① 옥내소화전설비　② 옥외소화전설비　③ 스프링클러설비

Core 124 / page Ⅰ - 49

09 위험물의 저장량이 지정수량의 1/10일 때 혼재하여서는 안 되는 위험물을 모두 쓰시오. [1504/1804/2102]

① 제1류 위험물 : 제2류, 제3류, 제4류, 제5류
② 제2류 위험물 : 제1류, 제3류, 제6류
③ 제3류 위험물 : 제1류, 제2류, 제5류, 제6류
④ 제4류 위험물 : 제1류, 제6류
⑤ 제5류 위험물 : 제1류, 제3류, 제6류
⑥ 제6류 위험물 : 제2류, 제3류, 제4류, 제5류

Core 080 / page Ⅰ - 32

10 분자량이 27, 끓는점이 26℃이며, 맹독성인 제4류 위험물의 화학식과 지정수량을 쓰시오. [0902]

① 명칭과 화학식 : 시안화수소(HCN)
② 지정수량 : 400[L]

Core 052 / page Ⅰ - 21

2006년 2회 기출복원문제

01 고형알코올은 몇 류 위험물인지 쓰시오.

• 제2류 위험물

Core 023 / page Ⅰ-12

02 제3류 위험물 중 지정수량이 10kg인 위험물을 4가지 쓰시오. [0904]

① 칼륨 ② 나트륨
③ 알킬알루미늄 ④ 알킬리튬

Core 024 / page Ⅰ-13

03 건성유가 종이나 헝겊 등에 스며들어 공기 중에서 자연발화가 어떻게 발생하는지 쓰시오.

• 불포화결합으로 산화중합하여 산화열이 축적되어 자연발화한다.

Core 139 / page Ⅰ-54

04 제2류 위험물인 오황화린과 물의 반응식과 발생 물질 중 기체상태인 것은 무엇인지 쓰시오. [1404]

① 반응식 : $P_2S_5 + 8H_2O \rightarrow 2H_3PO_4 + 5H_2S$: 올소인산+황화수소
② 발생 기체 : 황화수소

Core 018 / page Ⅰ-11

05 황의 동소체에서 이황화탄소에 녹지 않는 물질을 쓰시오. [1004]

- 고무상황

Core 020 / page Ⅰ - 11

06 인화점이 낮은 것부터 번호로 나열하시오. [0802/1002/1701/1904]

① 초산에틸	② 메틸알코올
③ 니트로벤젠	④ 에틸렌글리콜

- ① → ② → ③ → ④

Core 060 / page Ⅰ - 23

07 염소산염류 중 300℃에서 분해하는 물질의 화학식을 쓰시오. [0701]

- 염소산나트륨($NaClO_3$)

Core 005 / page Ⅰ - 7

08 제1종 분말소화제의 열 분해 시 270℃에서의 반응식과 850℃에서의 반응식을 각각 쓰시오. [1502/1801/2003]

① 270℃ 반응식 : $2NaHCO_3 \rightarrow Na_2CO_3 + CO_2 + H_2O$: 탄산나트륨+이산화탄소+물

② 850℃ 반응식 : $2NaHCO_3 \rightarrow Na_2O + 2CO_2 + H_2O$: 산화나트륨+이산화탄소+물

Core 142 / page Ⅰ - 55

09 유리막대와 명주 등의 두 가지 절연체를 마찰하면 발생하는 전기를 쓰시오.

- 정전기

Core 140 / page Ⅰ - 55

10 빈칸을 채우시오. [1302]

황린의 화학식은 (①)이며, (②)의 흰 연기가 발생하고 (③)속에 저장한다.

① P_4　　② 오산화린(P_2O_5)　　③ pH9인 알칼리 물

Core 029 / page I - 14

11 제2류 위험물의 저장 방법을 3가지 쓰시오.

① 산화제와의 접촉을 피한다.
② 철분, 마그네슘, 금속분은 산이나 물의 접촉을 피한다.
③ 점화원을 멀리하고, 가열을 피한다.

Core 017 / page I - 10

12 제4류 위험물인 디에틸에테르의 시성식과 증기비중을 쓰시오.(단, 공기분자량은 29[g/mol]이다.)

① 시성식 : $C_2H_5OC_2H_5$
② • 디에틸에테르의 분자량 : (12×2)+(1×5)+16+(12×2)+(1×5)=74[g/mol]이다.
증기비중은 $\frac{74}{29}=2.55$이다.
• 결과값 : 2.55

Core 044 · 157 / page I - 19 · 61

13 제1류 위험물과 혼재 불가능한 위험물을 모두 쓰시오. [1401]

① 제2류 위험물　　② 제3류 위험물
③ 제4류 위험물　　④ 제5류 위험물

Core 080 / page I - 32

14 인화점 -37℃, 연소범위 2.5~38.5%인 물질의 화학식과 지정수량을 쓰시오. [1002]

① CH_3CH_2CHO(산화프로필렌)
② 지정수량은 50[L]이다.

Core 045 / page I - 19

2006년 4회 기출복원문제

01 보기의 동식물유류를 요오드값에 따라 건성유, 반건성유, 불건성유로 분류하시오. [1304/1604/2003]

① 아마인유	② 야자유	③ 들기름
④ 쌀겨유	⑤ 목화씨유	⑥ 땅콩유

- 건성유 : ①, ③
- 반건성유 : ④, ⑤
- 불건성유 : ②, ⑥

Core 059 / page Ⅰ- 23

02 간이저장탱크에 관한 내용이다. 빈칸을 채우시오. [1504]

간이저장탱크는 두께 (①)mm 이상의 강판으로 흠이 없도록 제작하여야 하며, 용량은 (②)L 이하이어야 한다.

① 3.2 ② 600

Core 101 / page Ⅰ- 42

03 제3류 위험물인 탄화칼슘(CaC_2)에 대해 다음 각 물음에 답하시오. [1002/2104]

① 탄화칼슘과 물의 반응식을 쓰시오.
② 생성된 물질과 구리와의 반응식을 쓰시오.
③ 구리와 반응하면 위험한 이유를 쓰시오.

① 물과의 반응식 : $CaC_2 + 2H_2O \rightarrow Ca(OH)_2 + C_2H_2$: 수산화칼슘+아세틸렌
② 생성물질과 구리와의 반응식 : $C_2H_2 + 2Cu \rightarrow Cu_2C_2 + H_2$: 구리아세틸리드+수소
③ 위험한 이유 : 아세틸렌은 금속(구리, 은, 수은 등)과 반응하여 폭발성인 금속아세틸리드를 생성하기 때문이다.

Core 037 / page Ⅰ- 16

04 주유취급소에 "주유 중 엔진정지" 게시판에 사용하는 색깔을 쓰시오. [1201/1602/1904]

① 바탕 : 황색　　② 문자 : 흑색

Core 083 / page I - 33

05 금수성 물질인 금속칼륨 등에 사용되는 보호액을 쓰시오.

- 석유

Core 078 / page I - 31

06 크실렌 이성질체 3가지에 대한 명칭과 구조식을 쓰시오. [1402/1501]

명칭	o-크실렌	m-크실렌	p-크실렌
구조식	(벤젠 고리에 CH_3 2개가 인접 위치)	(벤젠 고리에 CH_3 2개가 1,3 위치)	(벤젠 고리에 CH_3 2개가 1,4 위치)

Core 056 / page I - 22

07 분자량 117.5[g/mol], 300℃에서 분해가 급격히 진행되는 제1류 위험물 중 과염소산염류의 화학식을 쓰시오.

- NH_4ClO_4(과염소산암모늄)

Core 007 / page I - 7

08 제5류 위험물이 질식소화가 안 되는 이유를 쓰시오.

- 제5류 위험물은 자기반응성 물질로 산소가 없어도 분자 내에 포함된 산소를 통해 자기연소하기 때문이다.

Core 063 / page I - 25

09 **지정수량이 50L인 위험물을 2,000L에 저장할 때 소요단위를 구하시오.**

- 소요단위를 구하기 위해서는 지정수량의 배수를 구해야 한다.
- 지정수량의 배수는 저장수량/지정수량으로 2,000/50이므로 40이 된다.
- 소요단위는 40/10이므로 4가 된다.
- 결과값 : 4

Core 085 / page Ⅰ - 34

10 **연한 경금속으로 2차전지로 이용하며, 비중 0.53, 융점 180℃, 불꽃반응 시 적색을 띠는 물질의 명칭을 쓰시오.** [0804/0901/1604]

- 리튬

Core 030 / page Ⅰ - 14

11 **20℃ 물 10kg으로 주수소화 시 100℃ 수증기로 흡수하는 열량[kcal]을 구하시오.** [1101]

- 20℃ 물 10kg을 가열하여 100℃ 수증기로 기화시키는데 필요한 열량을 구하는 문제이다.
- 100℃까지 물을 끓이는 데 소요된 열량은 물의 비열을 활용하여 $Q=m\times C\times \Delta t$로 구할 수 있다. 즉 10[kg]×1×(100−20)=800kcal이다.
- 물을 기화시키는데 사용되는 기화열은 물 1kg 단 539kcal가 소모되므로 10kg의 물은 5,390kcal가 필요하다.
- 따라서 20℃의 물 10kg을 100℃의 수증기로 기화시키는데 소모되는 열량은 800+5,390=6,190kcal이다.
- 결과값 : 6,190[kcal]

Core 161 / page Ⅰ - 61

12 **옥외저장탱크 · 옥내저장탱크 또는 지하저장탱크 중 압력탱크 외의 탱크에 저장할 경우에 유지하여야 하는 온도를 쓰시오.** [1202/1602/1901]

아세트알데히드	①	디에틸에테르	②	산화프로필렌	③

① 15℃ ② 30℃ ③ 30℃

Core 096 / page Ⅰ - 40

13 **과산화칼륨, 마그네슘, 나트륨과 물이 접촉했을 때 가연성기체가 발생하는데 반응식을 쓰시오.** [1801/2003]

① 과산화칼륨 반응식 : $2K_2O_2 + 2H_2O \rightarrow 4KOH + O_2$: 수산화칼륨+산소

② 마그네슘 반응식 : $Mg + 2H_2O \rightarrow Mg(OH)_2 + H_2$: 수산화마그네슘+수소

③ 나트륨 반응식 : $2Na + 2H_2O \rightarrow 2NaOH + H_2$: 수산화나트륨+수소

Core 010 · 021 · 026 / page I－8 · 11 · 13

14 **1kg 탄산마그네슘($MgCO_3$)이 완전 산화 시 350℃, 1atm, $MgCO_3$의 분자량이 84.3[g/mol]일 때 물질의 부피를 구하시오.**

- 반응식 : $MgCO_3 \rightarrow MgO + CO_2$
- 이상기체방정식 : $PV = \frac{W}{M}RT$에서 $V = \frac{WRT}{PM}$이다. 여기서 V(부피 L), W(무게 g), M(분자량 [g/mol]), R(기체상수 0.082), T(절대온도 K), P(압력 atm)을 의미한다.
- 물질의 부피는 $\frac{1000 \times 0.082 \times (273 + 350)}{1 \times 84.3} = \frac{51,086}{84.3} = 606.00$[L]이다.
- 결과값 : 606.00[L]

Core 021 / page I－11

2007년 1회 기출복원문제

01 **제1종 분말소화약제 탄산수소나트륨에 관한 내용이다. 다음 각 물음에 답하시오.**

> ① 270℃에서 1차 열분해하는 분해식을 쓰시오.
> ② 10kg의 탄산수소나트륨 생성 시 CO_2는 표준상태에서 몇 m^3인가?(단, 나트륨 분자량은 23)

① 분해식 : $2NaHCO_3 \rightarrow Na_2CO_3 + CO_2 + H_2O$: 탄산나트륨+이산화탄소+물

② • 탄산수소나트륨($NaHCO_3$)의 분자량은 23+1+12+(16×3)=84[g/mol]이다.

- 기체 1몰의 부피는 0℃ 1atm에서 22.4[L]이다.
- 분해식을 참고하면 2몰의 탄산수소나트륨 즉, 2×84=168g일 때 이산화탄소는 22.4[L]가 되므로 10kg의 탄산수소나트륨이 반응했을 경우 이산화탄소는 $\frac{22,4000}{168}$=1333.333…[L]이므로 이를 $[m^3]$으로 변환하면 1.33$[m^3]$이 된다.
- 결괏값 : 1.33$[m^3]$

Core 142 / page Ⅰ-55

02 **질산을 갈색 병에 보관하는 이유를 쓰시오.**

- 질산이 햇빛에 분해되어 발생하는 유독한 이산화질소를 방지하기 위해서이다.

Core 071 / page Ⅰ-28

03 **다음 빈칸을 채우시오.** [0704/1402/1702]

> 특수인화물이라 함은 이황화탄소, 디에틸에테르 그 밖에 1기압에서 발화점이 섭씨 (①)℃ 이하인 것 또는 인화점이 섭씨 영하 (②)℃ 이하이고 비점이 섭씨 (③)℃ 이하인 것을 말한다.

① 100 ② 20 ③ 40

Core 039 / page Ⅰ-17

04 제3류 위험물인 황린 10kg이 연소할 때 필요한 공기의 부피(m^3)는 얼마인가?(단, 공기 중 산소의 양 : 20%, 황린의 분자량은 124[g/mol])

- 황린이 연소 시 필요한 공기의 양을 알려면 먼저 황린의 반응식을 알아야 한다.
- 황린의 반응식은 $P_4+5O_2 \rightarrow 2P_2O_5$이다. 즉, 황린 124g이 연소되는데 5몰의 산소가 필요하다.
- 기체 1몰의 부피는 0℃, 1atm에서 22.4[L]이므로 황린 1몰이 연소되는데 필요한 산소는 5몰(5×22.4[L])이고, 산소가 공기 중에 20% 밖에 없으므로 필요한 공기의 양은 560[L](5×5×22.4[L])가 된다.
- 황린 124g이 연소되는데 필요한 공기의 부피는 560[L]이므로 황린 10kg이 연소되는데 필요한 공기의 부피는 $\frac{560 \times 10,000}{124} = 45,161.290$[L]이다. 이를 [$m^3$]으로 변환하면 45.16[$m^3$]이 필요하게 된다.
- 결과값 : 45.16[m^3]

Core 029 / page Ⅰ-14

05 다음 표에 위험물의 류별 및 지정수량을 쓰시오.

품명	류별	지정수량	품명	류별	지정수량
황린	①	②	니트로화합물	⑦	⑧
칼륨	③	④	질산염류	⑨	⑩
질산	⑤	⑥			

품명	류별	지정수량	품명	류별	지정수량
황린	제3류 위험물	20kg	니트로화합물	제5류 위험물	200kg
칼륨	제3류 위험물	10kg	질산염류	제1류 위험물	300kg
질산	제6류 위험물	300kg			

Core 076 / page Ⅰ-30

06 각 위험물의 지정수량의 합계를 계산하시오.(단, 제1, 2, 3 석유류는 수용성)

① 특수인화물 : 100[L] ② 제1석유류 : 200[L] ③ 제2석유류 : 2,000[L]
④ 제3석유류 : 6,000[L] ⑤ 제4석유류 : 12,000[L]

- 특수인화물의 지정수량은 50L, 제1석유류(수용성)의 지정수량은 400L, 제2석유류(수용성)의 지정수량은 2,000L, 제3석유류(수용성)의 지정수량은 4,000L, 제4석유류의 지정수량은 6,000L이다.
- 지정수량의 배수는 특수인화물은 100/50=2배, 제1석유류는 200/400=0.5배, 제2석유류는 2,000/2,000=1배, 제3석유류는 6,000/4,000=1.5배, 제4석유류는 12,000/6,000=2배이다.
- 합치면 2+0.5+1+1.5+2=7배이다.
- 결과값 : 7배

Core 041 / page Ⅰ-18

07 **칼륨과 나트륨을 주수소화하면 안 되는 이유 2가지를 쓰시오.**

① 금수성 물질로 물과 반응 시 가연성 가스인 수소가 발생하여 폭발의 위험이 있다.
② 물과 반응 시 심한 열을 발생시킨다.

Core 025 · 026 / page I – 13

08 **톨루엔이 표준상태에서 증기밀도가 몇 g/L인지 구하시오.** [1201/1604]

- 톨루엔($C_6H_5CH_3$)의 분자량을 계산하면 $(12\times6)+(1\times5)+12+(1\times3)=92$[g/mol]이다.
- 증기밀도$=\frac{92}{22.4}=4.107\cdots$이므로 소수점 셋째자리에서 반올림하여 4.11[g/L]가 된다.
- 결과값 : 4.11[g/L]

Core 048 · 158 / page I – 20 · 61

09 **염소산염류 중 분자량 106, 비중 2.5, 분해온도가 300℃인 물질의 화학식을 쓰시오.** [0602]

- 염소산나트륨($NaClO_3$)

Core 005 / page I – 7

10 **다음 보기의 위험물 운반용기 외부에 표시하는 주의사항을 쓰시오.** [1202/1701]

① 제2류 위험물 중 인화성 고체	② 제3류 위험물 중 금수성 물질
③ 제4류 위험물	④ 제6류 위험물

① 화기엄금　　② 물기엄금
③ 화기엄금　　④ 가연물접촉주의

Core 086 / page I – 34

11 **제2류 위험물과 혼재 가능한 위험물을 모두 쓰시오.** [0804/1102]

① 제4류 위험물 ② 제5류 위험물

Core 080 / page Ⅰ - 32

12 **주유취급소에 "주유 중 엔진정지" 게시판에 사용하는 색깔과 규격을 쓰시오.** [1402/1802]

① 바탕 : 황색

② 문자 : 흑색

③ 규격 : 한 변의 길이가 0.3m 이상, 다른 한 변의 길이가 0.6m 이상인 직사각형

Core 083 / page Ⅰ - 33

13 **칼슘과 물이 접촉했을 때의 반응식을 쓰시오.** [1404]

• 반응식 : $Ca + 2H_2O \rightarrow Ca(OH)_2 + H_2$: 수산화칼슘+수소

Core 032 / page Ⅰ - 15

2007년 2회 기출복원문제

01 **금속나트륨과 에탄올의 반응식과 반응 시 발생되는 가스의 명칭을 쓰시오.** [1402]

① 반응식 : $2Na+2C_2H_5OH \rightarrow 2C_2H_5ONa+H_2$: 나트륨에틸레이트+수소

② 발생되는 가스는 수소(H_2)이다.

Core 026 / page I - 13

02 **황린의 완전연소반응식을 쓰시오.** [1202/1401/1901]

• 반응식 : $P_4+5O_2 \rightarrow 2P_2O_5$: 오산화린

Core 029 / page I - 14

03 **탄화칼슘 128g이 물과 반응하여 생성되는 기체가 완전연소하기 위한 산소의 부피(L)를 구하시오.**

• 탄화칼슘(CaC_2)과 물의 반응식 : $CaC_2+2H_2O \rightarrow Ca(OH)_2+C_2H_2$: 수산화칼슘+아세틸렌

• 탄화칼슘의 분자량은 40+(12×2)=64이다. 1몰의 탄화칼슘에서 발생되는 아세틸렌은 1몰이다.

• 주어진 탄화칼슘이 128g으로 2몰에 해당하므로 발생되는 아세틸렌도 2몰이다.

• 2몰의 아세틸렌(C_2H_2)을 완전연소시키는 반응식은 $2C_2H_2+5O_2 \rightarrow 4CO_2+2H_2O$이므로 5몰의 산소가 필요하다.

• 1몰의 산소가 갖는 부피는 22.4[L]이므로 5몰은 112[L]이다.

• 결과값 : 112[L]

Core 037 / page I - 16

04 **위험물을 취급함에 있어서 정전기가 발생할 우려가 있는 설비에 정전기를 유효하게 제거할 수 있는 방법 3가지를 쓰시오.** [0502]

① 접지에 의한 방법

② 공기 중의 상대습도를 70% 이상으로 하는 방법

③ 공기를 이온화하는 방법

Core 140 / page I - 55

05 주어진 물질의 지정수량을 쓰시오.
[1504]

① 트리에틸알루미늄	② 리튬
③ 탄화알루미늄	④ 황린

• 트리에틸알루미늄은 알킬알루미늄에, 리튬은 알칼리금속에 포함된다.

① 10kg ② 50kg
③ 300kg ④ 20kg

Core 024 / page Ⅰ - 13

06 크실렌 이성질체 3가지에 대한 명칭을 쓰시오.

① 오르소크실렌(o-크실렌) ② 메타크실렌(m-크실렌) ③ 파라크실렌(p-크실렌)

Core 056 / page Ⅰ - 22

07 다음 물질을 연소 방식에 따라 분류하시오.
[1204]

① 나트륨	② TNT	③ 에탄올
④ 금속분	⑤ 디에틸에테르	⑥ 피크르산

• 표면연소 : ①, ④
• 증발연소 : ③, ⑤
• 자기연소 : ②, ⑥

Core 137 / page Ⅰ - 54

08 제2류 위험물에 관한 정의이다. 다음 빈칸을 채우시오.
[1202]

철분이라 함은 철의 분말로서 (①)μm의 표준체를 통과하는 것이 (②)중량% 이상인 것을 말한다.

① 53 ② 50

Core 015 / page Ⅰ - 10

09 제6류 위험물로 분자량이 63, 갈색증기를 발생시키고 염산과 혼합되어 금과 백금을 부식시킬 수 있는 것은 무엇인지 화학식과 지정수량을 쓰시오. [1401/2104]

① 화학식 : 질산(HNO_3)

② 지정수량 : 300kg

Core 071 / page I - 28

10 화학포 반응식에서 6mol의 탄산가스를 발생시키기 위하여 필요한 탄산수소나트륨($NaHCO_3$)의 몰수를 구하는 화학반응식을 쓰고, 그 화학식을 이용해 몰수를 구하시오.

① 반응식 : $6NaHCO_3 + Al_2(SO_4)_3 \cdot 18H_2O \rightarrow 3Na_2SO_4 + 2Al(OH)_3 + 6CO_2 + 18H_2O$: 황산나트륨+수산화알루미늄+이산화탄소+물

② 6몰의 탄산가스(CO_2)를 발생시키기 위해서는 6몰의 탄산수소나트륨이 필요하다.

Core 146 / page I - 56

11 이동저장탱크의 구조에 관한 내용이다. 빈칸을 채우시오. [0901/1701]

위험물을 저장, 취급하는 이동탱크는 두께 (①)mm 이상의 강철판으로 위험물이 새지 아니하게 제작하고, 압력탱크에 있어서는 최대상용압력의 (②)배의 압력으로, 압력탱크를 제외한 탱크에 있어서는 (③)kPa 압력으로 각각 (④)분간 행하는 수압시험에서 새거나 변형되지 아니하여야 한다.

① 3.2　　② 1.5

③ 70　　④ 10

Core 104 / page I - 43

12 질산암모늄의 구성성분 중 질소와 수소의 함량을 wt%로 구하시오. [1104/1604/2101]

- wt%는 질량%의 의미이므로 각 분자량의 백분율 비를 말한다.
- 질산암모늄(NH_4NO_3)의 분자량은 $14+(1\times4)+14+(16\times3)=80$[g/mol]이다.
- 질소는 2개의 분자가 존재하므로 28g이고, 이는 $\frac{28}{80}=35$[wt%]이다.
- 수소는 4개의 분자가 존재하므로 4g이고, 이는 $\frac{4}{80}=5$[wt%]이다.
- 결과값 : 질소 35[wt%], 수소 5[wt%]

Core 011 / page I - 8

2007년 4회 기출복원문제

01 이소프로필알코올을 산화시켜 만든 것으로 요오드포름 반응을 하는 제1석유류에 대한 다음 각 물음에 답하시오.

[1004/2101]

① 제1석유류 중 요오드포름 반응을 하는 것의 명칭을 쓰시오.
② 요오드포름 화학식을 쓰시오.
③ 요오드포름 색깔을 쓰시오.

① 아세톤(CH_3COCH_3) ② CHI_3 ③ 노란색

Core 055 / page Ⅰ - 22

02 질산메틸의 증기비중을 구하시오. [1104/1501]

- 질산메틸(CH_3ONO_2)의 분자량 : 12+(1×3)+16+14+(16×2)=77[g/mol]이다.

  증기비중은 $\frac{77}{29}$=2.655이므로 소수점 아래 셋째자리에서 반올림하여 2.66이 된다.
- 결과값 : 2.66

Core 065 · 157 / page Ⅰ - 26 · 61

03 Ca_3P_2에 대한 다음 각 물음에 대해 답을 쓰시오. [0601/0802/1401/1501/1602]

① 지정수량을 쓰시오.
② 물과의 반응식을 쓰시오.
③ 발생가스의 명칭을 쓰시오.

① 지정수량 : 300[kg]
② 반응식 : $Ca_3P_2+6H_2O \rightarrow 3Ca(OH)_2+2PH_3$: 수산화칼슘+포스핀(인화수소)
③ 발생가스 : 유독성 및 가연성 가스인 포스핀(PH_3)

Core 035 / page Ⅰ - 15

04 **아세트알데히드의 시성식, 산화 시 생성물질, 연소범위를 쓰시오.** [1304/1602/1801/1901/2003]

① 시성식 : CH_3CHO

② 아세트알데히드의 산화반응식은 $CH_3CHO+\frac{1}{2}O_2 \rightarrow CH_3COOH$이므로 생성물질은 아세트산(초산)이다.

③ 연소범위 : 4.1~57%

Core 046 / page I - 19

05 **CS_2는 물을 이용하여 소화가 가능하다. 이 물질의 비중과 소화효과를 비교해 상세히 설명하시오.** [1402]

• 이황화탄소의 비중은 1.26으로 물보다 무겁고 물에 녹지 않으므로 산소공급원을 차단하는 질식소화가 가능하다.

Core 043 / page I - 19

06 **알칼리금속의 과산화물과 이를 함유한 물질 운반 시 어떤 덮개로 덮어야 하는가?**

• 알칼리금속의 과산화물은 제1류 위험물에 속하므로 차광성 및 방수성 덮개

Core 082 / page I - 33

07 **탄화알루미늄이 물과 반응할 때의 화학반응식을 쓰시오.** [1301/2104]

• 반응식 : $Al_4C_3+12H_2O \rightarrow 4Al(OH)_3+3CH_4$: 수산화알루미늄+메탄

Core 038 / page I - 16

08 **자연발화의 요인 4가지를 쓰시오.**

① 수분 ② 발열량
③ 열전도율 ④ 열의 축적

Core 139 / page I - 54

09 **다음 빈칸을 채우시오.** [0701/1402/1702]

특수인화물이라 함은 이황화탄소, 디에틸에테르 그 밖에 1기압에서 발화점이 섭씨 (①)℃ 이하인 것 또는 인화점이 섭씨 영하 (②)℃ 이하이고 비점이 섭씨 (③)℃ 이하인 것을 말한다.

① 100 ② 20 ③ 40

Core 039 / page Ⅰ-17

10 **인화점이 낮은 것부터 번호로 나열하시오.** [1604]

① 초산메틸 ② 이황화탄소
③ 글리세린 ④ 클로로벤젠

• ② → ① → ④ → ③

Core 060 / page Ⅰ-23

11 **제3류 위험물과 혼재 가능한 위험물을 모두 쓰시오.** [1801]

• 제4류 위험물

Core 080 / page Ⅰ-32

12 **제6류 위험물에 관한 내용이다. 빈칸을 채우시오.**

① 과산화수소가 위험물이 되기 위한 조건 : ( ) 중량% 이상
② 질산이 위험물이 되기 위한 조건 : 비중이 ( ) 이상

① 36 ② 1.49

Core 068 / page Ⅰ-27

2008년 1회 기출복원문제

01 크레졸($C_6H_4CH_3OH$) 이성질체 3가지에 대한 명칭과 구조식을 쓰시오.

명 칭	o-크레졸	m-크레졸	p-크레졸
구조식	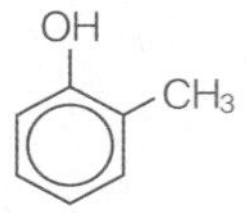 OH, CH_3 (벤젠고리)	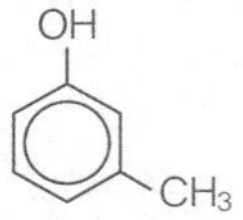 OH, CH_3 (벤젠고리)	 OH, CH_3 (벤젠고리)

Core 058 / page I - 23

02 제3류 위험물인 탄화칼슘(CaC_2)에 대해 다음 각 물음에 답하시오. [1701/2104]

① 탄화칼슘과 물의 반응식을 쓰시오.
② 발생 가스의 명칭과 연소범위를 쓰시오.
③ 발생 가스의 완전연소반응식을 쓰시오.

① 물과의 반응식 : $CaC_2 + 2H_2O \rightarrow Ca(OH)_2 + C_2H_2$: 수산화칼슘+아세틸렌
② 발생 가스는 아세틸렌이며, 아세틸렌의 연소범위는 2.5~81%이다.
③ 아세틸렌의 연소반응식 : $2C_2H_2 + 5O_2 \rightarrow 4CO_2 + 2H_2O$: 이산화탄소+물

Core 037 / page I - 16

03 제5류 위험물인 피크린산의 구조식과 지정수량을 쓰시오. [1002/1302/1601/1701/1804]

① 피크린산[$C_6H_2OH(NO_2)_3$]의 구조식

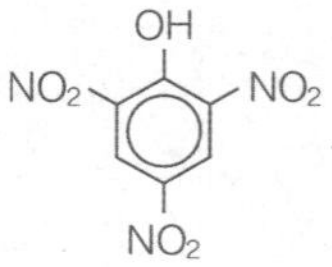

OH, NO_2, NO_2, NO_2 (벤젠고리)

② 지정수량 : 200kg

Core 067 / page I - 26

04 **제4류 위험물로 흡입 시 시신경 마비, 인화점 11℃, 발화점 464℃, 분자량 32인 위험물의 명칭과 지정수량을 쓰시오.** [1501/1901]

① 명칭 : 메틸알코올(CH_3OH)

② 지정수량 : 400[L]

Core 053 / page Ⅰ - 21

05 **산 · 알칼리소화기의 반응식과 탄산가스(CO_2) 44g이 생성될 때 필요한 황산의 몰수를 구하시오.**

① 산 · 알칼리소화기의 반응식 : $2NaHCO_3 + H_2SO_4 \rightarrow Na_2SO_4 + 2CO_2 + 2H_2O$: 황산나트륨+이산화탄소+물

② • 탄산가스(CO_2)의 분자량은 12+(16×2)=44[g/mol]이므로 탄산가스 1몰이 생성될 때의 필요한 황산의 몰수를 구하면 된다. 반응식에서 보면 황산 1몰을 탄산수소나트륨 2몰과 결합했을 때 2몰의 탄산가스가 발생했으므로 탄산가스 1몰이 발생되게 하려면 황산은 0.5몰이 필요하다.

• 결과값 : 0.5몰

Core 145 / page Ⅰ - 56

06 **과산화나트륨(Na_2O_2) 1kg이 물과 반응할 때 생성된 기체는 350℃, 1기압에서의 체적은 몇 [L]인가?** [1401]

• 과산화나트륨과 물의 반응식 : $2Na_2O_2 + 2H_2O \rightarrow 4NaOH + O_2$로 생성된 기체는 산소($O_2$)이다.

• 이상기체방정식 : $PV = \frac{W}{M}RT$에서 $V = \frac{WRT}{PM}$이다. 여기서 V(부피 L), W(무게 g), M(분자량 [g/mol]), R(기체상수 0.082), T(절대온도 K), P(압력 atm)을 의미한다.

• 과산화나트륨의 반응으로 발생하는 산소의 부피를 구하는 문제이므로 주어진 과산화나트륨을 이용해서 기체의 부피를 구할 경우 1/2을 곱해주어야 함을 먼저 고려한다.(과산화나트륨 2몰을 물과 반응시켰을 경우 1몰의 산소가 발생하므로)

• 이상기체방정식을 적용하기 위해 과산화나트륨의 분자량을 구하면 (23×2)+ (16×2)=78[g/mol]이다.

• 절대온도는 273+350=623[K]이다.

• 따라서 발생하는 산소의 부피는 $\frac{1}{2} \times \frac{1000 \times 0.082 \times 623}{1 \times 78} = \frac{51,086}{156} = 327.47$[L]이다.

• 결과값 : 327.47[L]

Core 009 / page Ⅰ - 8

07 제2종 분말약제의 1차 열분해 반응식을 쓰시오.

[1204/1701]

• 열분해식 : $2KHCO_3 \rightarrow K_2CO_3 + CO_2 + H_2O$: 탄산칼륨+이산화탄소+물

Core 142 / page Ⅰ - 55

08 제6류 위험물의 품명 3가지를 쓰시오.

① 과산화수소(H_2O_2) ② 과염소산($HClO_4$) ③ 질산(HNO_3)

Core 068 / page Ⅰ - 27

09 각 위험물에 대한 주의사항 게시판의 표시 내용을 표에 쓰시오.

[1601]

유별	품명	주의사항
제1류 위험물 과산화물	과산화나트륨(Na_2O_2)	①
제2류 위험물(인화성고체 제외)	황(S_8)	②
제5류 위험물	트리니트로톨루엔[$C_6H_2CH_3(NO_2)_3$]	③

① 물기엄금 ② 화기주의 ③ 화기엄금

Core 086 / page Ⅰ - 34

10 다음 보기의 빈칸을 채우시오.

[1101]

가) "인화성 고체"라 함은 고형알코올 그 밖에 1기압에서 인화점이 섭씨 (①)℃ 미만인 고체를 말한다.
나) "철분"이라 함은 철의 분말로서 (②)μm의 표준체를 통과하는 것이 중량 (③)% 이상인 것을 말한다.
다) "특수인화물"이라 함은 이황화탄소, 디에틸에테르 그밖에 1기압에서 발화점이 섭씨 (④)℃ 이하인 것 또는 인화점이 섭씨 영하 (⑤)℃ 이하이고 비점이 섭씨 (⑥)℃ 이하인 것을 말한다.

① 40 ② 53 ③ 50
④ 100 ⑤ 20 ⑥ 40

Core 072 / page Ⅰ - 29

11 벤젠(C_6H_6) 16g 증발 시 70℃에서 수증기의 부피는 몇 [L]인지 쓰시오.

[1401]

- 이상기체방정식 : $PV=\frac{W}{M}RT$에서 $V=\frac{WRT}{PM}$이다. 여기서 V(부피 L), W(무게 g), M(분자량 [g/mol]), R(기체상수 0.082), T(절대온도 K), P(압력 atm)을 의미한다.
- 이상기체방정식을 적용하기 위해 벤젠의 분자량을 구하면 (12×6)+(1×6)=78[g/mol]이다.
- 절대온도는 273+70=343[K]이다.
- 따라서 증발하는 수증기의 부피는 $\frac{16\times0.082\times343}{1\times78}=\frac{450.016}{78}=5.769$이므로 소수점아래 셋째자리에서 반올림하면 5.77[L]이다.
- 결과값 : 5.77[L]

Core 047 / page Ⅰ - 20

12 이동저장탱크의 구조에 관한 내용이다. 빈칸을 채우시오.

위험물을 저장, 취급하는 이동탱크는 두께 (①)mm 이상의 (②)으로 위험물이 새지 아니하게 제작하고, 압력탱크에 있어서는 최대상용압력의 (②)배의 압력으로, 압력탱크를 제외한 탱크에 있어서는 (③)kPa 압력으로 각각 (④)분간 행하는 (⑥)에서 새거나 변형되지 아니하여야 한다.

① 3.2　　② 강철판　　③ 1.5
④ 70　　⑤ 10　　⑥ 수압시험

Core 104 / page Ⅰ - 43

2008년 2회 기출복원문제

01 이동저장탱크에 관한 내용으로 다음 각 물음에 답하시오.

> ① 이동저장탱크의 뒷면 중 보기 쉬운 곳에는 당해 탱크에 저장 또는 취급하는 위험물을 게시한 게시판을 설치하여야 한다. 게시판의 기재사항을 쓰시오.
> ② 게시판에 표시되는 문자의 크기를 쓰시오.

① 위험물의 유별 · 품명, 위험물의 최대수량, 위험물의 적재중량
② 가로 : 40mm 이상, 세로 : 45mm 이상

Core 102 / page I - 42

02 디에틸에테르가 2,000[L]가 있다. 소요단위는 얼마인지 계산하시오. [1204/1804]

- 소요단위를 구하기 위해서는 지정수량의 배수를 구해야 한다.
- 디에틸에테르($C_2H_5OC_2H_5$)의 지정수량은 50[L]이다.
- 지정수량의 배수는 저장수량/지정수량으로 2,000/50이므로 40이 된다.
- 소요단위는 40/10이므로 4가 된다.
- 결과값 : 4

Core 085 / page I - 34

03 옥외소화전의 개폐밸브 및 호스접속구는 지반면으로부터 몇 m 이하의 높이에 설치해야 하는가? [1202]

- 1.5m

Core 150 / page I - 58

04 인화점이 낮은 것부터 번호로 나열하시오. [0602/1002/1701/1904]

> ① 초산에틸　　② 메틸알코올　　③ 니트로벤젠　　④ 에틸렌글리콜

- ① → ② → ③ → ④

Core 060 / page I - 23

05 Ca_3P_2**에 대한 다음 각 물음에 대해 답을 쓰시오.** [0601/0704/1401/1501/1602]

① 지정수량을 쓰시오.
② 물과의 반응식을 쓰시오.
③ 발생가스의 명칭을 쓰시오.

① 지정수량 : 300[kg]
② 반응식 : $Ca_3P_2 + 6H_2O \rightarrow 3Ca(OH)_2 + 2PH_3$: 수산화칼슘+포스핀(인화수소)
③ 발생가스 : 유독성 및 가연성 가스인 포스핀(PH_3)

Core 035 / page Ⅰ-15

06 트리니트로톨루엔 120kg, 마그네슘분 160kg, 제3석유류(비수용성) 140[L], 아닐린이 동일한 장소에 저장되어 있다면 아닐린을 얼마까지 저장할 경우 지정수량 이하가 되겠는가?

- 트리니트로톨루엔(제5류 위험물)의 지정수량은 200kg, 마그네슘분(제2류 위험물)의 지정수량은 500kg, 제3석유류(비수용성)의 2,000L, 아닐린(제4류 위험물)의 지정수량은 2,000L이다.
- 지정수량의 배수는 트리니트로톨루엔은 120/200=0.6배, 마그네슘분은 160/500=0.32배, 제3석유류는 140/2,000=0.07배로 3가지를 모두 합치면 0.99배이다.
- 여기에 아닐린($\frac{x}{2,000}$)을 더해서 1이하가 되게 하는 아닐린의 최대량은 지정수량의 배수가 1인 경우이므로 0.99 $+ \frac{x}{2,000} = 1$이 되게하는 x를 구하면 된다. $\frac{x}{2,000} = 0.01$이므로 x는 20[L]이다.
- 결과값 : 20[L]

Core 076 / page Ⅰ-30

07 에틸렌(C_2H_4**)을 산화시키면 생성되는 물질에 대한 다음 각 물음에 답하시오.** [1501]

① 생성되는 물질의 화학식을 쓰시오.
② 에틸렌의 산화반응식을 쓰시오.
③ 생성되는 물질의 품명을 쓰시오.
④ 생성되는 물질의 지정수량을 쓰시오.

① 생성되는 물질의 화학식 : CH_3CHO(아세트알데히드)
② 에틸렌의 산화반응식 : $C_2H_4 + PdCl_2 + H_2O \rightarrow CH_3CHO + Pd + 2HCl$: 아세트알데히드+팔라듐+염산
③ 물질의 품명 : 아세트알데히드의 품명은 특수인화물이다.
④ 지정수량 : 특수인화물의 지정수량은 50[L]이다.

Core 046 / page Ⅰ-19

08 트리니트로톨루엔(TNT)을 제조하는 과정을 화학반응식으로 쓰시오.

[1102/1201/2104]

- 반응식 : $C_6H_5CH_3 + 3HNO_3 \xrightarrow[\text{니트로화}]{C-H_2SO_4} C_6H_2CH_3(NO_2)_3 + 3H_2O$: 트리니트로톨루엔+물

Core 066 / page Ⅰ - 26

09 아세톤 200g을 완전연소시키는데 필요한 이론 공기량과 탄산가스의 부피를 구하시오. (단, 공기 중 산소의 부피비는 20%)

[1504/2102]

- 아세톤(CH_3COCH_3) 연소 시 필요한 공기의 양을 알려면 먼저 아세톤의 분자량과 반응식을 알아야 한다.
- 아세톤의 분자량은 12+(1×3)+12+16+12+(1×3)=58[g/mol]이다.
- 아세톤의 반응식은 $CH_3COCH_3 + 4O_2 \rightarrow 3CO_2 + 3H_2O$이다.

① 연소 시 필요한 이론공기량
  - 아세톤 58g이 연소되는데 4몰의 산소가 필요하다.
  - 기체 1몰의 부피는 0℃, 1atm에서 22.4[L]이므로 아세톤 1몰이 연소되는데 필요한 산소는 4몰(4×22.4[L])이고, 산소가 공기 중에 20% 밖에 없으므로 필요한 공기의 양은 448[L](5×4×22.4[L])가 된다.
  - 아세톤 58g이 연소되는데 필요한 공기의 부피는 448[L]이므로 아세톤 200g이 연소되는데 필요한 공기의 부피는 $\frac{448 \times 200}{58} = 1,544.83$[L]이다.
  - 결과값 : 1,544.83[L]

② 아세톤 200g을 연소시켜 얻는 탄산가스의 부피
  - 아세톤 58g이 연소시키면 3몰의 탄산가스(이산화탄소)가 발생하다.
  - 기체 1몰의 부피는 0℃, 1atm에서 22.4[L]이므로 아세톤 1몰이 연소되었을 때 생성되는 탄산가스는 3몰(3×22.4[L])이다.
  - 아세톤 58g 연소 시 발생되는 탄산가스의 부피가 67.2[ℓ]이므로 아세톤 200g이 연소될 경우 발생하는 탄산가스의 부피는 $\frac{67.2 \times 200}{58} = 231.72$[L]이다.
  - 결과값 : 231.72[L]

Core 051 / page Ⅰ - 21

10 제5류 위험물인 벤조일퍼옥사이드(BPO)의 사용 및 취급상 주의사항 3가지를 쓰시오.

① 가열, 마찰, 충격을 피한다.
② 직사광선을 피하고 냉암소에 보관한다.
③ 운반용기 및 저장용기에 "화기엄금 및 충격주의" 표시를 한다.

Core 064 / page Ⅰ - 25

11 금속니켈 촉매 하에서 300℃로 가열하면 수소첨가반응이 일어나서 시클로헥산을 생성하는데 사용되는 분자량이 78인 물질과 지정수량을 쓰시오.

① 물질 : 벤젠(C_6H_6)

② 지정수량 : 200[L]

Core 047 / page Ⅰ - 20

12 CS_2가 물과 반응 시 발생되는 가스의 종류 2가지를 쓰시오.

① 반응식 : $CS_2 + 2H_2O \rightarrow 2H_2S + CO_2$: 황화수소+이산화탄소

② 발생가스 : 황화수소, 이산화탄소

Core 043 / page Ⅰ - 19

13 다음 표에 할로겐 화학식을 쓰시오. [1401]

할론1301	할론2402	할론1211
①	②	③

① CF_3Br ② $C_2F_4Br_2$ ③ CF_2ClBr

Core 143 / page Ⅰ - 56

2008년 4회 기출복원문제

01 **탄화칼슘 32g이 물과 반응하여 생성되는 기체가 완전연소하기 위한 산소의 부피(L)를 구하시오.**

[1502/2001]

- 탄화칼슘(CaC_2)과 물의 반응식 : $CaC_2 + 2H_2O \rightarrow Ca(OH)_2 + C_2H_2$: 수산화칼슘+아세틸렌
- 탄화칼슘의 분자량은 40+(12×2)=64이다. 1몰의 탄화칼슘에서 발생되는 아세틸렌은 1몰이다.
- 주어진 탄화칼슘이 32g으로 0.5몰에 해당하므로 발생되는 아세틸렌도 0.5몰이다.
- 0.5몰의 아세틸렌(C_2H_2)을 완전연소시키는 반응식은 $2C_2H_2 + 5O_2 \rightarrow 4CO_2 + 2H_2O$이므로 1.25몰의 산소가 필요하다.
- 1몰의 산소가 갖는 부피는 22.4[L]이므로 1.25몰은 28[L]이다.
- 결과값 : 28[L]

Core 037 / page Ⅰ-16

02 **트리에틸알루미늄[$(C_2H_5)_3Al$] 228g과 물의 반응식과 발생된 기체의 부피[L]를 구하시오.** [1204/1904]

- 물과의 반응식 : $(C_2H_5)_3Al + 3H_2O \rightarrow Al(OH)_3 + 3C_2H_6$: 수산화알루미늄+에탄
- 생성되는 기체 에탄의 기체 부피를 구하려면 반응식에서 볼 때 1몰의 트리에틸알루미늄이 반응했을 때 3몰의 에탄이 생성되므로 이를 이용한다.
- 트리에틸알루미늄의 분자량은 [(12×2)+(1×5)]×3+27=114[g/mol]이다.
- 228g은 2몰의 트리에틸알루미늄의 분량이므로 에탄은 총 6몰에 해당하고, 0℃, 1기압에서 기체의 부피는 22.4[L/mol]이므로 6×22.4=134.4[L]가 생성됨을 알 수 있다.
- 결과값 : 134.4[L]

Core 027 / page Ⅰ-14

03 **제조소의 피뢰설비와 관련된 다음 설명의 빈칸을 채우시오.**

> 옥내저장소의 기준에서 제6류 위험물을 취급하는 위험물제조소를 제외한 지정수량 ( )배 이상의 저장창고에는 피뢰침을 설치하여야 한다.

- 10

Core 091 / page Ⅰ-37

04 제3류 위험물인 칼륨 화재 시 이산화탄소로 소화하면 위험한 이유를 반응식과 함께 설명하시오.

① 반응식 : $4K + 3CO_2 \rightarrow 2K_2CO_3 + C$: 탄산칼륨+탄소

② 이유 : 칼륨이 이산화탄소와 결합하면 폭발 반응을 한다.

Core 025 / page Ⅰ - 13

05 아세트산과 과산화나트륨의 반응식을 쓰시오. [1704]

• 반응식 : $2CH_3COOH + Na_2O_2 \rightarrow 2CH_3COONa + H_2O_2$: 아세트산나트륨+과산화수소

Core 009 / page Ⅰ - 8

06 다음 표에 지정수량을 쓰시오. [1801]

중크롬산나트륨	수소화나트륨	니트로글리세린
①	②	③

① 1,000kg ② 300kg ③ 10kg

Core 076 / page Ⅰ - 30

07 특수인화물 200L, 제1석유류 400L, 제2석유류 4,000L, 제3석유류 12,000L, 제4석유류 24,000L의 지정수량의 배수의 합을 구하시오.(단, 제1석유류, 제2석유류, 제3석유류는 수용성이다) [1602/2004]

• 특수인화물의 지정수량은 50L이므로 200L는 4배, 제1석유류 수용성의 지정수량은 400L이므로 1배, 제2석유류 수용성의 지정수량은 2,000L이므로 4,000L는 2배, 제3석유류 수용성의 지정수량은 4,000L이므로 12,000L는 3배, 제4석유류의 지정수량은 6,000L이므로 24,000L는 4배이다.
• 구해진 지정수량의 배수의 합은 4+1+2+3+4=14배이다.
• 결과값 : 14배

Core 041 / page Ⅰ - 18

08 연한 경금속으로 2차전지로 이용하며, 비중 0.53, 융점 180℃, 불꽃반응 시 적색을 띠는 물질의 명칭을 쓰시오. [0604/0901/1604]

• 리튬

Core 030 / page Ⅰ - 14

09 원통형 탱크의 용량[m^3]을 구하시오.(단, 탱크의 공간용적은 10%이다.)

[1504]

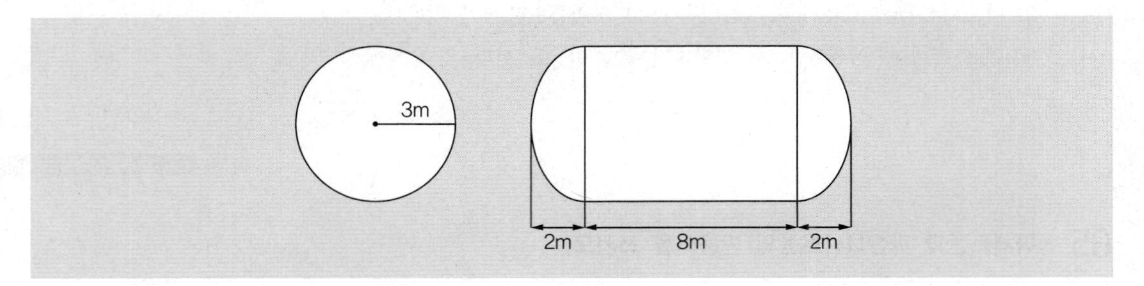

- $r=3$, $L=8$, $L_1=L_2=2$이므로 대입하면 탱크의 내용적은 $\pi \times 3^2[8+\frac{2+2}{3}]=\pi \times 9 \times \frac{28}{3}=263.76$이다.
- 공간용적이 10%이면 해당 용적을 제외해야 하므로 $263.76 \times 0.9 = 237.38[m^3]$이다.
- 결과값 : 237.38[m^3]

Core 097 / page Ⅰ - 40

10 제2류 위험물과 혼재 가능한 위험물을 모두 쓰시오.

[0701/1102]

① 제4류 위험물 ② 제5류 위험물

Core 080 / page Ⅰ - 32

11 에탄올과 황산의 반응으로 생성되는 제4류 위험물의 화학식을 쓰시오.

[1602]

① 반응식 : $2C_2H_5OH \xrightarrow{C-H_2SO_4} C_2H_5OC_2H_5 + H_2O$: 디에틸에테르+물

② 생성물질의 화학식 : 디에틸에테르($\underline{C_2H_5OC_2H_5}$)

Core 044 / page Ⅰ - 19

12 빈칸을 채우시오.

[1404]

이동저장탱크는 그 내부에 (①)L 이하마다 (②)mm 이상의 강철판 또는 이와 동등 이상의 강도 · 내열성 및 내식성이 있는 금속성의 것으로 칸막이를 설치하여야 한다.

① 4,000 ② 3.2

Core 104 / page Ⅰ - 43

2009년 1회 기출복원문제

01 지하저장탱크를 2 이상 인접해 설치하는 경우 그 상호간에 몇 m 이상의 간격을 유지하여야 하는가?(단, 지정수량은 100배 초과한다.)

• 1m

Core 100 / page I - 41

02 제5류 위험물로서 담황색의 주상결정이며 분자량이 227, 융점이 81℃, 물에 녹지 않고 알코올, 벤젠, 아세톤에 녹는다. 이 물질에 대한 다음 각 물음에 답하시오. [1202/1904]

① 이 물질의 물질명을 쓰시오.
② 이 물질의 지정수량을 쓰시오.
③ 이 물질의 제조과정을 설명하시오.

① 물질명 : 트리니트로톨루엔[$C_6H_2CH_3(NO_2)_3$]

② 지정수량 : 200kg

③ 반응식 : $C_6H_5CH_3 + 3HNO_3 \xrightarrow[\text{니트로화}]{C-H_2SO_4} C_6H_2CH_3(NO_2)_3 + 3H_2O$: 트리니트로톨루엔+물

톨루엔을 황산+질산 혼합물로 니트로화 시킨 것을 정제시켜 만든다.

Core 066 / page I - 26

03 옥외저장소에 유황의 지정수량 150배를 저장하는 경우 보유공지는 몇 m 이상인지 쓰시오. [1702]

• 최대 수량이 지정수량의 150배이므로 50배 초과~200배 이하에 포함되어 공지의 너비는 12m 이상이어야 한다.

Core 132 / page I - 52

04 제3류 위험물인 황린 20kg이 연소할 때 필요한 공기의 부피[m³]는 얼마인가?(단, 공기 중 산소의 양은 21%(v/v), 황린의 분자량은 124g이다.)

[1902]

- 계산식 : 황린의 연소반응식은 $P_4 + 5O_2 \rightarrow 2P_2O_5$이다. 황린 1몰을 연소하는데 필요한 산소의 몰수는 5몰이다. 황린 20kg은 $\frac{20 \times 1,000}{124} = 161.29$몰이다. 필요한 공기의 부피이므로 계산식은 $5 \times 22.4 \times 161.29 \times \frac{100}{21} = 86,021$[L]이다. 이를 [m³]으로 변환하려면 1,000을 나누어야 하므로 $\frac{86,021}{1,000} = 86.021$[m³]이 된다.
- 결과값 : 86.02[m³]

Core 029 / page I - 14

05 A, B, C분말소화기 중 올소인산이 생성되는 열분해 반응식을 쓰시오.

[1602]

- 오로토인산, 올소인산(H_3PO_4)은 제3종분말소화기의 1차 분해식에 해당한다.
- 반응식은 $NH_4H_2PO_4 \rightarrow H_3PO_4 + NH_3$: 올소인산+암모니아

Core 142 / page I - 55

06 황화린에 대한 다음 각 물음에 답하시오.

[1501]

① 이 위험물은 몇 류에 해당하는지 쓰시오.
② 이 위험물의 지정수량을 쓰시오.
③ 황화린의 종류 3가지를 화학식으로 쓰시오.

① 황화린은 가연성 고체에 해당하므로 제2류 위험물이다.
② 황화린은 지정수량이 적린, 유황과 함께 100kg이다.
③ 황화린은 황과 인의 성분에 따라 삼황화린(P_4S_3), 오황화린(P_2S_5), 칠황화린(P_4S_7)으로 구분된다.

Core 018 / page I - 11

07 이동저장탱크의 구조에 관한 내용이다. 빈칸을 채우시오.

[0702/1701]

위험물을 저장, 취급하는 이동탱크는 두께 (①)mm 이상의 강철판으로 위험물이 새지 아니하게 제작하고, 압력탱크에 있어서는 최대상용압력의 (②)배의 압력으로, 압력탱크를 제외한 탱크에 있어서는 (③)kPa 압력으로 각각 (④)분간 행하는 수압시험에서 새거나 변형되지 아니하여야 한다.

① 3.2　　② 1.5
③ 70　　④ 10

Core 104 / page I - 43

08 연한 경금속으로 2차전지로 이용하며, 비중 0.53, 융점 180℃, 불꽃반응 시 적색을 띠는 물질의 명칭을 쓰시오. [0604/0804/1604]

- 리튬

Core 030 / page Ⅰ - 14

09 제2류 위험물에 관한 정의이다. 다음 보기의 빈칸을 채우시오. [2004]

> ① "철분"이라 함은 철의 분말로서 ( )μm의 표준체를 통과하는 것이 중량 ( )% 이상인 것을 말한다.
> ② "금속분"이라 함은 알칼리금속 · 알칼리토류금속 · 철 및 마그네슘외의 금속의 분말을 말하고, 구리분 · 니켈분 및 ( )μm의 체를 통과하는 것이 ( )중량% 미만인 것은 제외한다.

① 53, 50 ② 150, 50

Core 015 / page Ⅰ - 10

10 에틸렌과 산소를 $CuCl_2$의 촉매 하에 생성된 물질로 인화점이 -39℃, 비점이 21℃, 연소범위가 4.1~57%인 특수인화물의 명칭, 증기밀도[g/L], 증기비중을 쓰시오.

① 명칭(시성식) : 아세트알데히드(CH_3CHO)

② 증기밀도를 구하려면 분자량을 구해야 한다. 아세트알데히드의 분자량은 12+(1×3)+12+1+16=44[g/mol]이다. 증기밀도=$\frac{44}{22.4}$=1.964⋯이므로 소수점 아래 셋째자리에서 반올림하면 1.96[g/L]이 된다.

③ 아세트알데히드의 분자량이 44[g/mol]이므로 증기비중은 $\frac{44}{29}$=1.517⋯이고 소수점 아래 셋째자리에서 반올림하면 1.52가 된다.

Core 046 · 157 · 158 / page Ⅰ - 19 · 61 · 61

11 제6류 위험물인 진한질산이 햇빛에 의해 분해된다. 열분해 반응식을 쓰시오. [2104]

- 질산이 햇빛에 분해되어 발생하는 유독한 이산화질소를 방지하기 위해서 질산은 갈색병에 보관한다.
- 질산(HNO_3)은 햇빛을 받으면 $4HNO_3 \rightarrow 2H_2O + 4NO_2 + O_2$: 물+이산화질소+산소로 분해된다.

Core 071 / page Ⅰ - 28

12 제1류 위험물에 해당하는 품명 4가지와 지정수량을 쓰시오.

① 품명 : 아염소산염류, 염소산염류, 무기과산화물, 과염소산염류

② 지정수량 : 50kg

Core 001 / page I - 6

13 다음 보기의 빈칸을 채우시오.

제3석유류라 함은 중유, 클레오소트유 그 밖에 1기압에서 인화점이 섭씨 (①)도 이상, 섭씨 (②)도 미만인 것을 말한다.

① 70　　② 200

Core 039 / page I - 17

2009년 2회 기출복원문제

01 다음 물질을 저장할 때 사용하는 보호액을 쓰시오. [0502/0504/0904]

① 황린	② 칼륨, 나트륨	③ 이황화탄소

① pH9인 알칼리성 물 ② 석유 ③ 물

Core 078 / page Ⅰ - 31

02 제3류 위험물인 탄화칼슘(CaC_2)에 대해 다음 각 물음에 답하시오. [1201/1901/2101]

① 탄화칼슘과 물의 반응식을 쓰시오.
② 발생 가스의 완전연소반응식을 쓰시오.

① 물과의 반응식 : $CaC_2 + 2H_2O \rightarrow Ca(OH)_2 + C_2H_2$: 수산화칼슘+아세틸렌
② 발생가스(아세틸렌)의 연소반응식 : $C_2H_2 + 2.5O_2 \rightarrow 2CO_2 + H_2O$: 이산화탄소+물

Core 037 / page Ⅰ - 16

03 제4류 위험물 옥내저장탱크 밸브 없는 통기관에 관한 내용이다. 빈칸을 채우시오. [1901]

통기관의 선단은 건축물의 창 · 출입구 등의 개구부로부터 (①)m 이상 떨어진 옥외의 장소에 지면으로부터 (②)m 이상의 높이로 설치하되, 인화점이 40℃ 미만인 위험물의 탱크에 설치하는 통기관에 있어서는 부지경계선으로부터 (③)m 이상 이격할 것

① 1 ② 4 ③ 1.5

Core 108 / page Ⅰ - 44

04 다음 표의 연소형태를 채우시오.

[1904]

연소형태	①	②	③
연소물질	나트륨, 금속분	에탄올, 디에틸에테르	TNT, 피크린산

① 표면연소 ② 증발연소 ③ 자기연소

Core 137 / page Ⅰ-54

05 다음 보기의 빈칸을 채우시오.

[1302]

과산화수소는 그 농도가 (①)중량% 이상인 것에 한하며, 지정수량은 (②)이다.

① 36 ② 300kg

Core 068 / page Ⅰ-27

06 황화린의 종류 3가지를 화학식으로 쓰시오.

[1901]

- 황화린은 황과 인의 성분에 따라 삼황화린(P_4S_3), 오황화린(P_2S_5), 칠황화린(P_4S_7)으로 구분된다.

Core 018 / page Ⅰ-11

07 다음 표는 제5류 위험물들의 지정수량을 표시한 것이다. 빈칸을 채우시오.

품명	지정수량	품명	지정수량
유기과산화물	①	아조화합물	④
질산에스테르	②	히드라진	⑤
니트로화합물	③		

① 10kg ② 10kg ③ 200kg
④ 200kg ⑤ 200kg

Core 062 / page Ⅰ-25

08 **아염소산나트륨($NaClO_2$)과 알루미늄(Al)이 반응하여 산화알루미늄(Al_2O_3)과 염화나트륨($NaCl$)이 발생하는 반응식을 쓰시오.**

• $3NaClO_2 + 4Al \rightarrow 2Al_2O_3 + 3NaCl$: 산화알루미늄+염화나트륨

Core 003 / page Ⅰ - 6

09 **제4류 위험물인 에틸알코올에 대한 다음 각 물음에 답하시오.** [1401/2004]

① 에틸알코올의 연소반응식을 쓰시오.
② 에틸알코올과 칼륨의 반응에서 발생하는 기체의 명칭을 쓰시오.
③ 에틸알코올의 구조이성질체로서 디메틸에테르의 화학식을 쓰시오.

① 에틸알코올의 반응식 : $C_2H_5OH + 3O_2 \rightarrow 2CO_2 + 3H_2O$: 이산화탄소+물
② 에틸알코올과 칼륨의 반응식 : $2C_2H_5OH + 2K \rightarrow 2C_2H_5OK + H_2$: 칼륨에틸레이트+수소
에틸알코올과 칼륨이 반응하면 수소가 발생한다.
③ 디메틸에테르($\underline{CH_3OCH_3}$)

Core 054 / page Ⅰ - 21

10 **분자량이 27, 끓는점이 26℃이며, 맹독성인 제4류 위험물의 화학식과 지정수량을 쓰시오.** [0601]

① 명칭과 화학식 : 시안화수소($\underline{HCN}$)
② 지정수량 : 400[L]

Core 052 / page Ⅰ - 21

11 **제2류 위험물인 마그네슘 화재 시 이산화탄소로 소화하면 위험한 이유를 반응식과 함께 설명하시오.** [2101]

• 마그네슘 화재 시 이산화탄소로 소화 반응식 : $2Mg + CO_2 \rightarrow 2MgO + C$: 산화마그네슘+탄소
• 마그네슘은 이산화탄소와 반응하여 폭발적 반응이 나타나므로 위험하다.

Core 021 / page Ⅰ - 11

12 **인화성 액체 위험물 옥외탱크저장소의 탱크 주위에 방유제 설치에 관한 내용이다. 다음 각 물음에 답하시오.**

[2004]

> ① 방유제의 높이는 (　)m 이상 (　)m 이하로 할 것
> ② 방유제 내의 면적은 (　)m^2 이하로 할 것
> ③ 방유제 내에 설치하는 옥외저장탱크의 수는 (　) 이하로 할 것

① 0.5, 3　② 80,000　③ 10

Core 113 / page Ⅰ-46

13 **제1류 위험물인 과산화나트륨의 운반용기 외부에 표시하는 주의사항 3가지를 쓰시오.** [1801]

① 화기주의　② 충격주의　③ 물기엄금

• 그 외 "가연물접촉주의"가 있다.

Core 086 / page Ⅰ-34

2009년 4회 기출복원문제

01 다음 물질을 저장할 때 사용하는 보호액을 쓰시오. [0502/0504/0902]

① 황린	② 칼륨, 나트륨	③ 이황화탄소

① pH9인 알칼리성 물 ② 석유 ③ 물

Core 078 / page I－31

02 제3류 위험물 중 지정수량이 10kg인 위험물을 4가지 쓰시오. [0602]

① 칼륨 ② 나트륨
③ 알킬알루미늄 ④ 알킬리튬

Core 024 / page I－13

03 위험물제조소 배출설비 배출능력은 국소방식 1시간당 배출장소 용적의 몇 배 이상인 것으로 하여야 하는지 쓰시오. [1601]

• 20배 이상

Core 116 / page I－47

04 제5류 위험물인 벤조일퍼옥사이드에 관한 내용이다. 빈칸을 채우시오.

벤조일퍼옥사이드는 상온에서 (①)상태이며, 가열하면 약 100℃ 부근에서 (②)색 연기를 내며 분해한다.

① 고체 ② 백

Core 064 / page I－25

05 제2류 위험물인 황화린에 대한 다음 각 물음에 답하시오.

① 황화린의 종류 3가지를 화학식으로 쓰시오.
② 조해성이 없는 황화린을 쓰시오.

① 황화린은 황과 인의 성분에 따라 삼황화린(P_4S_3), 오황화린(P_2S_5), 칠황화린(P_4S_7)으로 구분된다.
② 조해성은 고체가 대기 속에서 습기를 빨아들여 녹는 성질을 말하며, 삼황화린(P_4S_3)은 조해성이 없다.

Core 018 / page I - 11

06 다음 보기의 물질들을 인화점이 낮은 순으로 배열하시오.

[1201/1404/1602/2004]

① 디에틸에테르　② 이황화탄소
③ 산화프로필렌　④ 아세톤

- ① → ③ → ② → ④

Core 060 / page I - 23

07 보기 위험물의 지정수량 합계가 몇 배인지 계산하시오.

[1101/1701]

① 메틸에틸케톤 1,000[L]　② 메틸알코올 1,000[L]　③ 클로로벤젠 1,500[L]

- 메틸에틸케논의 지정수량은 200L, 메틸알코올의 지정수량은 400L, 클로로벤젠의 지정수량은 1,000L이다.
- 지정수량의 배수는 메틸에틸케논은 1,000/200=5배, 메틸알코올은 1,000/400=2.5배, 클로로벤젠은 1,500/1,000=1.5배이다.
- 합치면 5+2.5+1.5=9배이다.
- 결과값 : 9배

Core 041 / page I - 18

08 제4류 위험물인 메틸알코올에 대한 다음 각 물음에 답하시오. [1502/2101]

① 완전연소반응식을 쓰시오.
② 생성물에 대한 몰수의 합을 쓰시오.

① 반응식 : $2CH_3OH + 3O_2 \rightarrow 2CO_2 + 4H_2O$: 이산화탄소+물
② 몰수의 합은 메틸알코올 2몰을 이용해서 반응시켰을 경우 6몰(2+4)의 생성물이 발생했으므로 1몰일 경우 3몰의 생성물이 발생한다.

Core 053 / page Ⅰ - 21

09 옥내저장소에서 위험물을 저장하는 경우에 대한 설명이다. 빈칸을 채우시오.

① 기계에 의하여 하역하는 구조로 된 용기만을 겹쳐 쌓는 경우 : ( )m
② 제4류 위험물 중 제3석유류, 제4석유류 및 동식물유류를 수납하는 용기만을 겹쳐 쌓는 경우 : ( )m
③ 그 밖의 경우 : ( )m

① 6 ② 4 ③ 3

Core 092 / page Ⅰ - 38

10 제1류 위험물인 알칼리금속과산화물의 운반용기 외부에 표시하는 주의사항 4가지를 쓰시오. [1404/1802]

① 화기주의 ② 충격주의
③ 물기엄금 ④ 가연물접촉주의

Core 086 / page Ⅰ - 34

11 제1류 위험물인 과염소산칼륨의 610℃에서 열분해 반응식을 쓰시오. [1601/1702]

- 반응식 : $KClO_4 \rightarrow KCl + 2O_2$: 염화칼륨+산소

Core 006 / page Ⅰ - 7

12 **트리에틸알루미늄[$(C_2H_5)_3Al$]과 물의 반응식과 발생된 가스의 명칭을 쓰시오.** [1304/2104]

① 물과의 반응식 : $(C_2H_5)_3Al + 3H_2O \rightarrow Al(OH)_3 + 3C_2H_6$: 수산화알루미늄+에탄

② 생성되는 기체는 에탄(C_2H_6)이다.

Core 027 / page Ⅰ-14

13 **제5류 위험물 중 착화점이 300℃, 비중이 1.77, 끓는점이 255℃, 융점이 122.5℃이고 금속과 반응하여 염이 생성하는 물질명과 구조식을 쓰시오.**

① 물질명 : 피크린산[$C_6H_2OH(NO_2)_3$]

② 구조식

OH
NO_2 NO_2
NO_2

Core 067 / page Ⅰ-26

2010년 1회 기출복원문제

01 다음 표는 제3류 위험물의 지정수량에 대한 내용이다. 빈칸을 채우시오.

품명	지정수량	품명	지정수량
칼륨	①	황린	⑤
나트륨	②	알칼리금속 및 알칼리토금속	⑥
알킬알루미늄	③	유기금속화합물	⑦
알킬리튬	④		

- ①~④ 10kg
- ⑤ 20kg
- ⑥~⑦ 50kg

Core 024 / page Ⅰ-13

02 제5류 위험물인 벤조일퍼옥사이드의 구조식을 그리시오. [1401]

O = C − O − O − C = O

Core 064 / page Ⅰ-25

03 제1류 위험물인 염소산칼륨에 관한 내용이다. 다음 각 물음에 답하시오. [1302/1704]

① 완전분해 반응식을 쓰시오.
② 염소산칼륨 1,000g이 표준상태에서 완전분해 시 생성되는 산소의 부피[m^3]를 구하시오.

① 반응식 : $2KClO_3 \rightarrow 2KCl + 3O_2$: 염화칼륨+산소

② • 염소산칼륨의 분자량은 $39+35.5+(16\times3)=122.5$[g/mol]이다. 즉, 245($122.5\times2$)g의 염소산칼륨이 완전분해되었을 때 산소 3몰이 생성된다. 1몰일 때 22.4[L]이므로 3몰이면 67.2[L]이 생성된다.

• 염소산칼륨이 1,000g이 분해된다고 하면 산소는 $\frac{67.2\times1,000}{245}=274.285\cdots$[L]이 생성되는데 이를 [$m^3$]으로 변환하여 소수점아래 셋째자리에서 반올림하여 구하면 0.27[m^3]이 된다.

• 결과값 : 0.27[m^3]

Core 004 / page Ⅰ-7

04 다음 표에 혼재 가능한 위험물은 "○", 혼재 불가능한 위험물은 "×"로 표시하시오.

[1404/1601/1704/2001]

위험물의 구분	제1류	제2류	제3류	제4류	제5류	제6류
제1류		×	×	×	×	○
제2류	×		×	○	○	×
제3류	×	×		○	×	×
제4류	×	○	○		○	×
제5류	×	○	×	○		×
제6류	○	×	×	×	×	

Core 080 / page Ⅰ-32

05 보기의 제2류 위험물 운반용기 외부에 표시하는 주의사항을 각각 쓰시오.

① 금수성 물질 ② 인화성 고체 ③ 그 밖의 것

① 화기주의, 물기엄금 ② 화기엄금 ③ 화기주의

Core 086 / page Ⅰ-34

06 조해성이 없는 황화린이 연소 시 생성되는 물질 2가지를 화학식으로 쓰시오.

[1301]

- 조해성이 없는 황화린은 삼황화린(P_4S_3)이다.
- 삼황화린(P_4S_3)의 연소 반응식은 $P_4S_3+8O_2 \rightarrow 2P_2O_5+3SO_2$: 오산화린+이산화황이다.
- 따라서 연소 시 생성되는 물질은 오산화린(P_2O_5)과 이산화황(SO_2)이다.

Core 018 / page Ⅰ-11

07 제3류 위험물인 황린은 pH9 정도의 물속에 저장하여 어떤 생성기체의 발생을 방지한다. 생성기체 명을 쓰시오.

- 포스핀(PH_3; 인화수소)

Core 029 / page Ⅰ-14

08 제3류 위험물인 탄화칼슘과 물의 반응식을 쓰시오. [1304/1801]

• 탄화칼슘(CaC_2)과 물의 반응식 : $CaC_2 + 2H_2O \rightarrow Ca(OH)_2 + C_2H_2$: 수산화칼슘+아세틸렌

Core 037 / page Ⅰ - 16

09 제6류 위험물로 분자량 63, 염산과 반응하여 백금을 용해시키는 위험물을 쓰시오.

• 질산(HNO_3)

Core 071 / page Ⅰ - 28

10 제4류 위험물의 인화점에 관한 내용이다. 다음 빈칸을 채우시오. [1301/1401]

제1석유류	인화점이 섭씨 (①)도 미만인 것
제2석유류	인화점이 섭씨 (②)도 이상 (③)도 미만인 것

① 21 ② 21 ③ 70

Core 039 / page Ⅰ - 17

11 제조소 등에서 위험물의 저장 및 취급에 관한 기준에 관한 내용이다. 다음 빈칸을 채우시오.

가) 위험물을 저장 또는 취급하는 건축물 그 밖의 공작물 또는 설비는 당해 위험물의 성질에 따라 차광 또는 (①)를 실시하여야 한다.
나) 위험물은 온도계, 습도계, 압력계 그 밖의 계기를 감시하여 당해 위험물의 성질에 맞는 적정한 (②), (③) 또는 압력을 유지하도록 저장 또는 취급하여야 한다.

① 환기 ② 온도 ③ 습도

Core 119 / page Ⅰ - 48

12 제4류 위험물 중에서 수용성인 위험물을 보기에서 고르시오.

① 이황화탄소	② 아세트알데히드	③ 아세톤
④ 스티렌	⑤ 클로로벤젠	⑥ 메틸알코올

• ②, ③, ⑥

Core 041 / page Ⅰ - 18

13 옥외탱크저장소 방유제 안에 30만리터, 20만리터, 50만리터 3개의 인화성탱크가 설치되어 있다. 방유제의 저장용량은 몇 m^3 이상으로 하여야 하는지 쓰시오.

• 방유제의 용량은 탱크가 2기 이상인 경우 용량이 최대인 탱크 용량의 110% 이상의 용량으로 해야 하므로 가장 용량이 큰 탱크인 50만리터의 110%는 55만리터이다. 이는 550[m^3]이 된다.
• 결과값 : 550[m^3]

Core 113 / page Ⅰ - 46

2010년 2회 기출복원문제

01 제3류 위험물인 탄화칼슘(CaC_2)에 대해 다음 각 물음에 답하시오. [0604/2104]

① 탄화칼슘과 물의 반응식을 쓰시오.
② 생성된 물질과 구리와의 반응식을 쓰시오.
③ 구리와 반응하면 위험한 이유를 쓰시오.

① 물과의 반응식 : $CaC_2 + 2H_2O \rightarrow Ca(OH)_2 + C_2H_2$: 수산화칼슘+아세틸렌
② 생성물질과 구리와의 반응식 : $C_2H_2 + 2Cu \rightarrow Cu_2C_2 + H_2$: 구리아세틸리드+수소
③ 위험한 이유 : 아세틸렌은 금속(구리, 은, 수은 등)과 반응하여 폭발성인 금속아세틸리드를 생성하기 때문이다.

Core 037 / page I - 16

02 그림은 주유취급소의 고정주유설비에 관한 내용으로 거리를 쓰시오.

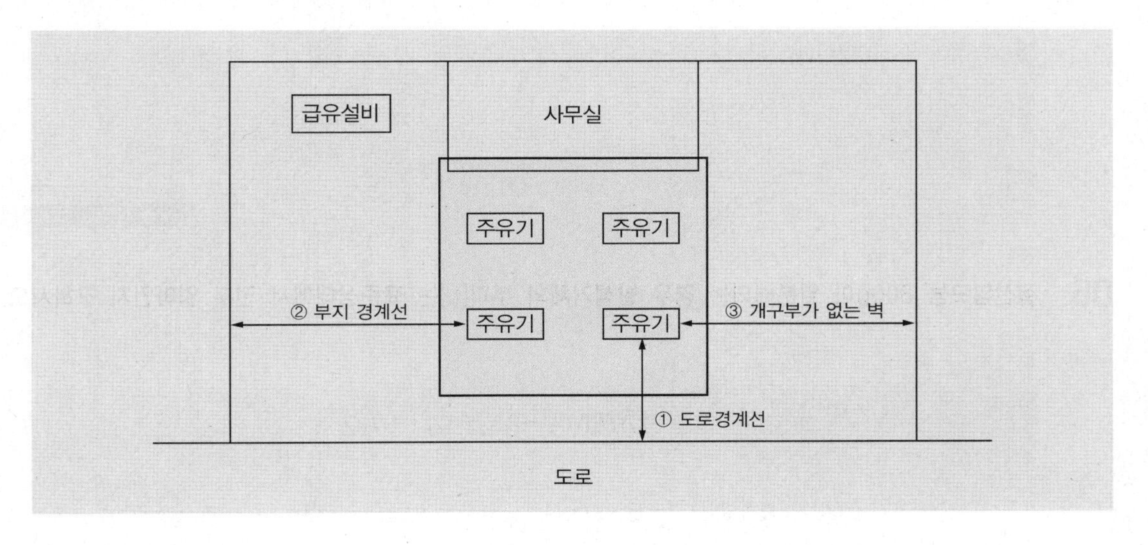

① 4m 이상　　② 2m 이상　　③ 1m 이상

Core 128 / page I - 51

03 알루미늄과 물의 반응식을 쓰시오.

- 반응식 : $2Al + 6H_2O \rightarrow 2Al(OH)_3 + 3H_2$: 수산화알루미늄+수소

Core 022 / page Ⅰ - 12

04 제6류 위험물인 산화성 액체에 산화력의 잠재적 위험성을 판단하기 위한 시험을 위해 연소시간 측정시험으로 (　)에 산화성 액체를 혼합하여 연소시간을 측정한다. 혼합하는 물질을 쓰시오.

- 질산, 목분

Core 153 / page Ⅰ - 60

05 산화프로필렌의 화학식 및 지정수량을 쓰시오.

[0602]

① CH_3CH_2CHO(산화프로필렌)

② 지정수량은 50[L]이다.

Core 045 / page Ⅰ - 19

06 질산암모늄 800g이 열분해되는 경우 발생기체의 부피[L]는 표준상태에서 전부 얼마인지 구하시오.

[1502/1901]

$$2NH_4NO_3 \rightarrow 2N_2 + O_2 + 4H_2O$$

- 질산암모늄(NH_4NO_3)의 분자량은 14+(1×4)+14+(16×3)=80[g/mol]이다.
- 질산암모늄 2몰이 열분해 되었을 때 질소 2몰과 산소 1몰, 그리고 수증기 4몰 총 7몰의 기체가 발생한다.
- 질산암모늄 800g은 10몰에 해당하므로 발생기체는 35몰이 발생한다. 표준상태에서 1몰의 기체는 22.4[L]의 부피를 가지므로 기체의 부피는 35×22.4=784[L]가 된다.
- 결과값 : 784[L]

Core 011 / page Ⅰ - 8

07 인화점이 낮은 것부터 번호로 나열하시오.

[0602/0802/1701/1904]

① 초산에틸	② 메틸알코올
③ 니트로벤젠	④ 에틸렌글리콜

• ① → ② → ③ → ④

Core 060 / page I - 23

08 제5류 위험물인 피크린산의 구조식과 지정수량을 쓰시오.

[0801/1302/1601/1701/1804]

① 피크린산[$C_6H_2OH(NO_2)_3$]의 구조식

OH
NO₂ NO₂
NO₂

② 지정수량 : 200kg

Core 067 / page I - 26

09 제3류 위험물 중 금수성 물질을 제외한 대상에 대해 적응성이 있는 소화설비를 보기에서 골라 쓰시오.

① 옥내소화전설비	② 옥외소화전설비	③ 스프링클러설비
④ 물분무소화설비	⑤ 할로겐화합물소화설비	⑥ 이산화탄소소화설비

• ①, ②, ③, ④

Core 147 / page I - 57

10 다음 제1류 위험물의 지정수량을 각각 쓰시오.

① 아염소산염류	② 브롬산염류	③ 중크롬산염류

① 50kg ② 300kg ③ 1,000kg

Core 001 / page I - 6

11 제2류 위험물인 마그네슘에 대한 다음 각 물음에 답하시오. [1604]

① 마그네슘이 완전연소 시 생성되는 물질을 쓰시오.
② 마그네슘과 황산이 반응하는 경우 발생되는 기체를 쓰시오.

① 마그네슘 완전연소반응식은 $2Mg + O_2 \rightarrow 2MgO$으로 완전연소 시 산화마그네슘이 생성된다.
② 마그네슘과 황산 반응식 : $Mg + H_2SO_4 \rightarrow MgSO_4 + H_2$: 황산마그네슘+수소
마그네슘과 황산이 반응하면 수소가 발생한다.

Core 021 / page I - 11

12 자동화재탐지설비의 경계구역 설정기준에 관한 내용이다. 빈칸을 채우시오.

하나의 경계구역의 면적은 (①)m^2 이하로 하고 한 변의 길이는 (②)m 이하로 할 것. 다만, 해당 특정소방대상물의 주된 출입구에서 그 내부 전체가 보이는 것에 있어서는 한 변의 길이가 (②)m의 범위 내에서 (③)m^2 이하로 할 수 있다.

① 600 ② 50 ③ 1,000

Core 134 / page I - 53

13 다음 보기에서 제2석유류에 대한 설명으로 맞는 것을 고르시오. [1702]

① 등유, 경유
② 아세톤, 휘발유
③ 기어유, 실린더유
④ 1기압에서 인화점이 섭씨 21도 미만인 것을 말한다.
⑤ 1기압에서 인화점이 섭씨 21도 이상 70도 미만인 것을 말한다.
⑥ 1기압에서 인화점이 섭씨 70도 이상 섭씨 200도 미만인 것을 말한다.

- ①, ⑤

Core 039 · 041 / page I - 17 · 18

2010년 4회 기출복원문제

01 제5류 위험물인 TNT 분해 시 생성되는 물질을 3가지 쓰시오. [1601]

- 반응식 : $2C_6H_2CH_3(NO_2)_3 \rightarrow 12CO + 5H_2 + 3N_2 + 2C$: 일산화탄소+수소+질소+탄소
- 생성되는 물질은 일산화탄소(CO), 수소(H_2), 질소(N_2), 탄소(C)이다.

Core 066 / page Ⅰ-26

02 제1류 위험물인 $KMnO_4$에 대한 다음 물에 답하시오.

① 지정수량을 쓰시오.
② 열분해 시, 묽은 황산과 반응 시에 공통으로 발생하는 물질을 쓰시오.

① 지정수량 : 1,000kg
② • 240℃ 열분해 반응식 : $2KMnO_4 \rightarrow K_2MnO_4 + MnO_2 + O_2$: 망간산칼륨+이산화망간+산소
  • 묽은 황산과의 반응식 : $4KMnO_4 + 6H_2SO_4 \rightarrow 2K_2SO_4 + 4MnSo_4 + 6H_2O + 5O_2$: 황산칼륨+황산망간+물+산소
  • 공통으로 발생하는 물질은 산소이다.

Core 013 / page Ⅰ-9

03 이동저장탱크의 구조에 관한 내용이다. 빈칸을 채우시오.

① 탱크는 두께 (①)mm 이상의 강철판으로 할 것
② 압력탱크 외의 탱크는 70kPa의 압력으로, 압력탱크는 최대상용압력의 1.5배의 압력으로 각각 (②)분간의 수압시험을 실시하여 새거나 변형되지 아니할 것
③ 방파판은 두께 (③)mm 이상의 강철판 또는 이와 동등 이상의 강도 · 내열성 및 내식성이 있는 금속성의 것으로 할 것

① 3.2　　② 10　　③ 1.6

Core 103 / page Ⅰ-42

04 다음 보기의 위험물 운반용기 외부에 표시하는 주의사항을 쓰시오.

① 제3류 위험물 중 금수성 물질 ② 제4류 위험물 ③ 제6류 위험물

① 물기엄금 ② 화기엄금 ③ 가연물접촉주의

Core 086 / page I - 34

05 제4류 위험물 중 비수용성인 위험물을 보기에서 고르시오. [2001]

① 이황화탄소 ② 아세트알데히드 ③ 아세톤
④ 스티렌 ⑤ 클로로벤젠

• ①, ④, ⑤

Core 041 / page I - 18

06 소화난이도등급 I에 해당하는 제조소 · 일반취급소에 관한 내용이다. 다음 빈칸을 채우시오. [1302]

① 연면적 ( )m^2 이상인 것
② 지반면으로부터 ( )m 이상의 높이에 위험물 취급설비가 있는 것

① 1,000 ② 6

Core 123 / page I - 49

07 **제3류 위험물인 TEAL의 연소반응식과 물과의 반응식을 쓰시오.** [1704]

① 트리에틸알루미늄의 연소반응식 : $2(C_2H_5)_3Al+21O_2 \rightarrow 12CO_2+Al_2O_3+15H_2O$: 이산화탄소+산화알루미늄+물

② 물과의 반응식 : $(C_2H_5)_3Al+3H_2O \rightarrow Al(OH)_3+3C_2H_6$: 수산화알루미늄+에탄

Core 027 / page Ⅰ-14

08 **제1류 위험물인 과산화칼륨(K_2O_2) 화재 시 주수소화가 부적합하다. 그 이유를 쓰시오.**

- 반응식은 $2K_2O_2+2H_2O \rightarrow 4KOH+O_2$이다.
- 과산화칼륨이 물과 반응하면 폭발적으로 산소를 방출하여 화재를 더욱 확대시킬 수 있으므로 주수소화를 금해야 한다.

Core 010 / page Ⅰ-8

09 **위험물 제조소에 200m³와 100m³의 탱크가 각각 1개씩 2개가 있다. 탱크 주위로 방유제를 만들 때 방유제의 용량[m³]은 얼마 이상이어야 하는지를 쓰시오.** [1301/1604]

- 방유제의 용량은 $(200\times0.5)+(100\times0.1)=110[m^3]$ 이상이어야 한다.
- 결과값 : $110[m^3]$

Core 117 / page Ⅰ-47

10 **이산화망간(MnO_2)과 과산화수소(H_2O_2)의 반응식과 발생기체를 쓰시오.**

① 반응식 : $MnO_2+2H_2O_2 \rightarrow MnO_2+2H_2O+O_2$: 이산화망간+물+산소

② 발생하는기체는 산소이다.

Core 069 / page Ⅰ-27

11 이소프로필알코올을 산화시켜 만든 것으로 요오드포름 반응을 하는 제1석유류에 대한 다음 각 물음에 답하시오.

[0704/2101]

① 제1석유류 중 요오드포름 반응을 하는 것의 명칭을 쓰시오.
② 요오드포름 화학식을 쓰시오.
③ 요오드포름 색깔을 쓰시오.

① 아세톤(CH_3COCH_3) ② CHI_3 ③ 노란색

Core 055 / page Ⅰ－22

12 황의 동소체에서 이황화탄소에 녹지 않는 물질을 쓰시오.

[0602]

- 고무상황

Core 020 / page Ⅰ－11

2011년 1회 기출복원문제

01 제5류 위험물의 운반용기 외부에 표시하는 주의사항을 2가지만 쓰시오.

① 화기엄금　　② 충격주의

Core 086 / page I - 34

02 보기 위험물의 지정수량 합계가 몇 배인지 계산하시오. [0904/1701]

> ① 메틸에틸케톤 1,000[L]　　② 메틸알코올 1,000[L]　　③ 클로로벤젠 1,500[L]

- 메틸에틸케논의 지정수량은 200L, 메틸알코올의 지정수량은 400L, 클로로벤젠의 지정수량은 1,000L이다.
- 지정수량의 배수는 메틸에틸케논은 1,000/200=5배, 메틸알코올은 1,000/400=2.5배, 클로로벤젠은 1,500/1,000 =1.5배이다.
- 합치면 5+2.5+1.5=9배이다.
- 결과값 : 9배

Core 041 / page I - 18

03 증기는 마취성이 있고 요오드포름에 반응하며, 화장품의 원료로 사용되는 물질에 대하여 다음 각 물음에 답하시오.

> ① 설명하는 위험물을 쓰시오.
> ② 설명하는 위험물의 지정수량을 쓰시오.
> ③ 설명하는 위험물이 진한 황산과 축합반응 후 생성되는 물질을 쓰시오.

① 에틸알코올(C_2H_5OH)

② 400[L]

③ 반응식 : $2C_2H_5OH \xrightarrow{C-H_2SO_4} C_2H_5OC_2H_5 + H_2O$: 디에틸에테르+물

에틸알코올이 진한 황산과 축합반응을 하면 디에틸에테르가 생성된다.

Core 054 / page I - 21

04 다음 보기의 빈칸을 채우시오.

[0801]

가) "인화성 고체"라 함은 고형알코올 그 밖에 1기압에서 인화점이 섭씨 (①)℃ 미만인 고체를 말한다.
나) "철분"이라 함은 철의 분말로서 (②)μm의 표준체를 통과하는 것이 중량 (③)% 이상인 것을 말한다.
다) "특수인화물"이라 함은 이황화탄소, 디에틸에테르 그밖에 1기압에서 발화점이 섭씨 (④)℃ 이하인 것 또는 인화점이 섭씨 영하 (⑤)℃ 이하이고 비점이 섭씨 (⑥)℃ 이하인 것을 말한다.

① 40　② 53　③ 50
④ 100　⑤ 20　⑥ 40

Core 072 / page Ⅰ - 29

05 다음의 위험물 등급을 분류하시오.

[1804]

① 칼륨　② 나트륨　③ 알킬알루미늄
④ 알킬리튬　⑤ 황린　⑥ 알칼리토금속

- Ⅰ등급 : ①, ②, ③, ④, ⑤
- Ⅱ등급 : ⑥

Core 024 / page Ⅰ - 13

06 보기에서 나트륨 화재의 소화방법으로 맞는 것을 모두 고르시오.

① 팽창질석　② 건조사　③ 포소화설비
④ 이산화탄소설비　⑤ 인산염류 소화기

- 나트륨은 제3류 위험물 중 금수성물질이다.
- ①, ②

Core 147 / page Ⅰ - 57

07 **톨루엔에 질산과 진한 황산을 혼합하면 생성되는 물질을 쓰시오.**

- 반응식은 $C_6H_5CH_3 + 3HNO_3 \xrightarrow[\text{니트로화}]{C-H_2SO_4} C_6H_2CH_3(NO_2)_3 + 3H_2O$이다.
- 생성되는 물질은 트리니트로톨루엔(TNT)이다.

Core 048 / page Ⅰ - 20

08 **제2류 위험물에 대한 설명 중 맞는 것을 모두 고르시오.** [1704/2004]

① 황화린, 유황, 적린의 위험등급이 Ⅱ등이다.
② 고형알코올의 지정수량은 1,000kg이다.
③ 물에 대부분 잘 녹는다.
④ 비중은 1보다 작다.
⑤ 산화제이다.

- ①, ②

Core 017 / page Ⅰ - 10

09 **염소산염류 중 철제용기를 부식시키는 위험물로 분자량 106.5인 위험물을 쓰시오.**

- 염소산나트륨($NaClO_3$)

Core 005 / page Ⅰ - 7

10 **트리에틸알루미늄과 메탄올 반응 시 폭발적으로 반응한다. 이때의 화학반응식을 쓰시오.** [0502/1404/1804]

- 반응식 : $(C_2H_5)_3Al + 3CH_3OH \rightarrow Al(CH_3O)_3 + 3C_2H_6$: 트리메톡시알루미늄+에탄

Core 027 / page Ⅰ - 14

11 인화점 측정방법(방식) 3가지를 쓰시오.

① 태그(Tag) 밀폐식
② 신속평형법
③ 클리브랜드(Cleaveland) 개방컵

Core 155 / page I - 60

12 20℃ 물 10kg으로 주수소화 시 100℃ 수증기로 흡수하는 열량[kcal]을 구하시오. [0604]

- 20℃ 물 10kg을 가열하여 100℃ 수증기로 기화시키는데 필요한 열량을 구하는 문제이다.
- 100℃까지 물을 끓이는 데 소요된 열량은 물의 비열을 활용하여 $Q=m\times C\times \Delta t$로 구할 수 있다. 즉 10[kg]×1×(100−20)=800kcal이다.
- 물을 기화시키는데 사용되는 기화열은 물 1kg 단 539kcal가 소모되므로 10kg의 물은 5,390kcal가 필요하다.
- 따라서 20℃의 물 10kg을 100℃의 수증기로 기화시키는데 소모되는 열량은 800+5,390=6,190kcal이다.
- 결과값 : 6,190[kcal]

Core 161 / page I - 61

2011년 2회 기출복원문제

01 위험물 탱크 기능검사 관리자로 필수인력을 고르시오. [1602]

① 위험물기능장	② 누설비파괴검사 기사 · 산업기사
③ 초음파비파괴검사 기사 · 산업기사	④ 비파괴검사기능사
⑤ 토목분야 측량 관련 기술사	⑥ 위험물산업기사

- ①, ③, ⑥

Core 135 / page Ⅰ－53

02 100kg의 이황화탄소(CS_2)가 완전연소할 때 발생하는 독가스의 체적은 800mmHg 30℃에서 몇 m^3인가? [0504/1702]

- 완전연소 반응식 : $CS_2+3O_2 \rightarrow 2SO_2+CO_2$: 이산화황+이산화탄소
- 발생하는 독가스는 이산화황(SO_2)이다.
- 이상기체방정식 : $PV=\frac{W}{M}RT$에서 $V=\frac{WRT}{PM}$이다. 여기서 V(부피 L), W(무게 g), M(분자량 [g/mol]), R(기체상수 0.082), T(절대온도 K), P(압력 atm)을 의미한다.
- 압력이 800mmHg라고 했으므로 이를 atm으로 변환하면 $\frac{800}{760}=1.052$[atm]이 된다.
- 이황화탄소의 분자량은 12+ 32×2=76[g/mol]이다.
- 이황화탄소 1몰을 물과 반응시켰을 때 2몰의 독가스가 발생되므로 이상기체방정식의 결과에 2를 곱해줘야 한다.
- 따라서 발생하는 독가스(황화수소)의 부피는 $2\times\frac{100\times10^3\times0.082\times(273+30)}{1.052\times76}=\frac{2,484,600}{79.952}=62,152.29$[L]이다. 이를 m^3으로 변환하여 소수점아래 둘째자리에서 반올림하면 62.15[m^3]이 된다.
- 결과값 : 62.15[m^3]

Core 043 / page Ⅰ－19

03 아세트산의 완전연소 반응식을 쓰시오. [1804]

• 반응식 : $CH_3COOH + 2O_2 \rightarrow 2CO_2 + 2H_2O$: 이산화탄소+물

Core 057 / page Ⅰ - 22

04 적린 완전연소 시 발생하는 기체의 화학식과 색상을 쓰시오.

① 적린 연소 반응식 : $4P + 5O_2 \rightarrow 2P_2O_5$: 오산화린
발생기체는 오산화린(P_2O_5)이다.

② 오산화린의 색상은 백색이다.

Core 019 / page Ⅰ - 11

05 다음은 위험물에 과산화물이 생성되는지의 여부를 확인하는 방법이다. 빈칸을 채우시오.

> 과산화물을 검출할 때 10% (①)을/를 반응시켜 (②)색이 나타나는 것으로 검출 가능하다.

① 요오드화칼륨 용액　　② 황

Core 154 / page Ⅰ - 60

06 제4류 위험물 중에서 위험등급 Ⅱ에 해당하는 품명 2가지를 쓰시오. [1902]

• 제4류 위험물 중 위험등급이 Ⅱ인 물질은 제1석유류와 알코올류이다.

Core 041 / page Ⅰ - 18

07 트리니트로톨루엔(TNT)을 제조하는 과정을 화학반응식으로 쓰시오. [0802/1201/2104]

• 반응식 : $C_6H_5CH_3 + 3HNO_3 \xrightarrow[\text{니트로화}]{C-H_2SO_4} C_6H_2CH_3(NO_2)_3 + 3H_2O$: 트리니트로톨루엔+물

Core 066 / page Ⅰ - 26

08 다음 위험물의 지정수량 및 화학식을 각각 쓰시오.

① 아세틸퍼옥사이드　　② 과망간산암모늄　　③ 칠황화린

① 10kg, $(CH_3CO)_2O_2$　　② 1,000kg, NH_4MnO_4　　③ 100kg, P_4S_7

Core 076 / page Ⅰ - 30

09 주유취급소에 설치하는 탱크의 용량을 몇 [L] 이하로 하는지 다음 물음에 답하시오. [1404/1802]

① 비고속도로 주유설비　　② 고속도로 주유설비

① 50,000　　② 60,000

Core 127 / page Ⅰ - 50

10 아세트알데히드 등의 옥외탱크저장소에 관한 내용이다. 다음 빈칸을 채우시오.

옥외저장탱크의 설비는 (①), (②), (③), 수은 또는 이들을 성분으로 하는 합금으로 만들지 아니할 것

① 동　　② 마그네슘　　③ 은

Core 114 / page Ⅰ - 46

11 제조소 또는 일반취급소에서 취급하는 제4류 위험물의 최대수량의 합이 지정수량의 48만 배 이상인 사업소의 자체소방대 인원의 수와 소방차의 대수를 쓰시오. [1402]

① 20인　　② 4대

Core 148 / page Ⅰ - 58

12 제2류 위험물과 혼재 가능한 위험물을 모두 쓰시오.
[0701/0804]

① 제4류 위험물 ② 제5류 위험물

Core 080 / page I - 32

13 다음 보기의 물질 중 위험물에서 제외되는 물질을 모두 고르시오.
[1801]

① 황산	② 질산구아니딘	③ 금속의 아지화합물
④ 구리분	⑤ 과요오드산	

• ①, ④

Core 073 / page I - 29

2011년 4회 기출복원문제

01 아세트알데히드 등을 취급하는 제조소에 관한 내용이다. 다음 빈칸을 채우시오.

> 아세트알데히드 등을 취급하는 탱크에는 (①) 또는 (②) 및 연소성 혼합기체의 생성에 의한 폭발을 방지하기 위한 불활성기체를 봉입하는 장치를 갖출 것

① 냉각장치　　② 보냉장치

Core 122 / page Ⅰ－49

02 질산메틸의 증기비중을 구하시오. [0704/1501]

- 질산메틸 CH_3ONO_2의 분자량 : $12+(1\times3)+16+14+(16\times2)=77$[g/mol]이다.

  증기비중은 $\frac{77}{29}=2.655$이므로 소수점 아래 셋째자리에서 반올림하여 2.66이 된다.
- 결과값 : 2.66

Core 065 · 157 / page Ⅰ－26 · 61

03 다음 빈칸을 채우시오.

> 알킬알루미늄 등을 저장 또는 취급하는 이동탱크저장소에 있어서는 자동차용소화기를 설치하는 외에 마른모래나 (①) 또는 (②)을 추가로 설치하여야 한다.

① 팽창질석　　② 팽창진주암

Core 107 / page Ⅰ－44

04 유기과산화물과 혼재 불가능한 위험물을 모두 쓰시오. [1502]

- 유기과산화물은 자기반응성 물질에 해당하는 제5류 위험물이다. 제5류 위험물과 혼재가 불가능한 위험물은 제1류 위험물, 제3류 위험물, 제6류 위험물이다.

Core 080 / page I - 32

05 트리에틸알루미늄[$(C_2H_5)_3Al$]과 물의 반응식을 쓰시오. [1402]

- 물과의 반응식 : $(C_2H_5)_3Al + 3H_2O \rightarrow Al(OH)_3 + 3C_2H_6$: 수산화알루미늄+에탄

Core 027 / page I - 14

06 제4류 위험물 중에서 제2석유류(수용성)인 위험물을 보기에서 2가지 고르시오.

① 테라핀유	② 포름산(의산)	③ 경유
④ 초산(아세트산)	⑤ 등유	⑥ 클로로벤젠

- ②, ④

Core 041 / page I - 18

07 다음 각 물음에 답하시오. [1602]

① (　　)라 함은 고형알코올 그 밖에 1기압에서 인화점이 섭씨 40도 미만인 고체를 말한다.
② ①의 위험물은 몇 류 위험물인지 쓰시오.
③ ①의 위험물 지정수량을 쓰시오.

① 인화성 고체　　② 제2류 위험물　　③ 1,000kg

Core 016 / page I - 10

08 다음 에탄올의 완전연소 반응식을 쓰시오.

[0502/1404/1801]

- 반응식 : $C_2H_5OH + 3O_2 \rightarrow 2CO_2 + 3H_2O$: 이산화탄소+물

Core 054 / page Ⅰ-21

09 다음은 제4류 위험물에 관한 내용이다. 빈칸을 채우시오.

품명	지정수량[L]	명칭	위험등급
①	50	이황화탄소	Ⅰ
제3석유류	②	중유	③
제4석유류	④	기어유	Ⅲ

① 특수인화물　② 2,000
③ Ⅲ　④ 6,000

Core 041 / page Ⅰ-18

10 다음은 위험물의 운반기준이다. 다음 빈 칸을 채우시오.

① 고체위험물은 운반용기 내용적의 (　)% 이하의 수납율로 수납할 것
② 액체위험물은 운반용기 내용적의 (　)% 이하의 수납율로 수납할 것
③ 자연발화성 물질 중 알킬알루미늄 등은 운반용기 내용적의 (　)% 이하의 수납율로 수납할 것

① 95　② 98　③ 90

Core 089 / page Ⅰ-37

11 질산암모늄의 구성성분 중 질소와 수소의 함량을 wt%로 구하시오.

[0702/1604/2101]

- wt%는 질량%의 의미이므로 각 분자량의 백분율 비를 말한다.
- 질산암모늄(NH_4NO_3)의 분자량은 14+(1×4)+14+(16×3)=80[g/mol]이다.
- 질소는 2개의 분자가 존재하므로 28g이고, 이는 $\frac{28}{80}=35$[wt%]이다.
- 수소는 4개의 분자가 존재하므로 4g이고, 이는 $\frac{4}{80}=5$[wt%]이다.
- 결과값 : 질소 35[wt%], 수소 5[wt%]

Core 011 / page Ⅰ-8

12 **옥외탱크저장소의 방유제 설치에 관한 내용이다. 빈칸을 채우시오.** [1601]

> 높이가 (   )를 넘는 방유제 및 간막이 둑의 안팎에는 방유제 내에 출입하기 위한 계단 또는 경사로를 약 50m마다 설치할 것

- 1m

Core 113 / page Ⅰ - 46

2012년 1회 기출복원문제

01 이동저장탱크의 구조에 관한 내용이다. 다음 빈칸을 채우시오.

> 탱크는 두께 (　　)mm 이상의 강철판 또는 이와 동등 이상의 강도 · 내식성 및 내열성이 있다고 인정하여 소방청장이 정하여 고시하는 재료 및 구조로 위험물이 새지 아니하게 제작할 것

- 3.2

Core 104 / page Ⅰ - 43

02 다음 표에 위험물의 류별 및 지정수량을 쓰시오. [1404]

품명	류별	지정수량	품명	류별	지정수량
칼륨	①	②	니트로화합물	⑤	⑥
질산염류	③	④	질산	⑦	⑧

품명	류별	지정수량	품명	류별	지정수량
칼륨	제3류 위험물	10kg	니트로화합물	제5류 위험물	200kg
질산염류	제1류 위험물	300kg	질산	제6류 위험물	300kg

Core 076 / page Ⅰ - 30

03 위험물 안전관리법령에 따른 고인화점 위험물의 정의를 쓰시오. [1902]

- 인화점이 100℃ 이상인 제4류 위험물

Core 039 / page Ⅰ - 17

04 제5류 위험물인 피크린산의 구조식을 쓰시오. [1602]

- 피크린산[$C_6H_2OH(NO_2)_3$]의 구조식

OH
NO2 NO2
NO2

Core 067 / page Ⅰ - 26

05 **마그네슘과 물이 접촉하는 화학반응식과 마그네슘 화재 시 주수소화가 안 되는 이유를 쓰시오.** [1402]

① 반응식 : $Mg+2H_2O \rightarrow Mg(OH)_2+H_2$: 수산화마그네슘+수소

② 주수소화 안 되는 이유 : 마그네슘과 물이 접촉하면 수소가스를 발생시켜 폭발의 위험이 있다.

Core 021 / page Ⅰ-11

06 **과산화나트륨(Na_2O_2)과 이산화탄소(CO_2)가 접촉하는 화학반응식을 쓰시오.** [1904]

• 화학반응식 : $2Na_2O_2+2CO_2 \rightarrow 2Na_2CO_3+O_2$: 탄산나트륨+산소

Core 009 / page Ⅰ-8

07 **톨루엔이 표준상태에서 증기밀도가 몇 g/L인지 구하시오.** [0701/1604]

• 톨루엔($C_6H_5CH_3$)의 분자량을 계산하면 $(12\times6)+(1\times5)+12+(1\times3)=92$[g/mol]이다.

• 증기밀도$=\frac{92}{22.4}=4.107\cdots$이므로 소수점 셋째자리에서 반올림하여 4.11[g/L]가 된다.

• 결과값 : 4.11[g/L]

Core 048 · 157 / page Ⅰ-20 · 61

08 **제3류 위험물인 탄화칼슘(CaC_2)에 대해 다음 각 물음에 답하시오.** [0902/1901/2101]

① 탄화칼슘과 물의 반응식을 쓰시오.

② 발생 가스의 완전연소반응식을 쓰시오.

① 물과의 반응식 : $CaC_2+2H_2O \rightarrow Ca(OH)_2+C_2H_2$: 수산화칼슘+아세틸렌

② 발생가스(아세틸렌)의 연소반응식 : $C_2H_2+2.5O_2 \rightarrow 2CO_2+H_2O$: 이산화탄소+물

Core 037 / page Ⅰ-16

09 **강화플라스틱제 이중벽 탱크의 성능시험 항목 2가지를 쓰시오.**

① 기밀시험 ② 수압시험

Core 115 / page Ⅰ-46

10 아세톤 20[L] 100개와 경유 200[L] 5드럼의 지정수량 배수를 구하시오.

- 아세톤은 제1석유류(수용성)이므로 지정수량이 400L, 경유는 제2석유류(비수용성)이므로 지정수량이 1,000L이다.
- 아세톤 20L 100개는 2,000ℓ이므로 2000/400=5배, 경유 200L 5드럼은 1,000ℓ이므로 1,000/1,000=1배이다.
- 합치면 5+1=6배이다.
- 결과값 : 6배

Core 041 / page Ⅰ - 18

11 트리니트로톨루엔(TNT)을 제조하는 과정을 화학반응식으로 쓰시오. [0802/1102/2104]

- 반응식 : $C_6H_5CH_3 + 3HNO_3 \xrightarrow[\text{니트로화}]{C-H_2SO_4} C_6H_2CH_3(NO_2)_3 + 3H_2O$: 트리니트로톨루엔+물

Core 066 / page Ⅰ - 26

12 다음 보기의 물질들을 인화점이 낮은 순으로 배열하시오. [0904/1404/1602/2004]

① 디에틸에테르	② 이황화탄소
③ 산화프로필렌	④ 아세톤

- ① → ③ → ② → ④

Core 060 / page Ⅰ - 23

13 무기과산화물 용기에 부착해야 하는 주의사항을 4가지 쓰시오.

- 무기과산화물은 산화성 고체에 해당하는 제1류 위험물이다.
- "화기주의", "충격주의", "물기엄금", "가연물접촉주의"이다.

Core 086 / page Ⅰ - 34

14 주유취급소에 "주유 중 엔진정지" 게시판에 사용하는 색깔을 쓰시오. [0604/1602/1904]

① 바탕 : 황색　　② 문자 : 흑색

Core 083 / page Ⅰ - 33

2012년 2회 기출복원문제

01 제3류 위험물 중 위험등급 Ⅰ인 품명 3가지를 쓰시오. [1704]

① 칼륨 ② 나트륨 ③ 알킬알루미늄

Core 024 / page Ⅰ-13

02 제2류 위험물에 관한 정의이다. 다음 빈칸을 채우시오. [0702]

철분이라 함은 철의 분말로서 (①)μm의 표준체를 통과하는 것이 (②)중량% 이상인 것을 말한다.

① 53 ② 50

Core 015 / page Ⅰ-10

03 다음 보기의 위험물 운반용기 외부에 표시하는 주의사항을 쓰시오. [0701/1701]

① 제2류 위험물 중 인화성 고체 ② 제3류 위험물 중 금수성 물질
③ 제4류 위험물 ④ 제6류 위험물

① 화기엄금 ② 물기엄금
③ 화기엄금 ④ 가연물접촉주의

Core 086 / page Ⅰ-34

04 제3류 위험물인 트리에틸알루미늄의 완전연소 반응식을 쓰시오. [1902]

• 연소반응식 : $2(C_2H_5)_3Al + 21O_2 \rightarrow 12CO_2 + 15H_2O + Al_2O_3$: 이산화탄소+물+산화알루미늄

Core 027 / page Ⅰ-14

05 옥외저장탱크 · 옥내저장탱크 또는 지하저장탱크 중 압력탱크 외의 탱크에 저장할 경우 유지하여야 하는 온도를 쓰시오. [0604/1602/1901]

아세트알데히드	①	디에틸에테르	②	산화프로필렌	③

① 15℃ ② 30℃ ③ 30℃

Core 096 / page Ⅰ - 40

06 보기에서 이산화탄소 소화설비에 적응성이 있는 위험물을 2가지 고르시오.

① 제1류 위험물 중 알칼리금속의 과산화물
② 제2류 위험물 중 인화성고체
③ 제3류 위험물
④ 제4류 위험물
⑤ 제5류 위험물
⑥ 제6류 위험물

- ②, ④

Core 147 / page Ⅰ - 57

07 옥외소화전의 개폐밸브 및 호스접속구는 지반면으로부터 몇 m 이하의 높이에 설치해야 하는가? [0802]

- 1.5m

Core 150 / page Ⅰ - 58

08 외벽이 내화구조인 위험물 제조소의 건축물 면적이 $450m^2$인 경우 소요단위를 계산하시오. [1704]

- 외벽이 내화구조인 건축물의 경우 연면적 $100m^2$를 1소요단위로 하므로 $450m^2/100m^2=4.5$이다.
- 결과값 : 4.5

Core 085 / page Ⅰ - 34

09 **제5류 위험물로서 담황색의 주상결정이며 분자량이 227, 융점이 81℃, 물에 녹지 않고 알코올, 벤젠, 아세톤에 녹는다. 이 물질에 대한 다음 각 물음에 답하시오.** [0901/1904]

① 이 물질의 물질명을 쓰시오.
② 이 물질의 지정수량을 쓰시오.
③ 이 물질의 제조과정을 설명하시오.

① 물질명 : 트리니트로톨루엔[$C_6H_2CH_3(NO_2)_3$]
② 지정수량 : 200kg
③ 반응식 : $C_6H_5CH_3 + 3HNO_3 \xrightarrow[\text{니트로화}]{C-H_2SO_4} C_6H_2CH_3(NO_2)_3 + 3H_2O$: 트리니트로톨루엔+물
톨루엔을 황산+질산 혼합물로 니트로화 시킨 것을 정제시켜 만든다.

Core 066 / page Ⅰ-26

10 **지정과산화물을 저장 또는 취급하는 옥내저장소의 저장창고 격벽의 설치기준이다. 빈칸을 채우시오.** [1702/2101]

저장창고는 (①)m^2 이내마다 격벽으로 완전하게 구획할 것. 이 경우 당해 격벽은 두께 (②)cm 이상의 철근콘크리트조 또는 철골철근콘크리트조로 하거나 두께 (③)cm 이상의 보강콘크리트블록조로 하고, 당해 저장창고의 양측의 외벽으로부터 (④)m 이상, 상부의 지붕으로부터 (⑤)cm 이상 돌출하게 하여야 한다.

① 150 ② 30 ③ 40
④ 1 ⑤ 50

Core 093 / page Ⅰ-38

11 **과산화나트륨(Na_2O_2) 1몰이 물과 반응할 때 발생하는 산소의 몰수를 구하시오.**

- 과산화나트륨과 물의 반응식 : $2Na_2O_2 + 2H_2O \rightarrow 4NaOH + O_2$로 생성된 기체는 산소($O_2$)이다.
- 과산화나트륨 2몰이 물과 반응해서 1몰의 산소를 발생시키므로 1몰의 과산화나트륨은 0.5몰의 산소를 발생시킨다.
- 결과값 : 0.5몰

Core 009 / page Ⅰ-8

12 황린의 완전연소반응식을 쓰시오.

[0702/1401/1901]

- 반응식 : $P_4 + 5O_2 \rightarrow 2P_2O_5$: 오산화린

Core 029 / page Ⅰ-14

13 인화알루미늄 580g이 표준상태에서 물과 반응하여 생성되는 기체의 부피[L]를 구하시오.

[1802]

- 물과의 반응식 : $AlP + 3H_2O \rightarrow Al(OH)_3 + PH_3$: 수산화알루미늄+포스핀
- 생성되는 기체는 포스핀이고 포스핀의 부피를 구하는 문제이다.
- 인화알루미늄의 분자량은 27+31=58[g/mol]이다. 즉, 인화알루미늄 10몰이 물과 반응했을 때 생성되는 포스핀의 몰수 역시 10몰이다.
- 표준상태에서 1몰의 기체가 갖는 부피는 22.4[L]이므로 10몰이면 224[L]이다.
- 결과값 : 224[L]

Core 036 / page Ⅰ-16

14 다음 그림을 보고 탱크의 내용적[m³]을 구하시오.

[1701]

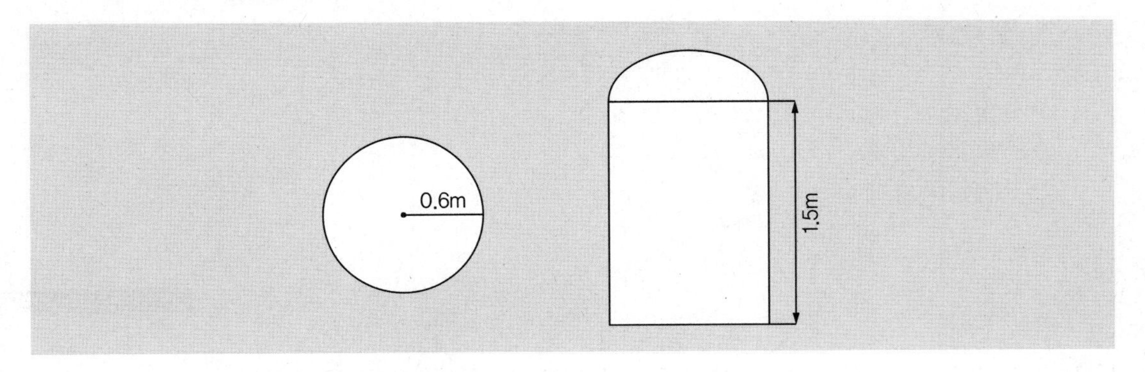

- 계산식 : $\pi \times 0.6^2 \times 1.5 = 1.696 = 1.70[m^3]$이다.
- 결과값 : $1.70[m^3]$

Core 097 / page Ⅰ-40

2012년 4회 기출복원문제

01 제1류 위험물의 성질로 옳은 것을 [보기]에서 골라 번호를 쓰시오. [1804/2104]

① 무기화합물	② 유기화합물	③ 산화체
④ 인화점이 0℃ 이하	⑤ 인화점이 0℃ 이상	⑥ 고체

• ①, ③, ⑥

Core 002 / page Ⅰ - 6

02 다음 물질을 연소 방식에 따라 분류하시오. [0702]

① 나트륨	② TNT	③ 에탄올
④ 금속분	⑤ 디에틸에테르	⑥ 피크르산

• 표면연소 : ①, ④
• 증발연소 : ③, ⑤
• 자기연소 : ②, ⑥

Core 137 / page Ⅰ - 54

03 보기의 각 위험물에 있어서 위험등급 Ⅱ에 해당하는 품명 2가지씩을 쓰시오.

① 제1류 위험물	② 제2류 위험물	③ 제4류 위험물

① 제1류 위험물 : 브롬산염류, 질산염류
② 제2류 위험물 : 황화린, 적린
③ 제4류 위험물 : 제1석유류, 알코올류

Core 075 / page Ⅰ - 30

04 제2종 분말약제의 1차 열분해 반응식을 쓰시오. [0801/1701]

- 열분해식 : $2KHCO_3 \rightarrow K_2CO_3 + CO_2 + H_2O$: 탄산칼륨+ 이산화탄소+물

Core 142 / page I－55

05 제조소의 보유공지를 설치하지 않을 수 있는 격벽설치 기준이다. 빈칸을 채우시오.

① 방화벽은 내화구조로 할 것. 다만, 제(　)류 위험물인 경우 불연재료로 할 것
② 출입구 및 창에는 자동폐쇄식의 (　)방화문을 설치할 것

① 6　　② 갑종

Core 133 / page I－52

06 디에틸에테르가 2,000[L]가 있다. 소요단위는 얼마인지 계산하시오. [0802/1804]

- 소요단위를 구하기 위해서는 지정수량의 배수를 구해야 한다.
- 디에틸에테르($C_2H_5OC_2H_5$)의 지정수량은 50[L]이다.
- 지정수량의 배수는 저장수량/지정수량으로 2,000/50이므로 40이 된다.
- 소요단위는 40/10이므로 4가 된다.
- 결과값 : 4

Core 085 / page I－34

07 인화알루미늄과 물의 반응식을 쓰시오. [1901]

- 물과의 반응식 : $AlP + 3H_2O \rightarrow Al(OH)_3 + PH_3$: 수산화알루미늄+포스핀

Core 036 / page I－16

08 **제1종 판매취급소의 시설기준이다. 빈칸을 채우시오.** [1704/2001]

> 가) 위험물을 배합하는 실은 바닥면적은 (①)m^2 이상 (②)m^2 이하로 한다.
> 나) (③) 또는 (④)로 된 벽으로 한다.
> 다) 바닥은 위험물이 침투하지 아니하는 구조로 하여 적당한 경사를 두고 (⑤)를 설치하여야 한다.
> 라) 출입구 문턱의 높이는 바닥면으로부터 (⑥)m 이상으로 해야 한다.

① 6	② 15	③ 내화구조
④ 불연재료	⑤ 집유설비	⑥ 0.1

Core 126 / page Ⅰ - 50

09 **트리에틸알루미늄 228g이 물과 반응 시 반응식과 발생하는 가연성 가스의 부피는 표준상태에서 몇 L인지 쓰시오.** [0804/1904]

- 물과의 반응식 : $(C_2H_5)_3Al + 3H_2O \rightarrow Al(OH)_3 + 3C_2H_6$: 수산화알루미늄+에탄
- 생성되는 기체 에탄의 기체 부피를 구하려면 반응식에서 볼 때 1몰의 트리에틸알루미늄이 반응했을 때 3몰의 에탄이 생성되므로 이를 이용한다.
- 트리에틸알루미늄의 분자량은 [(12×2)+(1×5)]×3+27=114[g/mol]이다.
- 228g은 2몰의 트리에틸알루미늄의 분량이므로 에탄은 총 6몰에 해당하고, 0℃, 1기압에서 기체의 부피는 22.4[L/mol]이므로 6×22.4=134.4[L]가 생성됨을 알 수 있다.
- 결과값 : 134.4[L]

Core 027 / page Ⅰ - 14

10 **제3류 위험물인 나트륨에 관한 내용이다. 다음 물음에 답을 답하시오.**

> ① 나트륨의 연소반응식을 쓰시오.
> ② 나트륨의 완전분해 시 색상을 쓰시오.

① 연소반응식 : $4Na + O_2 \rightarrow 2Na_2O$: 산화나트륨
② 노란색

Core 026 / page Ⅰ - 13

11 다음은 위험물 운반기준이다. 빈칸을 채우시오. [1501/1604]

가) 고체위험물은 운반용기 내용적의 (①) % 이하의 수납율로 수납할 것
나) 액체위험물은 운반용기 내용적의 (②)% 이하의 수납율로 수납하되, (③)도의 온도에서 누설되지 아니하도록 충분한 공간용적을 유지하도록 할 것

① 95 ② 98 ③ 55

Core 089 / page Ⅰ - 37

12 이산화탄소 소화설비에 관한 내용이다. 다음 각 물음에 답하시오.

① 저압식 저장용기에는 액면계 및 압력계와 ( )Mpa 이상 ( )Mpa 이하의 압력에서 작동하는 압력경보장치를 설치할 것
② 저압식 저장용기에는 용기 내부의 온도를 영하 ( )℃ 이상 영하 ( )℃ 이하로 유지할 수 있는 자동냉동기를 설치할 것

① 2.3, 1.9 ② 20, 18

Core 141 / page Ⅰ - 55

2013년 1회 기출복원문제

01 흑색화약의 원료 3가지 중 위험물인 것 2가지의 명칭과 각각의 지정수량을 쓰시오.

① 질산칼륨(KNO_3) : 300kg

② 유황(S) : 100kg

Core 077 / page Ⅰ - 31

02 탄화알루미늄이 물과 반응할 때의 화학반응식을 쓰시오. [0704/2104]

• 반응식 : $Al_4C_3 + 12H_2O \rightarrow 4Al(OH)_3 + 3CH_4$: 수산화알루미늄+메탄

Core 038 / page Ⅰ - 16

03 제3종 분말소화약제의 주성분 화학식을 쓰시오. [1801]

• 3종분말의 주성분은 인산암모늄($NH_4H_2PO_4$)이다.

Core 142 / page Ⅰ - 55

04 옥내저장소에 옥내소화전설비를 3개 설치할 경우 필요한 수원의 양은 몇 m^3인지 계산하시오. [1702]

• 수원의 수량은 옥내소화전 설치개수×7.8m^3이므로 3×7.8m^3=23.48[m^3]이다.

• 결과값 : 23.48[m^3]

Core 149 / page Ⅰ - 58

05 어떤 물질이 히드라진과 만나면 격렬히 반응하고 폭발한다. 해당 물질에 대한 다음 물음에 답하시오.

① 이 물질이 위험물일 조건을 쓰시오.
② 이 물질과 히드라진의 폭발 반응식을 쓰시오.

- 히드라진(N_2H_4)과 접촉 시 분해작용으로 인해 폭발위험이 있는 물질은 과산화수소(H_2O_2)이다.

① 과산화수소(H_2O_2)가 위험물이 되기 위해서는 농도가 36중량% 이상인 경우이다.
② 폭발 반응식 : $2H_2O_2 + N_2H_4 \rightarrow 4H_2O + N_2$: 물+질소

Core 069 / page Ⅰ - 27

06 조해성이 없는 황화린이 연소 시 생성되는 물질 2가지를 화학식으로 쓰시오.

[1001]

- 조해성이 없는 황화린은 삼황화린(P_4S_3)이다.
- 삼황화린(P_4S_3)의 연소 반응식은 $P_4S_3 + 8O_2 \rightarrow 2P_2O_5 + 3SO_2$: 오산화린+이산화황이다.
- 따라서 연소 시 생성되는 물질은 오산화린(P_2O_5)과 이산화황(SO_2)이다.

Core 018 / page Ⅰ - 11

07 셀프용 고정주유설비의 기준에 관한 내용이다. 다음 빈칸을 채우시오.

1회의 연속주유량 및 주유시간의 상한을 미리 설정할 수 있는 구조일 것. 이 경우 주유량의 상한은 휘발유는 (①)L 이하, 경유는 (②)L 이하로 하며, 주유시간의 상한은 (③)분 이하로 한다.

① 100 ② 200 ③ 4

Core 129 / page Ⅰ - 51

08 위험물 제조소에 200m³와 100m³의 탱크가 각각 1개씩 2개가 있다. 탱크 주위로 방유제를 만들 때 방유제의 용량[m³]은 얼마 이상이어야 하는지를 쓰시오.

[1004/1604]

- 방유제의 용량은 $(200 \times 0.5) + (100 \times 0.1) = 110[m^3]$ 이상이어야 한다.
- 결과값 : $110[m^3]$

Core 117 / page Ⅰ - 47

09 **알킬알루미늄 및 아세트알데히드 등의 취급기준에 관한 내용이다. 다음 빈칸을 채우시오.**

> ① 알킬알루미늄 등의 이동탱크저장소에 있어서 이동저장탱크로부터 알킬알루미늄 등을 꺼낼 때에는 동시에 ( )kPa 이하의 압력으로 불활성의 기체를 봉입할 것
> ② 아세트알데히드 등의 이동탱크저장소에 있어서 이동저장탱크로부터 아세트알데히드 등을 꺼낼 때에는 동시에 ( )kPa 이하의 압력으로 불활성의 기체를 봉입할 것

① 200 ② 100

Core 106 / page I - 43

10 **압력수조를 이용한 가압송수장치에서 압력수조의 필요한 압력을 구하기 위한 공식이다. 괄호에 들어갈 내용을 골라 알파벳으로 쓰시오.**

$$P = p_1 + (\quad) + (\quad) + 0.35[\text{MPa}]$$

A : 전양정[MPa]	B : 필요한 압력[MPa]
C : 소방용 호스의 마찰손실수두압[Mpa]	D : 배관의 마찰손실수두압[MPa]
E : 방수압력 환산수두[MPa]	F : 낙차의 환산수두압[MPa]

• D, F

Core 152 / page I - 59

11 **벤젠, 경유, 등유를 각각 1,000[L]씩 저장할 경우 지정수량은 몇 배인지 계산하시오.**

• 벤젠은 제1석유류(비수용성)로 지정수량은 200L, 경유와 등유는 제2석유류(비수용성)로 지정수량은 1,000L이다.
• 벤젠은 1,000/200=5배, 경유와 등유는 각각 1,000/1,000=1배씩이다.
• 합치면 5+1+1=7배이다.
• 결과값 : 7배

Core 041 / page I - 18

12 **제1류 위험물 중 위험등급 Ⅰ인 품명을 2가지 쓰시오.**

① 아염소산염류　　　② 염소산염류

• 그 외 과염소산염류, 무기과산화물 등이 있다.

Core 074 / page Ⅰ-29

13 **제4류 위험물의 인화점에 관한 내용이다. 다음 빈칸을 채우시오.** [1001/1401]

제1석유류	인화점이 섭씨 (①)도 미만인 것
제2석유류	인화점이 섭씨 (①)도 이상 (②)도 미만인 것
제3석유류	인화점이 섭씨 (②)도 이상 섭씨 (③)도 미만인 것
제4석유류	인화점이 섭씨 (③)도 이상 섭씨 (④)도 미만의 것

① 21　　　② 70

③ 200　　　④ 250

Core 039 / page Ⅰ-17

2013년 2회 기출복원문제

01 빈칸을 채우시오. [0602]

> 황린의 화학식은 (①)이며, (②)의 흰 연기가 발생하고 (③) 속에 저장한다.

① P_4　　② 오산화린(P_2O_5)　　③ pH9인 알칼리 물

Core 029 / page Ⅰ-14

02 ANFO 폭약의 물질로서 산화성인 물질에 대해 다음 물음에 답하시오. [2004]

> ① 폭탄을 제조하는 물질의 화학식을 쓰시오.
> ② 질소, 산소, 물이 생성되는 분해반응식을 쓰시오.

① 질산암모늄(NH_4NO_3)
② 분해반응식 : $2NH_4NO_3 \rightarrow 2N_2 + O_2 + 4H_2O$: 질소+산소+물

Core 011 / page Ⅰ-8

03 지하저장탱크 2개에 경유 15,000[L], 휘발유 8,000[L]를 인접해 설치하는 경우 그 상호간에 몇 m 이상의 간격을 유지하여야 하는가? [1801]

- 지하저장탱크의 용량의 합계가 지정수량의 100배 이하이면 0.5m, 100배를 초과하면 1m의 간격을 두어야한다.
- 휘발유는 제1석유류(비수용성)로 지정수량은 200L, 경유는 제2석유류(비수용성)로 지정수량은 1,000L이다.
- 휘발유는 8,000/200=40배, 경유는 15,000/1,000=15배이다.
- 지정수량은 40+15=55배이므로 지하저장탱크의 간격은 0.5m 이상 유지한다.
- 결과값 : 0.5[m]

Core 041 · 100 / page Ⅰ-18 · 41

04 제4류 위험물인 알코올류에서 제외되는 경우에 대한 내용이다. 빈칸을 채우시오.

[2101]

가) 1분자를 구성하는 탄소원자의 수가 1개 내지 (①)개의 포화1가 알코올의 함량이 (②)중량% 미만인 수용액
나) 가연성 액체량이 60중량% 미만이고 인화점 및 연소점이 에틸알코올 (③)중량% 수용액의 인화점 및 연소점을 초과하는 것

① 3 ② 60 ③ 60

Core 040 / page Ⅰ - 17

05 2mL 소량의 시료를 사용하여 인화의 위험성을 측정하는 인화점 측정기를 쓰시오.

• 신속평형법 인화점 측정기

Core 155 / page Ⅰ - 60

06 제6류 위험물과 혼재 가능한 위험물은 무엇인가?

[0504/1901]

• 제1류 위험물

Core 080 / page Ⅰ - 32

07 다음 빈칸을 채우시오.

제조소에서 건축물 등은 부표의 기준에 의하여 불연재료로 된 방화상 유효한 (   )을 설치하는 경우에는 동표의 기준에 의하여 안전거리를 단축할 수 있다.

• 담 또는 벽

Core 118 / page Ⅰ - 47

08 다음 보기의 빈칸을 채우시오.

[0902]

과산화수소는 그 농도가 (①)중량% 이상인 것에 한하며, 지정수량은 (②)이다.

① 36　　　　② 300kg

Core 068 / page Ⅰ - 27

09 제5류 위험물인 트리니트로페놀의 구조식과 지정수량을 쓰시오.

[0801/1002/1601/1701/1804]

① 피크린산[$C_6H_2OH(NO_2)_3$]의 구조식

② 지정수량 : 200kg

Core 067 / page Ⅰ - 26

10 제1류 위험물인 염소산칼륨에 관한 내용이다. 다음 각 물음에 답하시오.

[1001/1704]

① 완전분해 반응식을 쓰시오.
② 염소산칼륨 24.5kg이 표준상태에서 완전분해 시 생성되는 산소의 부피[m^3]를 구하시오.

① 반응식 : $2KClO_3 \rightarrow 2KCl + 3O_2$: 염화칼륨+산소

② • 염소산칼륨의 분자량은 39+35.5+(16×3)=122.5[g/mol]이다. 즉, 245(122.5×2)g의 염소산칼륨이 완전분해되었을 때 산소 3몰이 생성된다. 1몰일 때 22.4[L]이므로 3몰이면 67.2[L]이 생성된다.

• 염소산칼륨이 24.5kg이 분해된다고 하면 산소는 $\frac{67.2 \times 24.5 \times 1,000}{245} = 6,720$[L]이 생성되는데 이를 [$m^3$]으로 변환하여 소수점아래 셋째자리에서 반올림하여 구하면 6.72[m^3]이 된다.

• 결과값 : 6.72[m^3]

Core 004 / page Ⅰ - 7

11 제4류 위험물 중 옥외저장소에 보관 가능한 물질 4가지를 쓰시오. [1701/2104]

① 알코올류　　② 제2석유류
③ 제3석유류　　④ 제4석유류

Core 094 / page I - 39

12 다음 표는 제3류 위험물의 지정수량에 대한 내용이다. 빈칸을 채우시오.

품명	지정수량	품명	지정수량
칼륨	①	(⑤)	20kg
나트륨	②	알칼리금속 및 알칼리토금속	⑥
알킬알루미늄	③	유기금속화합물	⑦
(④)	10kg		

①~③ 10kg　　④ 알킬리튬
⑤ 황린　　⑥~⑦ 50kg

Core 024 / page I - 13

13 소화난이도등급 Ⅰ에 해당하는 제조소 · 일반취급소에 관한 내용이다. 다음 빈칸을 채우시오. [1004]

① 연면적 (　　)m^2 이상인 것
② 지반면으로부터 (　　)m 이상의 높이에 위험물 취급설비가 있는 것

① 1,000　　② 6

Core 123 / page I - 49

2013년 4회 기출복원문제

01 보기의 동식물유류를 요오드값에 따라 건성유, 반건성유, 불건성유로 분류하시오. [0604/1604/2003]

① 아마인유	② 야자유	③ 들기름
④ 쌀겨유	⑤ 목화씨유	⑥ 땅콩유

- 건성유 : ①, ③
- 반건성유 : ④, ⑤
- 불건성유 : ②, ⑥

Core 059 / page Ⅰ-23

02 에틸렌과 산소를 $CuCl_2$의 촉매 하에 생성된 물질로 인화점이 -39℃, 비점이 21℃, 연소범위가 4.1~57%인 특수인화물의 시성식, 증기비중, 산화 시 생성되는 4류 위험물을 쓰시오. [1801]

① 명칭(시성식) : 아세트알데히드(CH_3CHO)

② • 증기비중을 구하려면 분자량을 구해야 한다. 아세트알데히드의 분자량은 $12+(1\times3)+12+1+16=44$[g/mol]이다. 증기비중은 $\frac{44}{29}=1.517\cdots$이고 소수점 아래 셋째자리에서 반올림하면 1.52가 된다.

• 결과값 : 1.52

③ 산화 반응식 : $CH_3CHO+\frac{1}{2}O_2\rightarrow CH_3COOH$: 초산(아세트산)

생성되는 물질은 초산(아세트산, CH_3COOH)이다.

Core 046 · 157 / page Ⅰ-19 · 61

03 알루미늄이 건설현장에서 많이 사용되는 이유는 공기 중에서 산화될 때 산화알루미늄 피막을 형성하기 때문이다. 산화반응식을 쓰시오.

- 알루미늄 산화반응식 : $4Al+3O_2\rightarrow2Al_2O_3$: 산화알루미늄

Core 022 / page Ⅰ-12

04 위험물관리법에서 정한 특수인화물일 조건을 2가지 쓰시오.

① 이황화탄소, 디에틸에테르 그 밖에 1기압에서 발화점이 섭씨 100도 이하인 것
② 인화점이 섭씨 영하 20도 이하이고 비점이 섭씨 40도 이하인 것

Core 039 / page Ⅰ - 17

05 염소산염류 중 분자량이 106.5이고, 철제용기를 부식시키므로 철제에 저장해서는 안 되는 위험물의 화학식을 쓰시오.

• 염소산나트륨($NaClO_3$)

Core 005 / page Ⅰ - 7

06 옥외저장소에 옥외소화전설비를 6개 설치할 경우 필요한 수원의 양은 몇 m^3인지 계산하시오. [1804/2104]

• 수원의 수량은 옥외소화전 설치(4개 이상인 경우 4개)개수×13.5m^3이므로 4×13.5m^3=54[m^3]이다.
• 결과값 : 54[m^3]

Core 149 / page Ⅰ - 58

07 트리에틸알루미늄[$(C_2H_5)_3Al$]과 물의 반응식과 발생된 가스의 명칭을 쓰시오. [0904/2104]

① 물과의 반응식 : $(C_2H_5)_3Al + 3H_2O \rightarrow Al(OH)_3 + 3C_2H_6$: 수산화알루미늄+에탄
② 생성되는 기체는 에탄(C_2H_6)이다.

Core 027 / page Ⅰ - 14

08 옥외저장탱크 · 옥내저장탱크 또는 지하저장탱크 중 압력탱크 외의 탱크 또는 압력탱크에 저장할 경우에 유지하여야 하는 온도를 쓰시오.

압력탱크 외의 탱크에 저장				압력탱크에 저장	
산화프로필렌	①	아세트알데히드	②	디에틸에테르	③

① 30℃ ② 15℃ ③ 40℃

Core 096 / page Ⅰ - 40

09 혼재 불가능한 위험물은 저장이 불가능하다. 옥내저장소 또는 옥외저장소에 혼재하여 보관할 수 있는 위험물에 대한 설명이다. (   )을 채우시오.

> ① 제1류 위험물(무기과산화물류 제외)과 제(   )류 위험물
> ② 제1류 위험물과 제(   )류 위험물
> ③ 제(   )류 위험물과 제3류 위험물(자연발화성물질)

① 5　　② 6　　③ 1

Core 081 / page I – 33

10 이동저장탱크의 구조와 이송취급소의 구조에서 안전장치에 관한 내용이다. 빈칸을 채우시오.

> ① 상용압력이 20kPa를 초과하는 탱크에 있어서는 상용압력의 ( )배 이하의 압력에서 작동하는 것으로 할 것
> ② 배관계에는 배관 내의 압력이 최대상용압력을 초과하거나 유격작용 등에 의하여 생긴 압력이 최대상용압력의 ( )배를 초과하지 아니하도록 제어하는 장치를 설치할 것

① 1.1　　② 1.1

Core 130 / page I – 51

11 제5류 위험물인 질산에스테르류와 니트로화합물의 종류를 각각 3가지씩 쓰시오.

① 질산에스테르류 : 질산메틸, 질산에틸, 니트로글리세린
② 니트로화합물 : 트리니트로톨루엔, 트리니트로페놀, 디노셉

Core 062 / page I – 25

12 제3류 위험물인 탄화칼슘(카바이트)과 물의 반응식을 쓰시오. [1001/1801]

• 탄화칼슘(CaC_2)과 물의 반응식 : $CaC_2 + 2H_2O \rightarrow Ca(OH)_2 + C_2H_2$: 수산화칼슘+아세틸렌

Core 037 / page I – 16

2014년 1회 기출복원문제

01 **알루미늄의 완전 연소식과 염산과의 반응 시 생성가스를 쓰시오.**

① 완전 연소식 : $4Al+3O_2 \rightarrow 2Al_2O_3$: 산화알루미늄

② 염산과의 반응식 : $2Al+6HCl \rightarrow 2AlCl_3+3H_2$: 염화알루미늄+수소
생성가스는 수소(H_2)이다.

Core 031 / page Ⅰ-15

02 **다음 표에 할로겐 화학식을 쓰시오.** [0802]

할론1301	할론2402	할론1211
①	②	③

① CF_3Br　② $C_2F_4Br_2$　③ CF_2ClBr

Core 143 / page Ⅰ-56

03 **이황화탄소(CS_2) 5kg이 모두 증발할 때 발생하는 독가스의 부피를 구하시오.(단, 기준온도는 25℃이다)**

- 완전연소 반응식 : $CS_2+3O_2 \rightarrow 2SO_2+CO_2$: 이산화황+이산화탄소
- 발생하는 독가스는 이산화황(SO_2)이다.
- 이상기체방정식 : $PV=\frac{W}{M}RT$에서 $V=\frac{WRT}{PM}$이다. 여기서 V(부피 L), W(무게 g), M(분자량 [g/mol]), R(기체상수 0.082), T(절대온도 K), P(압력 atm)을 의미한다.
- 이황화탄소의 분자량은 12+ 32×2=76[g/mol]이다.
- 이황화탄소 1몰을 물과 반응시켰을 때 2몰의 독가스가 발생되므로 이상기체방정식의 결과에 2를 곱해줘야 한다.
- 따라서 발생하는 독가스(황화수소)의 부피는 $2\times\frac{5\times10^3\times0.082\times(273+25)}{1\times76}=\frac{122,180}{76}=1607.63\cdots$[L]이다. 이를 m^3으로 변환하여 소수점아래 둘째자리에서 반올림하면 1.61[m^3]이 된다.
- 결과값 : 1.61[m^3]

Core 043 / page Ⅰ-19

04 Ca_3P_2에 대한 다음 각 물음에 대해 답을 쓰시오.

[0601/0704/0802/1501/1602]

① 지정수량을 쓰시오.
② 물과의 반응 시 생성되는 가스의 화학식을 쓰시오.

① 지정수량 : 300[kg]
② 반응식 : $Ca_3P_2 + 6H_2O \rightarrow 3Ca(OH)_2 + 2PH_3$: 수산화칼슘+포스핀(인화수소)

Core 035 / page Ⅰ - 15

05 제4류 위험물인 에틸알코올에 대한 다음 각 물음에 답하시오.

[0902/2004]

① 에틸알코올의 연소반응식을 쓰시오.
② 에틸알코올과 칼륨의 반응에서 발생하는 기체의 명칭을 쓰시오.
③ 에틸알코올의 구조이성질체로서 디메틸에테르의 화학식을 쓰시오.

① 에틸알코올의 반응식 : $C_2H_5OH + 3O_2 \rightarrow 2CO_2 + 3H_2O$: 이산화탄소+물
② 에틸알코올과 칼륨의 반응식 : $2C_2H_5OH + 2K \rightarrow 2C_2H_5OK + H_2$: 칼륨에틸레이트+수소
에틸알코올과 칼륨이 반응하면 수소가 발생한다.
③ 디메틸에테르(CH_3OCH_3)

Core 054 / page Ⅰ - 21

06 제6류 위험물로 분자량이 63, 갈색증기를 발생시키고 염산과 혼합되어 금과 백금을 부식시킬 수 있는 것은 무엇인지 화학식과 지정수량을 쓰시오.

[0702/2104]

① 화학식 : 질산(HNO_3)
② 지정수량 : 300kg

Core 071 / page Ⅰ - 28

07 제5류 위험물인 과산화벤조일의 구조식을 그리시오.

[1001]

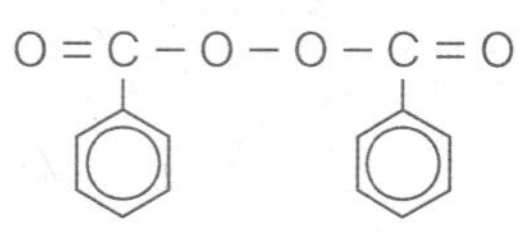

Core 064 / page Ⅰ - 25

08 과산화나트륨(Na_2O_2) 1kg이 물과 반응할 때 생성된 기체는 350℃, 1기압에서의 체적은 몇 [L]인가? [0801]

- 과산화나트륨과 물의 반응식 : $2Na_2O_2 + 2H_2O \rightarrow 4NaOH + O_2$로 생성된 기체는 산소($O_2$)이다.
- 이상기체방정식 : $PV = \frac{W}{M}RT$에서 $V = \frac{WRT}{PM}$이다. 여기서 V(부피 L), W(무게 g), M(분자량 [g/mol]), R(기체상수 0.082), T(절대온도 K), P(압력 atm)을 의미한다.
- 과산화나트륨의 반응으로 발생하는 산소의 부피를 구하는 문제이므로 주어진 과산화나트륨을 이용해서 기체의 부피를 구할 경우 1/2을 곱해주어야 함을 먼저 고려한다.(과산화나트륨 2몰을 물과 반응시켰을 경우 1몰의 산소가 발생하므로)
- 이상기체방정식을 적용하기 위해 과산화나트륨의 분자량을 구하면 (23×2)+(16×2)=78[g/mol]이다.
- 절대온도는 273+350=623[K]이다.
- 따라서 발생하는 산소의 부피는 $\frac{1}{2} \times \frac{1000 \times 0.082 \times 623}{1 \times 78} = \frac{51,086}{156} = 327.47$[L]이다.
- 결과값 : 327.47[L]

Core 009 / page Ⅰ - 8

09 제1류 위험물과 혼재 불가능한 위험물을 모두 쓰시오. [0602]

① 제2류 위험물 ② 제3류 위험물
③ 제4류 위험물 ④ 제5류 위험물

Core 080 / page Ⅰ - 32

10 벤젠(C_6H_6) 16g 증발 시 70℃에서 수증기의 부피는 몇 [L]인지 쓰시오. [0801]

- 이상기체방정식 : $PV = \frac{W}{M}RT$에서 $V = \frac{WRT}{PM}$이다. 여기서 V(부피 L), W(무게 g), M(분자량 [g/mol]), R(기체상수 0.082), T(절대온도 K), P(압력 atm)을 의미한다.
- 이상기체방정식을 적용하기 위해 벤젠의 분자량을 구하면 (12×6)+(1×6)=78[g/mol]이다.
- 절대온도는 273+70=343[K]이다.
- 따라서 증발하는 수증기의 부피는 $\frac{16 \times 0.082 \times 343}{1 \times 78} = \frac{450.016}{78} = 5.769$이므로 소수점아래 셋째자리에서 반올림하면 5.77[L]이다.
- 결과값 : 5.77[L]

Core 047 / page Ⅰ - 20

11 제4류 위험물의 인화점에 관한 내용이다. 다음 빈칸을 채우시오.

[1001/1301]

제1석유류	인화점이 섭씨 (①)도 미만인 것
제2석유류	인화점이 섭씨 (②)도 이상 (③)도 미만인 것

① 21　② 21　③ 70

Core 039 / page Ⅰ-17

12 황린의 완전연소반응식을 쓰시오.

[0702/1202/1901]

• 반응식 : $P_4+5O_2 \rightarrow 2P_2O_5$: 오산화린

Core 029 / page Ⅰ-14

2014년 2회 기출복원문제

01 제조소 또는 일반취급소에서 취급하는 제4류 위험물의 최대수량의 합이 지정수량의 48만 배 이상인 사업소의 자체소방대 인원의 수와 소방차의 대수를 쓰시오. [1102]

① 20인 ② 4대

Core 148 / page I - 58

02 트리에틸알루미늄[$(C_2H_5)_3Al$]과 물의 반응식을 쓰시오. [1104]

• 물과의 반응식 : $(C_2H_5)_3Al + 3H_2O \rightarrow Al(OH)_3 + 3C_2H_6$: 수산화알루미늄+에탄

Core 027 / page I - 14

03 크실렌 이성질체 3가지에 대한 명칭과 구조식을 쓰시오. [0604/1501]

명칭	o-크실렌	m-크실렌	p-크실렌
구조식	CH_3, CH_3 (벤젠고리 1,2-위치)	CH_3, CH_3 (벤젠고리 1,3-위치)	CH_3, CH_3 (벤젠고리 1,4-위치)

Core 056 / page I - 22

04 소화난이도 등급 Ⅰ의 제조소 또는 일반취급소에 반드시 설치해야 할 소화설비 종류 3가지를 쓰시오. [0601]

① 옥내소화전설비 ② 옥외소화전설비 ③ 스프링클러설비

Core 124 / page I - 49

05 주유취급소에 "주유 중 엔진정지" 게시판에 사용하는 색깔과 규격을 쓰시오. [0701/1802]

① 바탕 : 황색

② 문자 : 흑색

③ 규격 : 한 변의 길이가 0.3m 이상, 다른 한 변의 길이가 0.6m 이상인 직사각형

Core 083 / page Ⅰ-33

06 옥외저장소에 저장되어 있는 드럼통에 중요 위험물만을 쌓을 경우 다음 각 물음에 답하시오.

> ① 기계에 의하여 하역하는 구조로 된 용기만을 겹쳐 쌓는 경우의 한계 저장 높이
> ② 옥외저장소에서 위험물을 수납한 용기를 선반에 저장하는 경우의 한계 저장 높이
> ③ 중유만을 저장할 경우 한계 저장 높이

① 6m

② 6m

③ 중유는 제3석유류이므로 4m

Core 095 / page Ⅰ-39

07 다음 빈칸을 채우시오. [0701/0704/1702]

> 특수인화물이라 함은 이황화탄소, 디에틸에테르 그 밖에 1기압에서 발화점이 섭씨 (①)℃ 이하인 것 또는 인화점이 섭씨 영하 (②)℃ 이하이고 비점이 섭씨 (③)℃ 이하인 것을 말한다.

① 100 ② 20 ③ 40

Core 039 / page Ⅰ-17

08 마그네슘과 물이 접촉하는 화학반응식과 마그네슘 화재 시 주수소화가 안 되는 이유를 쓰시오. [1201]

① 반응식 : $Mg+2H_2O \rightarrow Mg(OH)_2+H_2$: 수산화마그네슘+수소

② 주수소화 안 되는 이유 : 마그네슘과 물이 접촉하면 수소가스를 발생시켜 폭발의 위험이 있다.

Core 021 / page Ⅰ-11

09 **과산화나트륨의 완전분해 반응식과 과산화나트륨(Na_2O_2) 1kg이 표준상태에서 물과 반응할 때 생성되는 산소의 부피는 몇 [L]인가?**

① 과산화나트륨의 완전분해 반응식 : $2Na_2O_2 \rightarrow 2Na_2O + O_2$: 산화나트륨+산소

② 과산화나트륨 1kg이 물과 반응할 때 생성되는 산소의 부피

- 과산화나트륨과 물의 반응식 : $2Na_2O_2 + 2H_2O \rightarrow 4NaOH + O_2$로 생성된 기체는 산소($O_2$)이다.
- 표준상태이므로 이상기체방정식을 이용하지 않더라도 구할 수 있다.
- 과산화나트륨의 분자량을 구하면 (23×2)+ (16×2)=78[g/mol]이다. 즉 과산화나트륨 156g으로 산소 1몰(22.4[L])이 생성되므로 1kg(1,000g)일 때 생성되는 산소의 부피는 $\frac{22.4 \times 1,000}{156} = 143.5897\cdots$이므로 소수점 아래 셋째자리에서 반올림하여 구하면 143.59[L]이다.
- 결과값 : 143.59[L]

Core 009 / page I - 8

10 **CS_2는 물을 이용하여 소화가 가능하다. 이 물질의 비중과 소화효과를 비교해 상세히 설명하시오.** [0704]

- 이황화탄소의 비중은 1.26으로 물보다 무겁고 물에 녹지 않으므로 산소공급원을 차단하는 질식소화가 가능하다.

Core 043 / page I - 19

11 **제3류 위험물 중 물과 반응성이 없고 공기 중에서 반응하여 흰 연기를 발생시키는 물질명과 지정수량을 쓰시오.**

① 물질명 : 황린(P_4) ② 지정수량 : 20kg

Core 029 / page I - 14

12 **금속나트륨과 에탄올의 반응식과 반응 시 발생되는 가스의 명칭을 쓰시오.** [0702]

① 반응식 : $2Na + 2C_2H_5OH \rightarrow 2C_2H_5ONa + H_2$: 나트륨에틸레이트+수소

② 발생되는 가스는 수소(H_2)이다.

Core 026 / page I - 13

2014년 4회 기출복원문제

01 칼슘과 물이 접촉했을 때의 반응식을 쓰시오. [0701]

• 반응식 : $Ca + 2H_2O \rightarrow Ca(OH)_2 + H_2$: 수산화칼슘+수소

Core 032 / page I - 15

02 다음 표에 혼재 가능한 위험물은 "○", 혼재 불가능한 위험물은 "×"로 표시하시오. [1001/1601/1704/2001]

위험물의 구분	제1류	제2류	제3류	제4류	제5류	제6류
제1류		×	×	×	×	○
제2류	×		×	○	○	×
제3류	×	×		○	×	×
제4류	×	○	○		○	×
제5류	×	○	×	○		×
제6류	○	×	×	×	×	

Core 080 / page I - 32

03 트리에틸알루미늄과 메탄올 반응 시 폭발적으로 반응한다. 이때의 화학반응식을 쓰시오. [0502/1101/1804]

• 반응식 : $(C_2H_5)_3Al + 3CH_3OH \rightarrow Al(CH_3O)_3 + 3C_2H_6$: 트리메톡시알루미늄+에탄

Core 027 / page I - 14

04 제1류 위험물인 알칼리금속과산화물의 운반용기 외부에 표시하는 주의사항 4가지를 쓰시오. [0904/1802]

① 화기주의 ② 충격주의
③ 물기엄금 ④ 가연물접촉주의

Core 086 / page I - 34

05 **제2류 위험물인 오황화린과 물의 반응식과 발생 물질 중 기체상태인 것은 무엇인지 쓰시오.** [0602]

① 반응식 : $P_2S_5 + 8H_2O \rightarrow 2H_3PO_4 + 5H_2S$: 올소인산+황화수소

② 발생 기체 : 황화수소

Core 018 / page Ⅰ - 11

06 **다음 에탄올의 완전연소 반응식을 쓰시오.** [0502/1104/1801]

• 반응식 : $C_2H_5OH + 3O_2 \rightarrow 2CO_2 + 3H_2O$: 이산화탄소+물

Core 054 / page Ⅰ - 21

07 **빈칸을 채우시오.** [0804]

이동저장탱크는 그 내부에 (①)L 이하마다 (②)mm 이상의 강철판 또는 이와 동등 이상의 강도 · 내열성 및 내식성이 있는 금속성의 것으로 칸막이를 설치하여야 한다.

① 4,000 ② 3.2

Core 104 / page Ⅰ - 43

08 **제1종 분말소화약제의 주성분 화학식을 쓰시오.** [2104]

• 1종분말의 주성분은 중탄산나트륨($NaHCO_3$)이다.

Core 142 / page Ⅰ - 55

09 **원자량이 23, 불꽃반응 시 노란색을 띠는 물질의 원소기호와 지정수량을 쓰시오.**

① 물질 : 나트륨(Na)

② 지정수량 : 10kg

Core 026 / page Ⅰ - 13

10 다음 보기의 물질들을 인화점이 낮은 순으로 배열하시오. [0904/1201/1602/2004]

① 디에틸에테르	② 이황화탄소
③ 산화프로필렌	④ 아세톤

• ① → ③ → ② → ④

Core 060 / page Ⅰ - 23

11 주유취급소에 설치하는 탱크의 용량을 몇 [L] 이하로 하는지 다음 물음에 답하시오. [1102/1802]

① 비고속도로 주유설비	② 고속도로 주유설비

① 50,000　　② 60,000

Core 127 / page Ⅰ - 50

12 제4류 위험물 인화점에 대한 설명이다. 다음 빈칸을 채우시오. [1704]

제1석유류라 함은 아세톤, 휘발유 그 밖에 1기압에서 인화점이 섭씨 (　　　)인 것을 말한다.

• 21도 미만

Core 039 / page Ⅰ - 17

13 제조소 또는 일반취급소에서 취급하는 제4류 위험물의 최대수량의 합이 지정수량의 12만 배 이상 24만배 미만인 사업소의 자체소방대 인원의 수와 소방차의 대수를 쓰시오.

① 10인　　② 2대

Core 148 / page Ⅰ - 58

14 다음 표에 위험물의 류별 및 지정수량을 쓰시오. [1201]

품명	류별	지정수량	품명	류별	지정수량
칼륨	①	②	니트로화합물	⑤	⑥
질산염류	③	④	질산	⑦	⑧

품명	류별	지정수량	품명	류별	지정수량
칼륨	제3류 위험물	10kg	니트로화합물	제5류 위험물	200kg
질산염류	제1류 위험물	300kg	질산	제6류 위험물	300kg

Core 076 / page Ⅰ - 30

2015년 1회 기출복원문제

01 크실렌 이성질체 3가지에 대한 명칭과 구조식을 쓰시오. [0604/1402]

명칭	o−크실렌	m−크실렌	p−크실렌
구조식	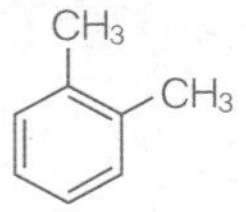 CH_3, CH_3 (벤젠 고리 1,2 위치)	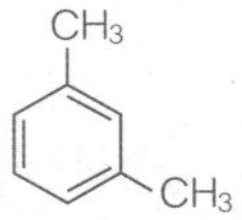 CH_3, CH_3 (벤젠 고리 1,3 위치)	 CH_3, CH_3 (벤젠 고리 1,4 위치)

Core 056 / page Ⅰ - 22

02 제5류 위험물 중 트리니트로톨루엔의 구조식을 그리시오.

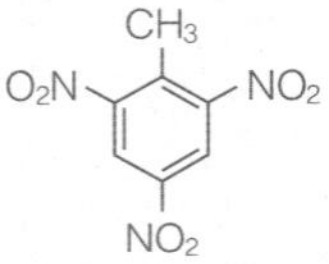

CH_3
O_2N NO_2
NO_2

Core 066 / page Ⅰ - 26

03 금속칼륨을 주수소화하면 안 되는 이유를 2가지 쓰시오.

① 금수성 물질로 물과 반응 시 가연성 가스인 수소가 발생하여 폭발의 위험이 있다.
② 물과 반응 시 심한 열을 발생시킨다.

Core 025 / page Ⅰ - 13

04 다음 위험물 중 비중이 1보다 큰 것을 보기에서 모두 골라 쓰시오.

① 이황화탄소 ② 글리세린 ③ 산화프로필렌
④ 클로로벤젠 ⑤ 피리딘

• ①, ②, ④

Core 061 / page Ⅰ - 24

05 이황화탄소의 연소반응식을 쓰시오.

• 연소반응식 : $CS_2 + 3O_2 \rightarrow 2SO_2 + CO_2$: 이산화황+이산화탄소

Core 043 / page Ⅰ-19

06 질산메틸의 증기비중을 구하시오.

[0704/1104]

• 질산메틸 CH_3ONO_2의 분자량 : 12+(1×3)+16+14+(16×2)=77[g/mol]이다.

증기비중은 $\frac{77}{29}$=2.655이므로 소수점 아래 셋째자리에서 반올림하여 2.66이 된다.

• 결과값 : 2.66

Core 065 · 157 / page Ⅰ-26 · 61

07 인화칼슘(Ca_3P_2)에 대한 다음 각 물음에 대해 답을 쓰시오.

[0601/0704/0802/1401/1602]

① 몇 류 위험물인지 쓰시오.
② 지정수량을 쓰시오.
③ 물과의 반응식을 쓰시오.
④ 발생가스의 명칭을 쓰시오.

① 인화칼슘은 자연발화성 및 금수성물질로 제3류 위험물에 속한다.
② 지정수량 : 300[kg]
③ 반응식 : $Ca_3P_2 + 6H_2O \rightarrow 3Ca(OH)_2 + 2PH_3$: 수산화칼슘+포스핀(인화수소)
④ 발생가스 : 유독성 및 가연성 가스인 포스핀(PH_3)

Core 035 / page Ⅰ-15

08 에틸렌(C_2H_4)을 산화시키면 생성되는 물질에 대한 다음 각 물음에 답하시오.

[0802]

① 생성되는 물질의 화학식을 쓰시오.
② 에틸렌의 산화반응식을 쓰시오.
③ 생성되는 물질의 품명을 쓰시오.
④ 생성되는 물질의 지정수량을 쓰시오.

① 생성되는 물질의 화학식 : $\underline{CH_3CHO}$(아세트알데히드)
② 에틸렌의 산화반응식 : $C_2H_4 + PdCl_2 + H_2O \rightarrow CH_3CHO + Pd + 2HCl$: 아세트알데히드+팔라듐+염산
③ 물질의 품명 : 아세트알데히드의 품명은 특수인화물이다.
④ 지정수량 : 특수인화물의 지정수량은 50[L]이다.

Core 046 / page Ⅰ-19

09 다음은 위험물의 운반기준이다. 다음 빈 칸을 채우시오.

[1204/1604]

① 고체위험물은 운반용기 내용적의 (①)% 이하의 수납율로 수납할 것
② 액체위험물은 운반용기 내용적의 (②)% 이하의 수납율로 수납하되, (③)℃의 온도에서 누설되지 아니하도록 충분한 공간용적을 유지하도록 할 것

① 95 ② 98 ③ 55

Core 089 / page Ⅰ-37

10 다음 제4류 위험물 저장소의 주의사항 게시판에 대한 각 물음에 대하여 답하시오.

① 게시판의 크기를 쓰시오.
② 게시판의 색상을 쓰시오.
③ 게시판의 주의사항을 쓰시오.

① 규격 : 한 변의 길이가 0.3m 이상, 다른 한 변의 길이가 0.6m 이상인 직사각형
② 색상 : 바탕은 적색, 문자는 백색
③ 화기엄금

Core 084 / page Ⅰ-34

11 황화린에 대한 다음 각 물음에 답하시오.

[0901]

① 이 위험물은 몇 류에 해당하는지 쓰시오.
② 이 위험물의 지정수량을 쓰시오.
③ 황화린의 종류 3가지를 화학식으로 쓰시오.

① 황화린은 가연성 고체에 해당하므로 제2류 위험물이다.
② 황화린은 지정수량이 적린, 유황과 함께 100kg이다.
③ 황화린은 황과 인의 성분에 따라 삼황화린(P_4S_3), 오황화린(P_2S_5), 칠황화린(P_4S_7)으로 구분된다.

Core 018 / page Ⅰ-11

12 제4류 위험물로 흡입 시 시신경 마비, 인화점 11℃, 발화점 464℃, 분자량 32인 위험물의 명칭과 지정수량을 쓰시오. [0801/1901]

① 명칭 : 메틸알코올(CH_3OH)

② 지정수량 : 400[L]

Core 053 / page Ⅰ - 21

13 위험물안전관리법령에 따른 위험물 저장 · 취급기준이다. 다음 빈 칸을 채우시오.

가) 제(①)류 위험물은 가연물과의 접촉 · 혼합이나 분해를 촉진하는 물품과의 접근 또는 과열 · 충격 · 마찰 등을 피하는 한편, 알카리금속의 과산화물 및 이를 함유한 것에 있어서는 물과의 접촉을 피하여야 한다.
나) 제(②)류 위험물은 산화제와의 접촉 · 혼합이나 불티 · 불꽃 · 고온체와의 접근 또는 과열을 피하는 한편, 철분 · 금속분 · 마그네슘 및 이를 함유한 것에 있어서는 물이나 산과의 접촉을 피하고 인화성 고체에 있어서는 함부로 증기를 발생시키지 아니하여야 한다.
다) 제(③)류 위험물은 불티 · 불꽃 · 고온체와의 접근 또는 과열을 피하고, 함부로 증기를 발생시키지 아니하여야 한다.

① 1　　② 2　　③ 4

Core 079 / page Ⅰ - 32

2015년 2회 기출복원문제

01 제1종 분말소화제의 열 분해 시 270℃에서의 반응식과 850℃에서의 반응식을 각각 쓰시오.

[0602/1801/2003]

① 270℃ 반응식 : $2NaHCO_3 \rightarrow Na_2CO_3 + CO_2 + H_2O$: 탄산나트륨+이산화탄소+물

② 850℃ 반응식 : $2NaHCO_3 \rightarrow Na_2O + 2CO_2 + H_2O$: 산화나트륨+이산화탄소+물

Core 142 / page Ⅰ-55

02 탄화칼슘 32g이 물과 반응하여 생성되는 기체가 완전연소하기 위한 산소의 부피(L)를 구하시오.

[0804/2001]

- 탄화칼슘(CaC_2)과 물의 반응식 : $CaC_2 + 2H_2O \rightarrow Ca(OH)_2 + C_2H_2$: 수산화칼슘+아세틸렌
- 탄화칼슘의 분자량은 40+(12×2)=64이다. 1몰의 탄화칼슘에서 발생되는 아세틸렌은 1몰이다.
- 주어진 탄화칼슘이 32g으로 0.5몰에 해당하므로 발생되는 아세틸렌도 0.5몰이다.
- 0.5몰의 아세틸렌(C_2H_2)을 완전연소시키는 반응식은 $2C_2H_2 + 5O_2 \rightarrow 4CO_2 + 2H_2O$이므로 1.25몰의 산소가 필요하다.
- 1몰의 산소가 갖는 부피는 22.4[L]이므로 1.25몰은 28[L]이다.
- 결과값 : 28[L]

Core 037 / page Ⅰ-16

03 질산암모늄 800g이 열분해되는 경우 발생기체의 부피[L]는 표준상태에서 전부 얼마인지 구하시오.

[1002/1901]

$$2NH_4NO_3 \rightarrow 2N_2 + O_2 + 4H_2O$$

- 질산암모늄(NH_4NO_3)의 분자량은 14+(1×4)+14+(16×3)=80[g/mol]이다.
- 질산암모늄 2몰이 열분해 되었을 때 질소 2몰과 산소 1몰, 그리고 수증기 4몰 총 7몰의 기체가 발생한다.
- 질산암모늄 800g은 10몰에 해당하므로 발생기체는 35몰이 발생한다. 표준상태에서 1몰의 기체는 22.4[L]의 부피를 가지므로 기체의 부피는 35×22.4=784[L]가 된다.
- 결과값 : 784[L]

Core 011 / page Ⅰ-8

04 인화점이 낮은 것부터 번호로 나열하시오.

① 이황화탄소	② 아세톤
③ 메틸알코올	④ 아닐린

• ① → ② → ③ → ④

Core 060 / page Ⅰ - 23

05 금속니켈 촉매 하에서 300℃로 가열하면 수소첨가반응이 일어나서 시클로헥산을 생성하는데 사용되는 분자량이 78인 물질과 구조식을 쓰시오.

① 물질 : 벤젠(C_6H_6)

② 구조식 : (벤젠 고리)

Core 047 / page Ⅰ - 20

06 유기과산화물과 혼재 불가능한 위험물을 모두 쓰시오. [1104]

• 유기과산화물은 자기반응성 물질에 해당하는 제5류 위험물이다. 제5류 위험물과 혼재가 불가능한 위험물은 제1류 위험물, 제3류 위험물, 제6류 위험물이다.

Core 080 / page Ⅰ - 32

07 위험물안전관리법령상 제4류 위험물 중 에틸렌글리콜, 시안화수소, 글리세린은 품명이 무엇인지 쓰시오.

① 에틸렌글리콜 : 제3석유류(수용성)
② 시안화수소 : 제1석유류(수용성)
③ 글리세린 : 제3석유류(수용성)

Core 041 / page Ⅰ - 18

08 다음 제5류 위험물 중 지정수량이 200kg인 품명을 3가지 쓰시오. [2101]

① 니트로화합물 ② 니트로소화합물 ③ 아조화합물

Core 062 / page Ⅰ - 25

09 제4류 위험물인 메틸알코올에 대한 다음 각 물음에 답하시오. [0904/2101]

> ① 완전연소반응식을 쓰시오.
> ② 생성물에 대한 몰수의 합을 쓰시오.

① 반응식 : $2CH_3OH + 3O_2 \rightarrow 2CO_2 + 4H_2O$: 이산화탄소+물

② 몰수의 합은 메틸알코올 2몰을 이용해서 반응시켰을 경우 6몰(2+4)의 생성물이 발생했으므로 1몰일 경우 3몰의 생성물이 발생한다.

Core 053 / page Ⅰ - 21

10 다음은 지하저장탱크에 관한 내용이다. 빈칸을 채우시오. [2003/2104]

> ① 지하저장탱크의 윗부분은 지면으로부터 ( )m 이상 아래에 있어야 한다.
> ② 지하철 · 지하가 또는 지하터널로부터 수평거리 ( )m 이내의 장소 또는 지하건축물내의 장소에 설치하지 아니할 것
> ③ 벽 · 피트 · 가스관 등의 시설물 및 대지경계선으로부터 ( )m 이상 떨어진 곳에 매설할 것

① 0.6 ② 10 ③ 0.6

Core 098 · 099 / page Ⅰ - 40 · 41

11 위험물안전관리법령상 옥내저장소 또는 옥외저장소에 있어서 류별을 달리하는 위험물을 동일한 장소에 저장할 경우 이격 거리는 몇 m인가?

• 1m 이상

Core 081 / page Ⅰ - 33

12 위험물안전관리법령상 동식물유류에 관한 물음에 답하시오.

> ① 요오드가의 정의를 쓰시오.
> ② 동식물유류를 요오드값에 따라 분류하고 범위를 쓰시오.

① 요오드가 : 지질 100g에 흡수되는 할로겐의 양을 요오드의 g수로 나타낸 것이다.

② 건성유(요오드값 130 이상), 반건성유(요오드값 100~130), 불건성유(요오드값 100 이하)

Core 059 / page Ⅰ - 23

2015년 4회 기출복원문제

01 **위험물의 저장량이 지정수량의 1/10일 때 혼재하여서는 안 되는 위험물을 모두 쓰시오.** [0601/1804/2102]

① 제1류 위험물 : 제2류, 제3류, 제4류, 제5류
② 제2류 위험물 : 제1류, 제3류, 제6류
③ 제3류 위험물 : 제1류, 제2류, 제5류, 제6류
④ 제4류 위험물 : 제1류, 제6류
⑤ 제5류 위험물 : 제1류, 제3류, 제6류
⑥ 제6류 위험물 : 제2류, 제3류, 제4류, 제5류

Core 080 / page Ⅰ - 32

02 **간이저장탱크에 관한 내용이다. 빈칸을 채우시오.** [0604]

> 간이저장탱크는 두께 (①)mm 이상의 강판으로 흠이 없도록 제작하여야 하며, 용량은 (②)L 이하이어야 한다.

① 3.2　　② 600

Core 101 / page Ⅰ - 42

03 **위험물안전관리법령 중 옥내 저장창고의 지붕에 관한 내용이다. 다음 빈칸을 채우시오.**

> 가) 중도리 또는 서까래의 간격은 (①)cm 이하로 할 것
> 나) 지붕의 아래쪽 면에는 한 변의 길이가 (②)cm 이하의 환강 · 경량형강 등으로 된 강제의 격자를 설치할 것
> 다) 두께 (③)cm 이상, 너비 (④)cm 이상의 목재로 만든 받침대를 설치할 것

① 30　　② 45
③ 5　　④ 30

Core 093 / page Ⅰ - 38

04 과산화벤조일을 운반하고 있는 중이다. 이 운반용기 표면에 작성되어 있어야 할 주의사항을 모두 쓰시오.

• 화기엄금, 충격주의

Core 086 / page I - 34

05 트리니트로페놀과 트리니트로톨루엔의 시성식을 작성하시오.

① 트리니트로페놀 : $C_6H_2OH(NO_2)_3$

② 트리니트로톨루엔 : $C_6H_2CH_3(NO_2)_3$

Core 066 · 067 / page I - 26

06 아세톤 200g이 완전연소하였다. 다음 물음에 답하시오.(단, 공기 중 산소의 부피비는 21%) [0802/2102]

① 아세톤의 연소식을 작성하시오.
② 이것에 필요한 이론 공기량을 구하시오.
③ 발생한 탄산가스의 부피[L]를 구하시오.

① 아세톤(CH_3COCH_3)의 연소 반응식은 $CH_3COCH_3+4O_2 \rightarrow 3CO_2+3H_2O$이다.

- 아세톤의 분자량은 12+(1×3)+12+16+12+(1×3)=58[g/mol]이다.

② 연소 시 필요한 이론공기량

- 아세톤 58g이 연소되는데 4몰의 산소가 필요하다.
- 기체 1몰의 부피는 0℃, 1atm에서 22.4[L]이므로 아세톤 1몰이 연소되는데 필요한 산소는 4몰(4×22.4[L])이고, 산소가 공기 중에 21% 밖에 없으므로 필요한 공기의 양은 426.67[L]($=\frac{100}{21}\times 4\times 22.4$[L])가 된다.
- 아세톤 58g이 연소되는데 필요한 공기의 부피는 426.67[L]이므로 아세톤 200g이 연소되는데 필요한 공기의 부피는 $\frac{426.67\times 200}{58}=1,471.26$[L]이다.
- 결괏값 : 1,471.26[L]

③ 아세톤 200g을 연소시켜 얻는 탄산가스의 부피

- 아세톤 58g이 연소시키면 3몰의 탄산가스(이산화탄소)가 발생하다.
- 기체 1몰의 부피는 0℃, 1atm에서 22.4[L]이므로 아세톤 1몰이 연소되었을 때 생성되는 탄산가스는 3몰(3×22.4[L])이다.
- 아세톤 58g 연소 시 발생되는 탄산가스의 부피가 67.2[L]이므로 아세톤 200g이 연소될 경우 발생하는 탄산가스의 부피는 $\frac{67.2\times 200}{58}=231.72$[L]이다.
- 결괏값 : 231.72[L]

Core 051 / page I - 21

07 주어진 물질의 지정수량을 쓰시오. [0702]

① 트리에틸알루미늄	② 리튬
③ 탄화알루미늄	④ 황린

• 트리에틸알루미늄은 알킬알루미늄에, 리튬은 알칼리금속에 포함된다.

① 10kg ② 50kg

③ 300kg ④ 20kg

Core 024 / page Ⅰ - 13

08 다음에 설명하는 물질의 시성식을 쓰시오.

① 환원력이 아주 크다.
② 이것은 산화하여 아세트산이 된다.
③ 증기비중이 1.5이다.

• 설명을 만족하는 물질은 아세트알데히드(CH_3COOH)이다.

Core 046 / page Ⅰ - 19

09 제1종 분말소화기에 대한 다음 물음에 답하시오.

① A~D등급 중 어느 등급 화재에 적용이 가능한지 2가지를 고르시오.
② 주성분의 화학식을 쓰시오.

① 제1종 분말소화기는 백색으로 표시되며 B, C화재에 적응성이 있다.
② 1종분말의 주성분은 중탄산나트륨($NaHCO_3$)이다.

Core 142 / page Ⅰ - 55

10 위험물안전관리법에서 플라스틱 상자의 최대용적이 125kg인 액체위험물(제4류 인화성 액체)을 운반용기에 수납하는 경우 금속제 내장용기의 최대용적은?

• 외장용기가 플라스틱으로 최대용적이 125kg일 때 내장 금속제용기를 찾으면 30[L]의 용적이 나온다.

Core 088 / page Ⅰ - 36

11 제3류 위험물인 황린은 강알칼리성과 접촉하면 위험성기체가 발생한다. 생성기체의 시성식을 쓰시오.

- 황린이 알칼리와 반응하면 $P_4 + 3NaOH + 3H_2O \rightarrow 3NaHPO_2 + PH_3$: 포스핀이 발생한다. 생성기체는 포스핀(PH_3)이다.

Core 029 / page I - 14

12 원통형 탱크의 용량[m^3]을 구하시오.(단, 탱크의 공간용적은 10%이다.)

[0804]

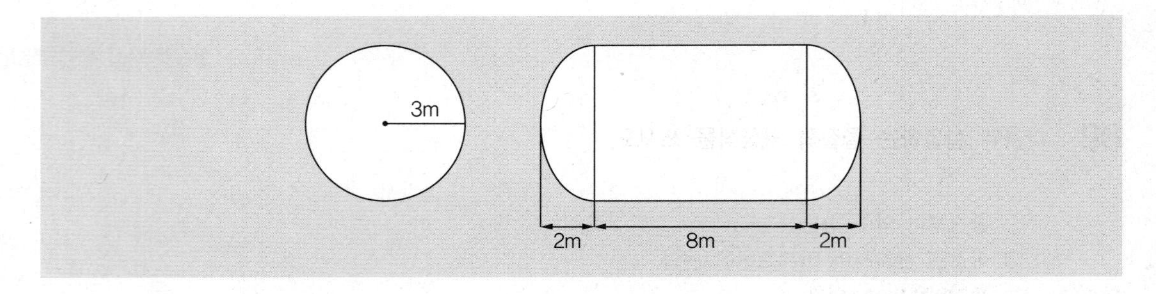

- $r = 3$, $L = 8$, $L_1 = L_2 = 2$이므로 대입하면 탱크의 내용적은 $\pi \times 3^2[8 + \frac{2+2}{3}] = \pi \times 9 \times \frac{28}{3} = 263.76$이다.
- 공간용적이 10%이면 해당 용적을 제외해야 하므로 $263.76 \times 0.9 = 237.38[m^3]$이다.
- 결과값 : 237.38[m^3]

Core 097 / page I - 40

13 위험물안전관리법령에서 정한 제조소 중 옥외탱크저장소에 저장하는 소화난이도등급 Ⅰ에 해당하는 번호를 고르시오.(단, 해당 답이 없으면 없음이라고 쓰시오.)

[2101]

① 질산 60,000kg을 저장하는 옥외탱크저장소
② 과산화수소 액표면적이 40m^2 이상인 옥외탱크저장소
③ 이황화탄소 500[L]를 저장하는 옥외탱크저장소
④ 유황 14,000kg을 저장하는 지중탱크
⑤ 휘발유 100,000[L]를 저장하는 지중탱크

- 질산과 과산화수소는 제6류 위험물이므로 애초 대상에서 제외된다.
- 이황화탄소는 인화성 액체로 제4류 위험물 - 특수인화물로 지정수량이 50[L]이므로 지정수량의 배수는 10배로 대상이 아니다.
- 유황은 가연성 고체로 제2류 위험물로 지정수량은 100kg이므로 지정수량의 배수는 140배로 대상이다.
- 휘발유는 인화성 액체로 제4류 위험물 - 제1석유류로 지정수량은 200[L]이므로 지정수량의 500배로 대상이다.
- 따라서 소화난이도 등급 Ⅰ에 해당되는 것은 ④, ⑤이다.

Core 112 / page I - 46

2016년 1회 기출복원문제

01 다음 표에 혼재 가능한 위험물은 "○", 혼재 불가능한 위험물은 "×"로 표시하시오. [1001/1404/1704/2001]

위험물의 구분	제1류	제2류	제3류	제4류	제5류	제6류
제1류		×	×	×	×	○
제2류	×		×	○	○	×
제3류	×	×		○	×	×
제4류	×	○	○		○	×
제5류	×	○	×	○		×
제6류	○	×	×	×	×	

Core 080 / page Ⅰ-32

02 제5류 위험물인 피크린산의 구조식과 지정수량을 쓰시오. [0801/1002/1302/1701/1804]

① 피크린산[$C_6H_2OH(NO_2)_3$]의 구조식

OH, NO_2, NO_2, NO_2 (벤젠고리의 1번에 OH, 2·4·6번에 NO_2)

② 지정수량 : 200kg

Core 067 / page Ⅰ-26

03 다음 정의에 해당하는 품명을 쓰시오.

① 고형알코올 그 밖에 1기압에서 인화점이 섭씨 40도 미만인 고체
② 이황화탄소, 디에틸에테르 그 밖에 1기압에서 발화점이 섭씨 100도 이하인 것 또는 인화점이 섭씨 영하 20도 이하이고 비점이 섭씨 40도 이하인 것
③ 아세톤, 휘발유 그 밖에 1기압에서 인화점이 섭씨 21도 미만인 것

① 인화성 고체　　② 특수인화물　　③ 제1석유류

Core 039 / page Ⅰ-17

04 **제1류 위험물인 과염소산칼륨의 610℃에서 열분해 반응식을 쓰시오.** [0904/1702]

- 반응식 : $KClO_4 \rightarrow KCl + 2O_2$: 염화칼륨+산소

Core 006 / page Ⅰ - 7

05 **에틸알코올에 황산을 촉매로 첨가하면 생성되는 지정수량이 50리터인 특수인화물의 화학식을 쓰시오.** [0804]

- 반응식 : $2C_2H_5OH \xrightarrow{C-H_2SO_4} C_2H_5OC_2H_5 + H_2O$: 디에틸에테르+물
- 생성물질의 화학식 : 디에틸에테르($\underline{C_2H_5OC_2H_5}$)

Core 044 / page Ⅰ - 19

06 **옥외탱크저장소의 방유제 설치에 관한 내용이다. 빈칸을 채우시오.** [1104]

> 높이가 (　　)를 넘는 방유제 및 간막이 둑의 안팎에는 방유제 내에 출입하기 위한 계단 또는 경사로를 약 50m마다 설치할 것

- 1m

Core 113 / page Ⅰ - 46

07 **제2류 위험물인 오황화린과 물의 반응 시 생성되는 물질이 무엇인지 쓰시오.**

- 반응식 : $P_2S_5 + 8H_2O \rightarrow 2H_3PO_4 + 5H_2S$: 올소인산+황화수소
- 발생 물질 : 황화수소(H_2S), 올소인산(H_3PO_4)

Core 018 / page Ⅰ - 11

08 위험물제조소 배출설비 배출능력은 국소방식 1시간당 배출장소 용적의 몇 배 이상인 것으로 하여야 하는지 쓰시오. [0904]

• 20배 이상

Core 116 / page I - 47

09 이황화탄소에 대한 다음 물음에 답하시오.

① 지정수량을 쓰시오.
② 연소반응식을 쓰시오.

① 지정수량 : 50[L]
② 연소반응식 : $CS_2+3O_2 \rightarrow 2SO_2+CO_2$: 이산화황+이산화탄소

Core 043 / page I - 19

10 각 위험물에 대한 주의사항 게시판의 표시 내용을 표에 쓰시오. [0801]

유별	품명	주의사항
제1류 위험물 과산화물	과산화나트륨(Na_2O_2)	①
제2류 위험물(인화성고체 제외)	황(S_8)	②
제5류 위험물	트리니트로톨루엔[$C_6H_2CH_3(NO_2)_3$]	③

① 물기엄금 ② 화기주의 ③ 화기엄금

Core 086 / page I - 34

11 제5류 위험물인 TNT 분해 시 생성되는 물질을 4가지 화학식으로 쓰시오. [1004]

• 반응식 : $2C_6H_2CH_3(NO_2)_3 \rightarrow 12CO+5H_2+3N_2+2C$: 일산화탄소+수소+질소+탄소
• 생성되는 물질 : 일산화탄소($\underline{CO}$), 수소($\underline{H_2}$), 질소($\underline{N_2}$), 탄소($\underline{C}$)

Core 066 / page I - 26

12 다음과 같은 원형탱크의 내용적은 몇 m^3인가?(단, 계산식도 함께 쓰시오.) [0501]

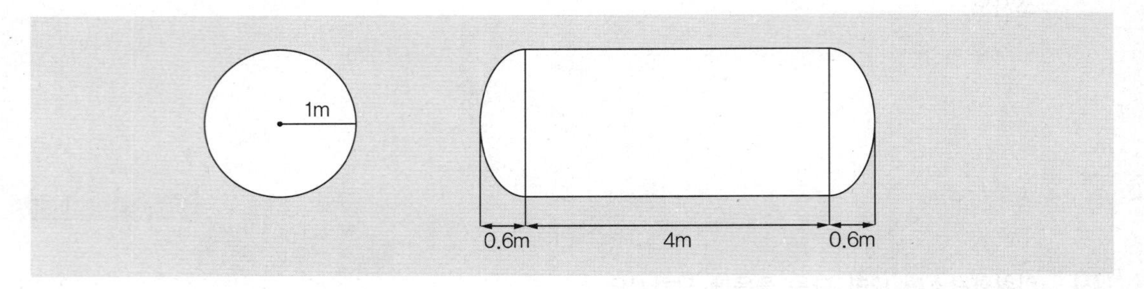

- 계산식 : $\pi \times 1^2 \times \left(4 + \frac{0.6+0.6}{3}\right) = 13.823 = 13.82[m^3]$이다.
- 결과값: 13.82[m^2]

Core 097 / page Ⅰ-40

13 다음 [보기]에서 불활성가스 소화설비에 적응성이 있는 위험물을 2가지 고르시오. [1702/1902]

① 제1류 위험물 중 알칼리금속의 과산화물 ② 제2류 위험물 중 인화성고체
③ 제3류 위험물 ④ 제4류 위험물
⑤ 제5류 위험물 ⑥ 제6류 위험물

- ②, ④

Core 147 / page Ⅰ-57

14 메타인산이 발생하여 막을 형성하는 방식의 분말소화약제에 대해 쓰시오.

① 이 소화약제는 몇 종 분말인가?
② 주성분을 화학식으로 쓰시오.

① 제3종 분말소화약제
② 인산암모늄($NH_4H_2PO_4$)

Core 142 / page Ⅰ-55

2016년 2회 기출복원문제

01 다음 각 물음에 답하시오. [1104]

① (　　)라 함은 고형알코올 그 밖에 1기압에서 인화점이 섭씨 40도 미만인 고체를 말한다.
② ①의 위험물은 몇 류 위험물인지 쓰시오.
③ ①의 위험물 지정수량을 쓰시오.

① 인화성 고체　　② 제2류 위험물　　③ 1,000kg

Core 016 / page Ⅰ-10

02 인화칼슘(Ca_3P_2)에 대한 다음 각 물음에 대해 답을 쓰시오. [0601/0704/0802/1401/1501]

① 물과의 반응식을 쓰시오.
② 위험한 이유를 쓰시오.

① 반응식 : $Ca_3P_2+6H_2O \rightarrow 3Ca(OH)_2+2PH_3$: 수산화칼슘+포스핀(인화수소)
② 물과의 반응으로 발생하는 가스인 포스핀은 유독성 및 가연성 가스로 대단히 위험하다.

Core 035 / page Ⅰ-15

03 위험물 탱크 기능검사 관리자로 필수인력을 고르시오. [1102]

① 위험물기능장
② 누설비파괴검사 기사 · 산업기사
③ 초음파비파괴검사 기사 · 산업기사
④ 비파괴검사기능사
⑤ 토목분야 측량 관련 기술사
⑥ 위험물산업기사

- ①, ③, ⑥

Core 135 / page Ⅰ-53

04 탄화알루미늄이 물과 반응할 때 생성되는 물질 2가지를 쓰시오.

• 반응식 : $Al_4C_3 + 12H_2O \rightarrow 4Al(OH)_3 + 3CH_4$: 수산화알루미늄+메탄
생성되는 물질은 수산화알루미늄($Al(OH)_3$)과 메탄(CH_4)이다.

Core 038 / page Ⅰ-16

05 칼륨, 트리에틸알루미늄, 인화알루미늄이 물과의 반응 후 생성되는 가스를 각각 적으시오.

① 칼륨과 물의 반응식은 $2K + 2H_2O \rightarrow 2KOH + H_2$: 수산화칼슘+수소로 수소(H_2)가스가 발생된다.

② 트리에틸알루미늄과 물의 반응식은 $(C_2H_5)_3Al + 3H_2O \rightarrow Al(OH)_3 + 3C_2H_6$: 산화알루미늄+에탄으로 에탄(C_2H_6)가스가 발생된다.

③ 인화알루미늄과 물의 반응식은 $AlP + 3H_2O \rightarrow Al(OH)_3 + PH_3$: 수산화알루미늄+포스핀으로 포스핀(PH_3)가스가 발생된다.

Core 025 · 027 · 036 / page Ⅰ-13 · 14 · 16

06 제5류 위험물인 피크린산의 구조식을 쓰시오. [1201]

• 피크린산[$C_6H_2OH(NO_2)_3$]의 구조식

OH
NO_2 NO_2
NO_2

Core 067 / page Ⅰ-26

07 다음 보기의 물질들을 인화점이 낮은 순으로 배열하시오. [0904/1201/1404/2004]

① 디에틸에테르	② 이황화탄소
③ 산화프로필렌	④ 아세톤

• ① → ③ → ② → ④

Core 060 / page Ⅰ-23

08 옥외저장탱크 · 옥내저장탱크 또는 지하저장탱크 중 압력탱크 외의 탱크에 저장할 경우에 유지하여야 하는 온도를 쓰시오.

[0604/1202/1901]

아세트알데히드	①	디에틸에테르	②	산화프로필렌	③

① 15℃　② 30℃　③ 30℃

Core 096 / page Ⅰ - 40

09 주유취급소에 "주유 중 엔진정지" 게시판에 사용하는 색깔을 쓰시오.

[0604/1201/1904]

① 바탕 : 황색　② 문자 : 흑색

Core 083 / page Ⅰ - 33

10 옥외저장소에 지정수량 10배 이하 및 지정수량 10배를 초과할 때의 보유공지를 각각 쓰시오.

① 지정수량의 10배 이하 : 3m 이상
② 지정수량의 10배 초과 : 5m 이상

Core 132 / page Ⅰ - 52

11 특수인화물 200L, 제1석유류 400L, 제2석유류 4,000L, 제3석유류 12,000L, 제4석유류 24,000L의 지정수량의 배수의 합을 구하시오.(단, 제1석유류, 제2석유류, 제3석유류는 수용성이다)

[0804/2004]

- 특수인화물의 지정수량은 50L이므로 200L는 4배, 제1석유류 수용성의 지정수량은 400L이므로 1배, 제2석유류 수용성의 지정수량은 2,000L이므로 4,000L는 2배, 제3석유류 수용성의 지정수량은 4,000L이므로 12,000L는 3배, 제4석유류의 지정수량은 6,000L이므로 24,000L는 4배이다.
- 구해진 지정수량의 배수의 합은 4+1+2+3+4=14배이다.
- 결과값 : 14배

Core 041 / page Ⅰ - 18

12 **에틸렌과 산소를 $CuCl_2$의 촉매 하에 생성된 물질로 인화점이 −39℃, 비점이 21℃, 연소범위가 4.1~57%인 특수인화물의 시성식, 증기비중을 쓰시오.** [1901]

① 명칭(시성식) : 아세트알데히드(CH_3CHO)

② • 증기비중을 구하려면 분자량을 구해야 한다. 아세트알데히드의 분자량은 12+(1×3)+12+1+16=44[g/mol]이다. 증기비중은 $\frac{44}{29}$=1.517⋯이고 소수점 아래 셋째자리에서 반올림하면 1.52가 된다.

• 결괏값 : 1.52

Core 046 · 157 / page I-19 · 61

13 **A, B, C 분말소화기 중 올소인산이 생성되는 열분해 반응식을 쓰시오.** [0901]

• 오로토인산, 올소인산(H_3PO_4)은 제3종분말소화기의 1차 분해식에 해당한다.

• 반응식은 $NH_4H_2PO_4 \rightarrow H_3PO_4 + NH_3$: 올소인산+암모니아

Core 142 / page I-55

2016년 4회 기출복원문제

01 위험물 운반 시 가솔린과 함께 운반할 수 있는 유별을 쓰시오.(단, 지정수량의 1/5 이상의 양이다)

- 제2류 위험물, 제3류 위험물, 제5류 위험물

Core 080 / page Ⅰ - 32

02 질산암모늄의 구성성분 중 질소와 수소의 함량을 wt%로 구하시오. [0702/1104/2101]

- wt%는 질량%의 의미이므로 각 분자량의 백분율 비를 말한다.
- 질산암모늄(NH_4NO_3)의 분자량은 $14+(1\times4)+14+(16\times3)=80$[g/mol]이다.
- 질소는 2개의 분자가 존재하므로 28g이고, 이는 $\frac{28}{80}=35$[wt%]이다.
- 수소는 4개의 분자가 존재하므로 4g이고, 이는 $\frac{4}{80}=5$[wt%]이다.
- 결과값 : 질소 35[wt%], 수소 5[wt%]

Core 011 / page Ⅰ - 8

03 인화점이 낮은 것부터 번호로 나열하시오. [0704]

① 초산메틸	② 이황화탄소
③ 글리세린	④ 클로로벤젠

- ② → ① → ④ → ③

Core 060 / page Ⅰ - 23

04 인화칼슘과 물과의 반응식을 쓰시오.

- $Ca_3P_2+6H_2O \rightarrow 3Ca(OH)_2+2PH_3$: 수산화칼슘+포스핀(인화수소)

Core 035 / page Ⅰ - 15

05 **제4류 위험물 중에서 인화점이 21℃ 이상 70℃ 미만이면서 수용성인 위험물을 모두 고르시오.**

① 메틸알코올	② 아세트산	③ 포름산
④ 클로로벤젠	⑤ 니트로벤젠	

- 인화점이 21℃ 이상 70℃ 미만인 것은 제2석유류이다.
- ②, ③

Core 041 / page Ⅰ - 18

06 **환원력이 강하고 물과 에탄올, 에테르에 잘 녹고 은거울반응을 하며 산화하면 아세트산이 되는 물질의 명칭과 화학식을 쓰시오.**

① 명 칭 : 아세트알데히드
② 화학식 : CH_3CHO

Core 046 / page Ⅰ - 19

07 **톨루엔이 표준상태에서 증기밀도가 몇 g/L인지 구하시오.** [0701/1201]

- 톨루엔($C_6H_5CH_3$)의 분자량을 계산하면 $(12\times6)+(1\times5)+12+(1\times3)=92$[g/mol]이다.
- 증기밀도$=\frac{92}{22.4}=4.107\cdots$이므로 소수점 셋째자리에서 반올림하여 4.11[g/L]가 된다.
- 결과값 : 4.11[g/L]

Core 048 · 158 / page Ⅰ - 20 · 61

08 **보기의 동식물유류를 요오드값에 따라 건성유, 반건성유, 불건성유로 분류하시오.** [0604/1304/2003]

① 아마인유	② 야자유	③ 들기름
④ 쌀겨유	⑤ 목화씨유	⑥ 땅콩유

- 건성유 : ①, ③
- 반건성유 : ④, ⑤
- 불건성유 : ②, ⑥

Core 059 / page Ⅰ - 23

09 제2류 위험물인 마그네슘에 대한 다음 각 물음에 답하시오. [1002]

① 마그네슘이 완전연소 시 생성되는 물질을 쓰시오.
② 마그네슘과 황산이 반응하는 경우 발생되는 기체를 쓰시오.

① 마그네슘 완전연소반응식은 $2Mg + O_2 \rightarrow 2MgO$으로 완전연소 시 산화마그네슘이 생성된다.
② 마그네슘과 황산 반응식 : $Mg + H_2SO_4 \rightarrow MgSO_4 + H_2$: 황산마그네슘+수소
마그네슘과 황산이 반응하면 수소가 발생한다.

Core 021 / page Ⅰ - 11

10 연한 경금속으로 2차전지로 이용하며, 비중 0.53, 융점 180℃, 불꽃반응 시 적색을 띠는 물질의 명칭을 쓰시오. [0604/0804/0901]

• 리튬

Core 030 / page Ⅰ - 14

11 다음 위험물 중 지정수량이 같은 품명을 3가지 골라 쓰시오.

① 적린	② 철분	③ 히드라진유도체
④ 유황	⑤ 히드록실아민	⑥ 질산에스테르

• 주어진 위험물 중 지정수량이 3개가 같은 것은 100kg에 해당하는 ①, ④, ⑤

Core 076 / page Ⅰ - 30

12 분말소화약제 중 A, B, C급 화재에 공통적으로 소화가능한 약제의 화학식을 쓰시오.

• A, B, C급 화재에 공통적으로 적응성을 갖는 분말소화약제는 제3종 분말소화약제이다.
• $NH_4H_2PO_4$(인산암모늄)

Core 142 / page Ⅰ - 55

13 다음은 위험물의 운반기준이다. 다음 빈 칸을 채우시오.

[1204/1501]

> ① 고체위험물은 운반용기 내용적의 (①)% 이하의 수납율로 수납할 것
> ② 액체위험물은 운반용기 내용적의 (②)% 이하의 수납율로 수납하되, (③)℃의 온도에서 누설되지 아니하도록 충분한 공간용적을 유지하도록 할 것

① 95　　② 98　　③ 55

Core 089 / page Ⅰ-37

14 위험물 제조소에 200m^{3}와 100m^{3}의 탱크가 각각 1개씩 2개가 있다. 탱크 주위로 방유제를 만들 때 방유제의 용량[m^3]은 얼마 이상이어야 하는지를 쓰시오.

[1004/1301]

- 방유제의 용량은 $(200 \times 0.5) + (100 \times 0.1) = 110[m^3]$ 이상이어야 한다.
- 결과값 : 110[m^3]

Core 117 / page Ⅰ-47

2017년 1회 기출복원문제

01 다음 그림을 보고 탱크의 내용적[m^3]을 구하시오. [1202]

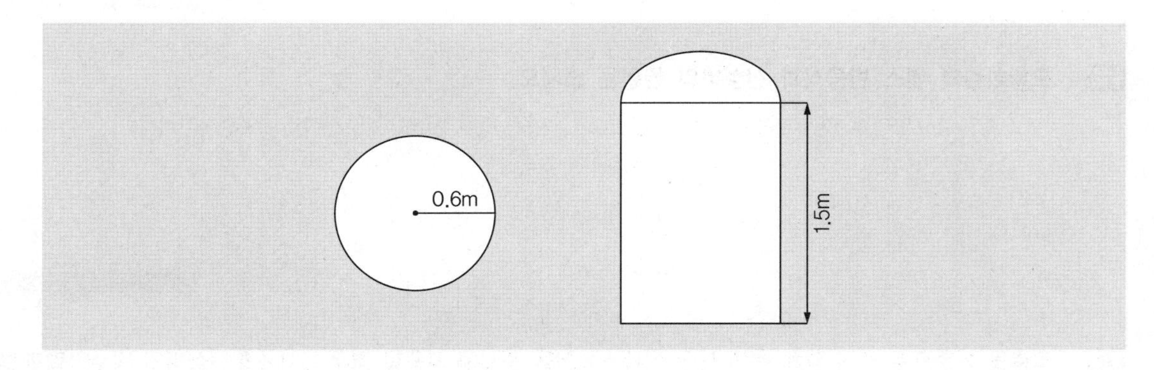

• 계산식 : $\pi \times 0.6^2 \times 1.5 = 1.696 = 1.70[m^3]$이다.
• 결과값 : $1.70[m^3]$

Core 097 / page I - 40

02 제4류 위험물 중 옥외저장소에 보관 가능한 물질 4가지를 쓰시오. [1302/2104]

① 알코올류 ② 제2석유류
③ 제3석유류 ④ 제4석유류

Core 094 / page I - 39

03 제3류 위험물인 탄화칼슘(CaC_2)에 대해 다음 각 물음에 답하시오. [0801/2104]

① 탄화칼슘과 물의 반응식을 쓰시오.
② 발생 가스의 명칭과 연소범위를 쓰시오.
③ 발생 가스의 완전연소반응식을 쓰시오.

① 물과의 반응식 : $CaC_2 + 2H_2O \rightarrow Ca(OH)_2 + C_2H_2$: 수산화칼슘+아세틸렌
② 발생 가스는 아세틸렌이며, 아세틸렌의 연소범위는 2.5~81%이다.
③ 아세틸렌의 연소반응식 : $2C_2H_2 + 5O_2 \rightarrow 4CO_2 + 2H_2O$: 이산화탄소+물

Core 037 / page I - 16

04 **과산화나트륨의 분해 시 생성된 물질 2가지와 이산화탄소와의 반응식을 쓰시오.**

① 과산화나트륨의 완전분해 반응식 : $2Na_2O_2 \rightarrow 2Na_2O + O_2$: 산화나트륨+산소
생성된 물질은 산화나트륨(Na_2O)과 산소(O_2)이다.

② 이산화탄소와의 반응식 : $2Na_2O_2 + 2CO_2 \rightarrow 2Na_2CO_3 + O_2$: 탄산나트륨+산소

Core 009 / page Ⅰ - 8

05 **오황화린의 연소 반응식과 산성비의 원인을 쓰시오.**

① 오황화린(P_2S_5)의 연소 반응식 : $2P_2S_5 + 15O_2 \rightarrow 2P_2O_5 + 10SO_2$: 오산화린+이산화황이다.

② 산성비의 원인은 공기 중의 이산화황 때문에 발생한다.

Core 018 / page Ⅰ - 11

06 **각층을 기준으로 하여 당해 층의 모든 옥내소화전을 동시에 사용할 경우 옥내소화전설비의 방수압력과 방수량을 쓰시오.**

① 방수압력 : 350kPa 이상

② 방수량 : 1분당 260L 이상

Core 151 / page Ⅰ - 58

07 **제2류 위험물의 종류 4가지와 각각의 지정수량을 쓰시오.**

① 황화린, 100kg ② 적린, 100kg

③ 유황, 100kg ④ 마그네슘, 500kg

Core 016 / page Ⅰ - 10

08 **제5류 위험물인 트리니트로페놀의 구조식과 지정수량을 쓰시오.** [0801/1002/1302/1601/1804]

① 피크린산[$C_6H_2OH(NO_2)_3$]의 구조식

OH
NO₂ NO₂
NO₂

② 지정수량 : 200kg

Core 067 / page Ⅰ - 26

09 이동저장탱크의 구조에 관한 내용이다. 빈칸을 채우시오.

[0702/0901]

위험물을 저장, 취급하는 이동탱크는 두께 (①)mm 이상의 강철판으로 위험물이 새지 아니하게 제작하고, 압력탱크에 있어서는 최대상용압력의 (②)배의 압력으로, 압력탱크를 제외한 탱크에 있어서는 (③)kPa 압력으로 각각 (④)분간 행하는 수압시험에서 새거나 변형되지 아니하여야 한다.

① 3.2　② 1.5
③ 70　④ 10

Core 104 / page Ⅰ - 43

10 보기 위험물의 지정수량 합계가 몇 배인지 계산하시오.

[0904/1101]

① 메틸에틸케톤 1,000[L]　② 메틸알코올 1,000[L]　③ 클로로벤젠 1,500[L]

- 메틸에틸케논의 지정수량은 200L, 메틸알코올의 지정수량은 400L, 클로로벤젠의 지정수량은 1,000L이다.
- 지정수량의 배수는 메틸에틸케논은 1,000/200=5배, 메틸알코올은 1,000/400=2.5배, 클로로벤젠은 1,500/1,000=1.5배이다.
- 합치면 5+2.5+1.5=9배이다.
- 결과값 : 9배

Core 041 / page Ⅰ - 18

11 인화점이 낮은 것부터 번호로 나열하시오.

[0602/0802/1002/1904]

① 초산에틸　② 메틸알코올
③ 니트로벤젠　④ 에틸렌글리콜

- ① → ② → ③ → ④

Core 060 / page Ⅰ - 23

12 다음 보기의 위험물 운반용기 외부에 표시하는 주의사항을 쓰시오. [0701/1202]

① 제2류 위험물 중 인화성 고체	② 제3류 위험물 중 금수성 물질
③ 제4류 위험물	④ 제6류 위험물

① 화기엄금 ② 물기엄금
③ 화기엄금 ④ 가연물접촉주의

Core 086 / page Ⅰ - 34

13 제2종 분말약제의 1차 열분해 반응식을 쓰시오. [0801/1204]

- 열분해식 : $2KHCO_3 \rightarrow K_2CO_3 + CO_2 + H_2O$: 탄산칼륨+ 이산화탄소+물

Core 142 / page Ⅰ - 55

2017년 2회 기출복원문제

01 **100kg의 이황화탄소(CS_2)가 완전연소할 때 발생하는 독가스의 체적은 800mmHg 30℃에서 몇 m^3인가?** [0504/1102]

- 완전연소 반응식 : $CS_2 + 3O_2 \rightarrow 2SO_2 + CO_2$: 이산화황+이산화탄소
- 발생하는 독가스는 이산화황(SO_2)이다.
- 이상기체방정식 : $PV = \frac{W}{M}RT$에서 $V = \frac{WRT}{PM}$이다. 여기서 V(부피 L), W(무게 g), M(분자량 [g/mol]), R(기체상수 0.082), T(절대온도 K), P(압력 atm)을 의미한다.
- 압력이 800mmHg라고 했으므로 이를 atm으로 변환하면 $\frac{800}{760} = 1.052$[atm]이 된다.
- 이황화탄소의 분자량은 12+32×2=76[g/mol]이다.
- 이황화탄소 1몰을 물과 반응시켰을 때 2몰의 독가스가 발생되므로 이상기체방정식의 결과에 2를 곱해줘야 한다.
- 따라서 발생하는 독가스(황화수소)의 부피는 $2 \times \frac{100 \times 10^3 \times 0.082 \times (273+30)}{1.052 \times 76} = \frac{2,484,600}{79.952} = 62,152.29$[L]이다. 이를 m^3으로 변환하여 소수점아래 둘째자리에서 반올림하면 62.15[m^3]이 된다.
- 결과값 : 62.15[m^3]

Core 043 / page Ⅰ - 19

02 **다음은 제3류 위험물인 칼륨에 관한 내용이다. 다음 보기의 위험물과 반응하는 반응식을 쓰시오.** [2102]

① 이산화탄소	② 에탄올

① 이산화탄소와의 반응식 : $4K + 3CO_2 \rightarrow 2K_2CO_3 + C$: 탄산칼륨+탄소

② 에탄올과의 반응식 : $2K + 2C_2H_5OH \rightarrow 2C_2H_5OK + H_2$: 칼륨에틸레이트+수소

Core 025 / page Ⅰ - 13

03 **옥외저장소에 유황의 지정수량 150배를 저장하는 경우 보유공지는 몇 m 이상인지 쓰시오.** [0901]

- 최대 수량이 지정수량의 150배이므로 50배 초과~200배 이하에 포함되어 공지의 너비는 12m 이상이어야 한다.

Core 132 / page Ⅰ - 52

04 아세트알데히드 등의 옥외탱크저장소에 관한 내용이다. 다음 빈칸을 채우시오.

가. 옥외저장탱크의 설비는 동, (①), 은, (②) 또는 이들을 성분으로 하는 합금으로 만들지 아니할 것
나. 아세트알데히드 등을 취급하는 탱크에는 (③) 또는 (④) 및 연소성 혼합기체의 생성에 의한 폭발을 방지하기 위한 불활성기체를 봉입하는 장치를 갖출 것

① 마그네슘 ② 수은
③ 냉각장치 ④ 보냉장치

Core 114 / page I – 46

05 제1류 위험물인 과염소산칼륨의 610℃에서 열분해 반응식을 쓰시오. [0904/1601]

• 반응식 : $KClO_4 \rightarrow KCl + 2O_2$: 염화칼륨+산소

Core 006 / page I – 7

06 다음 빈칸을 채우시오. [0701/0704/1402]

특수인화물이라 함은 이황화탄소, 디에틸에테르 그 밖에 1기압에서 발화점이 섭씨 (①)℃ 이하인 것 또는 인화점이 섭씨 영하 (②)℃ 이하이고 비점이 섭씨 (③)℃ 이하인 것을 말한다.

① 100 ② 20 ③ 40

Core 039 / page I – 17

07 소화난이도등급 Ⅰ에 해당하는 제조소 · 일반취급소에 관한 내용이다. 다음 빈칸을 채우시오.

① 연면적 ( )m^2 이상인 것
② 지정수량의 ( )배 이상인 것
③ 지반면으로부터 ( )m 이상의 높이에 위험물 취급설비가 있는 것

① 1,000 ② 100 ③ 6

Core 123 / page I – 49

08 지정과산화물을 저장 또는 취급하는 옥내저장소의 저장창고 격벽의 설치기준이다. 빈칸을 채우시오.

[1202/2101]

저장창고는 (①)m^2 이내마다 격벽으로 완전하게 구획할 것. 이 경우 당해 격벽은 두께 (②)cm 이상의 철근콘크리트조 또는 철골철근콘크리트조로 하거나 두께 (③)cm 이상의 보강콘크리트블록조로 하고, 당해 저장창고의 양측의 외벽으로부터 (④)m 이상, 상부의 지붕으로부터 (⑤)cm 이상 돌출하게 하여야 한다.

① 150 ② 30 ③ 40
④ 1 ⑤ 50

Core 093 / page Ⅰ - 38

09 제6류 위험물에 관한 내용이다. 해당하는 물질이 위험물이 될 수 있는 조건을 쓰시오.(단, 없으면 없음이라 쓰시오.)

[2003]

① 과산화수소 ② 과염소산 ③ 질산

① 농도가 36중량 퍼센트 이상인 것
② 없음
③ 비중이 1.49 이상인 것

Core 068 / page Ⅰ - 27

10 인화점이 150℃, 비중이 1.8이고 쓴맛이 나며, 금속과 반응하여 금속염을 생성하는 제5류 위험물의 물질에 대한 다음 물음에 답하시오.

① 물질명 ② 지정수량

① 트리니트로페놀(피크르산, 피크린산, TNP)
② 지정수량 : 200kg

Core 067 / page Ⅰ - 26

11 옥내저장소에 옥내소화전설비를 3개 설치할 경우 필요한 수원의 양은 몇 m^3인지 계산하시오. [1301]

- 수원의 수량은 옥내소화전 설치개수×7.8m^3이므로 3×7.8m^3=23.48[m^3]이다.
- 결과값 : 23.48[m^3]

Core 149 / page Ⅰ-58

12 다음 [보기]에서 불활성가스 소화설비에 적응성이 있는 위험물을 2가지 고르시오. [1601/1902]

① 제1류 위험물 중 알칼리금속의 과산화물
② 제2류 위험물 중 인화성고체
③ 제3류 위험물
④ 제4류 위험물
⑤ 제6류 위험물

- ②, ④

Core 147 / page Ⅰ-57

13 다음 보기에서 제2석유류에 대한 설명으로 맞는 것을 고르시오. [1002]

① 등유, 경유
② 아세톤, 휘발유
③ 기어유, 실린더유
④ 1기압에서 인화점이 섭씨 21도 미만인 것을 말한다.
⑤ 1기압에서 인화점이 섭씨 21도 이상 70도 미만인 것을 말한다.
⑥ 1기압에서 인화점이 섭씨 70도 이상 섭씨 200도 미만인 것을 말한다.

- ①, ⑤

Core 039 / page Ⅰ-17

2017년 4회 기출복원문제

01 다음 표에 혼재 가능한 위험물은 "○", 혼재 불가능한 위험물은 "×"로 표시하시오. [1001/1404/1601/2001]

위험물의 구분	제1류	제2류	제3류	제4류	제5류	제6류
제1류		×	×	×	×	○
제2류	×		×	○	○	×
제3류	×	×		○	×	×
제4류	×	○	○		○	×
제5류	×	○	×	○		×
제6류	○	×	×	×	×	

Core 080 / page I - 32

02 제1류 위험물인 염소산칼륨에 관한 내용이다. 다음 각 물음에 답하시오. [1001/1302]

> ① 완전분해 반응식을 쓰시오.
> ② 염소산칼륨 24.5kg이 표준상태에서 완전분해 시 생성되는 산소의 부피[m³]를 구하시오.
> (단, 칼륨의 분자량은 39, 염소의 분자량은 35.5)

① 반응식 : $2KClO_3 \rightarrow 2KCl + 3O_2$: 염화칼륨+산소

② • 염소산칼륨의 분자량은 39+35.5+(16×3)=122.5[g/mol]이다. 즉, 245(122.5×2)g의 염소산칼륨이 완전분해되었을 때 산소 3몰이 생성된다. 1몰일 때 22.4[L]이므로 3몰이면 67.2[L]이 생성된다.

• 염소산칼륨이 24.5kg이 분해된다고 하면 산소는 $\frac{67.2 \times 24.5 \times 1,000}{245} = 6,720$[L]이 생성되는데 이를 [$m^3$]으로 변환하여 소수점아래 셋째자리에서 반올림하여 구하면 6.72[m^3]이 된다.

• 결과값 : 6.72[m^3]

Core 004 / page I - 7

03 제3류 위험물 중 위험등급 Ⅰ인 품명 3가지를 쓰시오. [1202]

① 칼륨　② 나트륨　③ 알킬알루미늄

Core 024 / page I - 13

04 제4류 위험물 인화점에 대한 설명이다. 다음 빈칸을 채우시오. [1404]

제1석유류라 함은 아세톤, 휘발유 그 밖에 1기압에서 인화점이 섭씨 (　　　)인 것을 말한다.

• 21도 미만

Core 039 / page Ⅰ-17

05 다음 [보기]의 위험물이 각 1몰씩 완전분해되었을 때 발생하는 산소의 부피가 가장 큰 것부터 작은 것 순으로 쓰시오.

① 과염소산암모늄　　② 염소산칼륨
③ 염소산암모늄　　④ 과염소산나트륨

• ①은 1몰, ②는 1.5몰, ③은 0.5몰, ④는 2몰의 산소가 발생한다.
• ④ → ② → ① → ③

Core 008 / page Ⅰ-7

06 위험물안전관리법령상 운반의 기준에 따른 차광성의 피복으로 덮어야 하는 위험물의 품명 또는 류별을 4가지 쓰시오.

① 제1류 위험물　　② 제3류 위험물 중 자연발화성물질
③ 제4류 위험물 중 특수인화물　　④ 제5류 위험물

Core 082 / page Ⅰ-33

07 외벽이 내화구조인 위험물 제조소의 건축물 면적이 450m^2인 경우 소요단위를 계산하시오. [1202]

• 외벽이 내화구조인 건축물의 경우 연면적 100m^2를 1소요단위로 하므로 450m^2/100m^2=4.5이다.
• 결과값 : 4.5

Core 085 / page Ⅰ-34

08 다음에서 설명하는 물질에 대해 물음에 답하시오.

- 인화점이 −37℃이다.
- 분자량이 58이다.
- 수용성이다.
- 구리, 은, 수은, 마그네슘과 반응하여 폭발성 아세틸리드를 생성한다.

① 물질의 화학식을 쓰시오.
② 물질의 지정수량을 쓰시오.

① CH_3CH_2CHO(산화프로필렌)
② 지정수량은 50[L]이다.

Core 045 / page Ⅰ-19

09 다음 [보기] 중 제2류 위험물의 설명으로 옳은 것은? [1101/2004]

[보기]
㉠ 황화린, 적린, 황은 위험등급 II 이다.
㉡ 모두 산화제이다.
㉢ 대부분 물에 잘 녹는다.
㉣ 모두 비중이 1보다 작다.
㉤ 고형알코올은 제2류 위험물이며 품명은 알코올류이다.
㉥ 지정수량이 100kg, 500kg, 1,000kg이다.
㉦ 위험물에 따라 제조소에 설치하는 주의사항은 화기엄금 또는 화기주의로 표시한다.

- ㉠, ㉥, ㉦

Core 017 / page Ⅰ-10

10 아세트산과 과산화나트륨의 반응식을 쓰시오. [0804]

- 반응식 : $2CH_3COOH + Na_2O_2 \rightarrow 2CH_3COONa + H_2O_2$: 아세트산나트륨+과산화수소

Core 009 / page Ⅰ-8

11 제3류 위험물인 트리에틸알루미늄에 대한 다음 물음에 답하시오. [1004]

① 산소와 반응하는 반응식을 쓰시오.
② 물과 반응하는 반응식을 쓰시오.

① 산소와의 반응식 : $2(C_2H_5)_3Al+21O_2\rightarrow 12CO_2+Al_2O_3+15H_2O$: 이산화탄소+산화알루미늄+물
② 물과의 반응식 : $(C_2H_5)_3Al+3H_2O\rightarrow Al(OH)_3+3C_2H_6$: 수산화알루미늄+에탄

Core 027 / page Ⅰ-14

12 제1종 판매취급소의 시설기준이다. 빈칸을 채우시오. [1204/2001]

가) 위험물을 배합하는 실은 바닥면적은 (①)m^2 이상 (②)m^2 이하로 한다.
나) (③) 또는 (④)로 된 벽으로 한다.
다) 바닥은 위험물이 침투하지 아니하는 구조로 하여 적당한 경사를 두고 (⑤)를 설치하여야 한다.
라) 출입구 문턱의 높이는 바닥면으로부터 (⑥)m 이상으로 해야 한다.

① 6 ② 15 ③ 내화구조
④ 불연재료 ⑤ 집유설비 ⑥ 0.1

Core 126 / page Ⅰ-50

13 다음 빈칸을 채우시오.

① 제4류 위험물은 불티 · 불꽃 · 고온체와의 접근 또는 과열을 피하고, 함부로 ( )를 발생시키지 아니하여야 한다.
② 제6류 위험물은 가연물과의 접촉 · 혼합이나 분해를 촉진하는 물품과의 접근 또는 ( )을 피하여야 한다.

① 증기 ② 과열

Core 079 / page Ⅰ-32

2018년 1회 기출복원문제

01 제1류 위험물인 과산화나트륨의 운반용기 외부에 표시하는 주의사항 3가지를 쓰시오. [0902]

① 화기주의 ② 충격주의 ③ 물기엄금

Core 086 / page I - 34

02 제3종 분말소화약제의 주성분 화학식을 쓰시오. [1301]

• 3종분말의 주성분은 인산암모늄($NH_4H_2PO_4$)이다.

Core 142 / page I - 55

03 다음 보기의 물질 중 위험물에서 제외되는 물질을 모두 고르시오. [1102]

① 황산	② 질산구아니딘	③ 금속의 아지화합물
④ 구리분	⑤ 과요오드산	

• ①, ④

Core 073 / page I - 29

04 제1종 분말소화제의 열 분해 시 270℃에서의 반응식과 850℃에서의 반응식을 각각 쓰시오. [0602/1502/2003]

① 270℃ 반응식 : $2NaHCO_3 \rightarrow Na_2CO_3 + CO_2 + H_2O$: 탄산나트륨+이산화탄소+물

② 850℃ 반응식 : $2NaHCO_3 \rightarrow Na_2O + 2CO_2 + H_2O$: 산화나트륨+이산화탄소+물

Core 142 / page I - 55

05 다음 표에 지정수량을 쓰시오. [0804]

중크롬산나트륨	수소화나트륨	니트로글리세린
①	②	③

① 1,000kg ② 300kg ③ 10kg

Core 076 / page I - 30

06 다음 에탄올의 완전연소 반응식을 쓰시오. [0502/1104/1404]

• 반응식 : $C_2H_5OH+3O_2 \rightarrow 2CO_2+3H_2O$: 이산화탄소+물

Core 054 / page I - 21

07 에틸렌과 산소를 $CuCl_2$의 촉매 하에 생성된 물질로 인화점이 −39℃, 비점이 21℃, 연소범위가 4.1~57%인 특수인화물의 시성식, 증기비중, 산화 시 생성되는 4류 위험물을 쓰시오. [1304]

① 명칭(시성식) : 아세트알데히드(CH_3CHO)

② • 증기비중을 구하려면 분자량을 구해야 한다. 아세트알데히드의 분자량은 12+(1×3)+12+1+16=44[g/mol]이다. 증기비중은 $\frac{44}{29}=1.517\cdots$이고 소수점 아래 셋째자리에서 반올림하면 1.52가 된다.

• 결과값 : 1.52

③ 산화 반응식 : $CH_3CHO+\frac{1}{2}O_2 \rightarrow CH_3COOH$: 초산(아세트산)

생성되는 물질은 초산(아세트산, CH_3COOH)이다.

Core 046 · 157 / page I - 19 · 61

08 제3류 위험물과 혼재 가능한 위험물을 모두 쓰시오. [0704]

• 제4류 위험물

Core 080 / page I - 32

09 과산화칼륨, 마그네슘, 나트륨과 물이 접촉했을 때 가연성 기체가 발생하는 반응식을 쓰시오. [0604/2003]

① 과산화칼륨 반응식 : $2K_2O_2+2H_2O \rightarrow 4KOH+O_2$: 수산화칼륨+산소

② 마그네슘 반응식 : $Mg+2H_2O \rightarrow Mg(OH)_2+H_2$: 수산화마그네슘+수소

③ 나트륨 반응식 : $2Na+2H_2O \rightarrow 2NaOH+H_2$: 수산화나트륨+수소

Core 010 · 021 · 026 / page Ⅰ - 8 · 11 · 13

10 옥외저장탱크의 구조에 관한 내용이다. 다음 빈칸을 채우시오.

탱크는 두께 (   )mm 이상의 강철판 또는 이와 동등 이상의 강도 · 내식성 및 내열성이 있다고 인정하여 소방청장이 정하여 고시하는 재료 및 구조로 위험물이 새지 아니하게 제작할 것

- 3.2

Core 111 / page Ⅰ - 45

11 종으로 설치된 탱크의 내용적을 계산하시오. [2101]

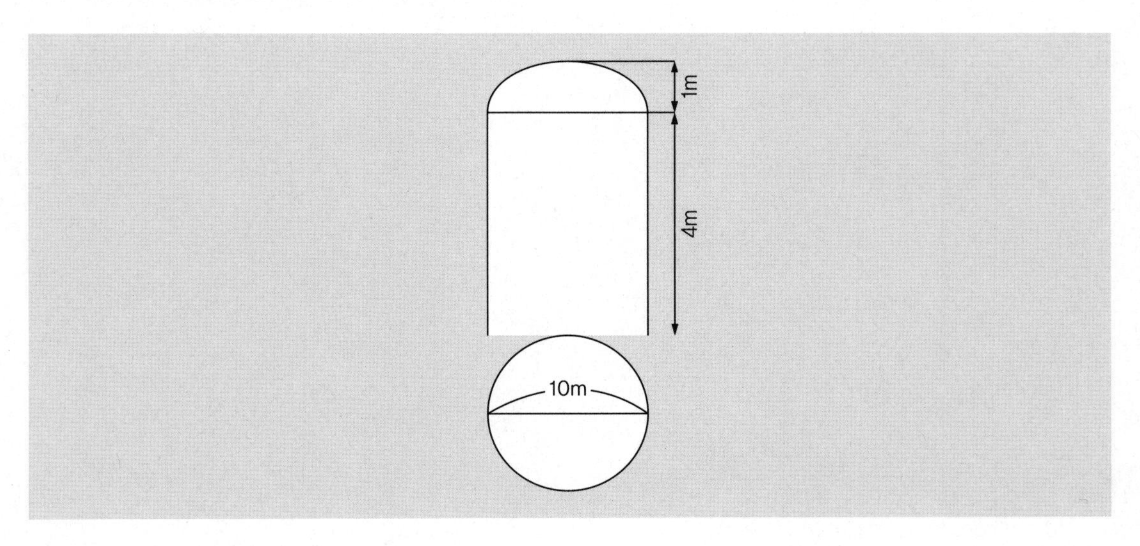

- 계산식 : $\pi \times 5^2 \times 4 = 100\pi = 314.16[m^3]$이다.
- 결과값 : $314.16[m^3]$

Core 097 / page Ⅰ - 40

12 **제3류 위험물인 탄화칼슘(카바이트)과 물의 반응식을 쓰시오.** [1001/1304]

• 탄화칼슘(CaC_2)과 물의 반응식 : $CaC_2 + 2H_2O \rightarrow Ca(OH)_2 + C_2H_2$: 수산화칼슘+아세틸렌

Core 037 / page Ⅰ - 16

13 **지하저장탱크 2개에 경유 15,000[L], 휘발유 8,000[L]를 인접해 설치하는 경우 그 상호간에 몇 m 이상의 간격을 유지하여야 하는가?** [1302]

• 지하저장탱크의 용량의 합계가 지정수량의 100배 이하이면 0.5m, 100를 초과하면 1m의 간격을 두어야한다.
• 휘발유는 제1석유류(비수용성)로 지정수량은 200L, 경유는 제2석유류(비수용성)로 지정수량은 1,000L이다.
• 휘발유는 8,000/200=40배, 경유는 각각 15,000/1,000=15배씩이다.
• 지정수량은 40+15=55배이므로 지하저장탱크의 간격은 0.5m 이상 유지한다.
• 결과값 : 0.5[m]

Core 041 · 100 / page Ⅰ - 18 · 41

2018년 2회 기출복원문제

01 보기의 소화기를 구성하는 물질을 각각 쓰시오.

소화기	구성물질1		구성물질2		구성물질3	
	물질명	비중	물질명	비중	물질명	비중
IG-55	질소	①	아르곤	②	-	-
IG-541	질소	③	아르곤	④	이산화탄소	⑤

① 50% ② 50% ③ 52%

④ 40% ⑤ 8%

Core 144 / page Ⅰ - 56

02 다음 산화성 고체에 있어서 분해온도가 낮은 것부터 번호로 나열하시오.

① 염소산칼륨 ② 과염소산암모늄 ③ 과산화바륨

- ①은 400℃, ②는 130℃, ③은 840℃에서 분해된다.
- ② → ① → ③

Core 014 / page Ⅰ - 9

03 금속나트륨에 대한 다음 각 물음에 대해 답을 쓰시오. [2104]

① 지정수량을 쓰시오. ② 보호액을 쓰시오. ③ 물과의 반응식을 쓰시오.

① 지정수량 : 10[kg]

② 보호액 : 석유

③ 물과의 반응식 : $2Na+2H_2O \rightarrow 2NaOH+H_2$

Core 026 / page Ⅰ - 13

04 원통형 탱크의 용량[L]을 구하시오.(단, 탱크의 공간용적은 5/100이다)

[2104]

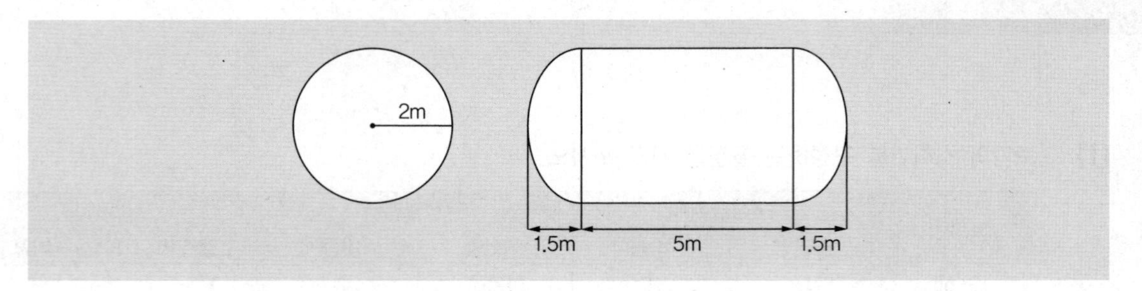

- 주어진 값을 대입하면 내용적$=\pi\times 2^2\times\left(5+\frac{1.5+1.5}{3}\right)=75.398\cdots$[m^3]이다.
- 용량은 공간용적을 제외한 탱크의 내용적이므로 탱크의 실용량은 내용적의 95%에 해당한다. 따라서 $75.398\times 0.95=71.6282$로 소수점아래 셋째자리에서 반올림하여 구하면 71.63[m^3]이다. 단위를 [L]로 변환하면 71,630[L]이다.
- 결과값 : 71,630[L]

Core 097 / page Ⅰ - 40

05 다음은 인화성 액체에 해당하는 동식물유류의 분류 기준에 대한 설명이다. ( )안을 채우시오.

분류	건성유	반건성유	불건성유
요오드값	요오드값 (①)	요오드값 (②)	요오드값 (③)

① 130 이상　　② 100~130　　③ 100 이하

Core 059 / page Ⅰ - 23

06 다음 보기의 물질을 저장할 때 내용적 수납율을 각각 쓰시오.

① 염소산칼륨　　② 톨루엔　　③ 트리에틸알루미늄

① 염소산칼륨($KClO_3$)은 산화성 고체이므로 95% 이하의 수납율로 수납한다.
② 톨루엔($C_6H_5CH_3$)은 인화성 액체이므로 98% 이하의 수납율로 수납한다.
③ 트리에틸알루미늄은 제3류 위험물 중 자연발화성 위험물이므로 90% 이하의 수납율로 수납한다.

Core 089 / page Ⅰ - 37

07 이황화탄소(CS_2)가 완전 연소할 때 불꽃반응 시 나타나는 색과 생성물을 쓰시오.

① 황의 불꽃반응 색은 푸른색이다.
② 연소반응식 : $CS_2+3O_2 \rightarrow 2SO_2+CO_2$: 이산화황+이산화탄소
생성물은 이산화황(SO_2)과 이산화탄소(CO_2)이다.

Core 043 / page Ⅰ - 19

08 제1류 위험물인 알칼리금속과산화물의 운반용기 외부에 표시하는 주의사항 4가지를 쓰시오. [0904/1404]

① 화기주의
② 충격주의
③ 물기엄금
④ 가연물접촉주의

Core 086 / page Ⅰ - 34

09 다음 유별과 혼재가 가능한 위험물 모두를 각각 쓰시오.

① 제2류 위험물　② 제3류 위험물　③ 제4류 위험물

① 제4류, 제5류 위험물
② 제4류 위험물
③ 제2류, 제3류, 제5류 위험물

Core 080 / page Ⅰ - 32

10 다음 빈칸을 채우시오.

가) 제1류 위험물은 (①)과의 접촉 · 혼합이나 분해를 촉진하는 물품과의 접근 또는 과열 · 충격 · 마찰 등을 피하는 한편, 알칼리금속의 과산화물 및 이를 함유한 것에 있어서는 (②)과의 접촉을 피하여야 한다.
나) 제3류 위험물 중 자연발화성물질에 있어서는 불티 · 불꽃 또는 고온체와의 접근 · 과열 또는 (③)와의 접촉을 피하고, 금수성물질에 있어서는 (④)과의 접촉을 피하여야 한다.
다) 제6류 위험물은 (⑤)과의 접촉 · 혼합이나 (⑥)를 촉진하는 물품과의 접근 또는 과열을 피하여야 한다.

① 가연물
② 물
③ 공기
④ 물
⑤ 가연물
⑥ 분해

Core 079 / page Ⅰ - 32

11 주유취급소에 "주유 중 엔진정지" 게시판에 사용하는 색깔과 규격을 쓰시오. [0701/1402]

① 바탕 : 황색

② 문자 : 흑색

③ 규격 : 한 변의 길이가 0.3m 이상, 다른 한 변의 길이가 0.6m 이상인 직사각형

Core 083 / page I - 33

12 인화알루미늄 580g이 표준상태에서 물과 반응하여 생성되는 기체의 부피[L]를 구하시오. [1202]

- 물과의 반응식 : $AlP+3H_2O \rightarrow Al(OH)_3+PH_3$: 수산화알루미늄+포스핀
- 생성되는 기체는 포스핀이고 포스핀의 부피를 구하는 문제이다.
- 인화알루미늄의 분자량은 27+31=58[g/mol]이다. 즉, 인화알루미늄 10몰이 물과 반응했을 때 생성되는 포스핀의 몰수 역시 10몰이다.
- 표준상태에서 1몰의 기체가 갖는 부피는 22.4[L]이므로 10몰이면 224[L]이다.
- 결과값 : 224[L]

Core 036 / page I - 16

13 주유취급소에 설치하는 탱크의 용량을 몇 [L] 이하로 하는지 다음 물음에 답하시오. [1102/1404]

① 비고속도로 주유설비　　② 고속도로 주유설비

① 50,000　　② 60,000

Core 127 / page I - 50

2018년 4회 기출복원문제

01 소화난이도 등급이 Ⅰ에 해당하는 것을 모두 고르시오.

① 옥외탱크저장소
② 제조소 연면적 1,000m^2 이상인 것
③ 지반면으로부터 6m 이상의 높이에 위험물 취급설비가 있는 것
④ 지하탱크저장소
⑤ 이동탱크저장소
⑥ 지정수량의 10배 이상인 것

• ②, ③

Core 123 / page Ⅰ - 49

02 위험물의 저장량이 지정수량의 1/10일 때 혼재하여서는 안 되는 위험물을 모두 쓰시오. [0601/1504/2102]

① 제1류 위험물 : 제2류, 제3류, 제4류, 제5류
② 제2류 위험물 : 제1류, 제3류, 제6류
③ 제3류 위험물 : 제1류, 제2류, 제5류, 제6류
④ 제4류 위험물 : 제1류, 제6류
⑤ 제5류 위험물 : 제1류, 제3류, 제6류
⑥ 제6류 위험물 : 제2류, 제3류, 제4류, 제5류

Core 080 / page Ⅰ - 32

03 옥외저장소에 옥외소화전설비를 6개 설치할 경우 필요한 수원의 양은 몇 m^3인지 계산하시오. [1304/2104]

• 수원의 수량은 옥외소화전 설치(4개 이상인 경우 4개)개수×13.5m^3이므로 $4 \times 13.5m^3 ≒ 54[m^3]$이다.
• 결과값 : $54[m^3]$

Core 149 / page Ⅰ - 58

04 보기의 소화기를 구성하는 물질을 각각 쓰시오.

소화기	구성물질1		구성물질2		구성물질3	
	물질명	비중	물질명	비중	물질명	비중
IG-55	①	50%	②	50%	-	-
IG-541	①	8%	②	40%	③	52%

① 질소　　② 아르곤　　③ 이산화탄소

Core 144 / page Ⅰ - 56

05 아세트산의 완전연소 반응식을 쓰시오. [1102]

- 반응식 : $CH_3COOH + 2O_2 \rightarrow 2CO_2 + 2H_2O$: 이산화탄소+물

Core 057 / page Ⅰ - 22

06 P_4S_3과 P_2S_5이 연소하여 공통으로 생성되는 물질을 모두 쓰시오. [2104]

- 삼황화린(P_4S_3)의 연소 반응식은 $P_4S_3 + 8O_2 \rightarrow 2P_2O_5 + 3SO_2$: 오산화린+이산화황이다.
- 오황화린(P_2S_5)의 연소 반응식은 $2P_2S_5 + 15O_2 \rightarrow 2P_2O_5 + 10SO_2$: 오산화린+이산화황이다.
- 따라서 연소 시 생성되는 공통된 물질은 오산화린(P_2O_5)과 이산화황(SO_2)이다.

Core 018 / page Ⅰ - 11

07 다음 설명의 ( )을 채우시오.

옥내저장소에서 동일 품명의 위험물이더라도 자연발화할 우려가 있는 위험물 또는 재해가 현저하게 증대할 우려가 있는 위험물을 다량 저장하는 경우에는 지정수량의 (①)배 이하마다 구분하여 상호간 (②)m 이상의 간격을 두어 저장하여야 한다.

① 10　　② 0.3

Core 081 / page Ⅰ - 33

08 아세톤에 대한 다음 물음에 답하시오.

① 시성식을 쓰시오.	② 품명을 쓰시오.
③ 지정수량을 쓰시오.	④ 증기비중을 계산하시오.

① 시성식 : CH_3COCH_3

② 품명 : 제4류 위험물 제1석유류

③ 지정수량 : 400[L]

④ 증기비중

- 증기비중을 구하려면 분자량을 알아야 한다. 아세톤의 분자량은 $12+(1\times3)+12+16+12+(1\times3)=58$이다.
- 공기의 분자량은 29이므로 증기비중은 $\frac{58}{29}=2$이다.
- 결과값 : 2

Core 051 · 157 / page I - 21 · 61

09 제5류 위험물인 트리니트로페놀의 구조식과 지정수량을 쓰시오.

[0801/1002/1302/1601/1701]

① 피크린산[$C_6H_2OH(NO_2)_3$]의 구조식

OH
NO_2 NO_2
NO_2

② 지정수량 : 200kg

Core 067 / page I - 26

10 다음의 위험물 등급을 분류하시오.

[1101]

① 칼륨	② 나트륨	③ 알킬알루미늄	④ 알킬리튬
⑤ 황린	⑥ 알칼리토금속	⑦ 알칼리금속	

- Ⅰ등급 : ①, ②, ③, ④, ⑤
- Ⅱ등급 : ⑥, ⑦

Core 024 / page I - 13

11 트리에틸알루미늄과 메탄올 반응 시 폭발적으로 반응한다. 이때의 화학반응식을 쓰시오. [0502/1101/1404]

- 반응식 : $(C_2H_5)_3Al + 3CH_3OH \rightarrow Al(CH_3O)_3 + 3C_2H_6$: 트리메톡시알루미늄 + 에탄

Core 027 / page I - 14

12 디에틸에테르가 2,000[L]가 있다. 소요단위는 얼마인지 계산하시오. [0802/1204]

- 소요단위를 구하기 위해서는 지정수량의 배수를 구해야 한다.
- 디에틸에테르($C_2H_5OC_2H_5$)의 지정수량은 50[L]이다.
- 지정수량의 배수는 저장수량/지정수량으로 2,000/50이므로 40이 된다.
- 소요단위는 40/10이므로 4가 된다.
- 결과값 : 4

Core 085 / page I - 34

13 제1류 위험물의 성질로 옳은 것을 [보기]에서 골라 번호를 쓰시오. [1204/2104]

① 무기화합물	② 유기화합물	③ 산화체
④ 인화점이 0℃ 이하	⑤ 인화점이 0℃ 이상	⑥ 고체

- ①, ③, ⑥

Core 002 / page I - 6

2019년 1회 기출복원문제

01 하론소화기의 방사압력을 쓰시오.

소화기	Halon 2402	Halon 1211
방사압력	①	②

① 0.1MPa　　② 0.2MPa

Core 143 / page Ⅰ - 56

02 제4류 위험물 옥내저장탱크 밸브 없는 통기관에 관한 내용이다. 빈칸을 채우시오. [0902]

통기관의 선단은 건축물의 창 · 출입구 등의 개구부로부터 (①)m 이상 떨어진 옥외의 장소에 지면으로부터 (②)m 이상의 높이로 설치하되, 인화점이 40℃ 미만인 위험물의 탱크에 설치하는 통기관에 있어서는 부지경계선으로부터 (③)m 이상 이격할 것

① 1　　② 4　　③ 1.5

Core 108 / page Ⅰ - 44

03 트리니트로톨루엔(TNT)을 제조하는 방법과 구조식으로 쓰시오.

① 반응식 : $C_6H_5CH_3 + 3HNO_3 \xrightarrow[\text{니트로화}]{C-H_2SO_4} C_6H_2CH_3(NO_2)_3 + 3H_2O$: 트리니트로톨루엔+물

톨루엔($C_6H_5CH_3$)에 질산(HNO_3)과 진한 황산(H_2SO_4)을 혼합해서 제조한다.

② 구조식 :

CH3
O2N　NO2
NO2

Core 066 / page Ⅰ - 26

04 인화알루미늄과 물의 반응식을 쓰시오. [1204]

• 물과의 반응식 : $AlP+3H_2O \rightarrow Al(OH)_3+PH_3$: 수산화알루미늄+포스핀

Core 036 / page I - 16

05 옥외탱크 저장시설의 위험물 취급 수량에 따른 보유공지의 너비에 관한 표이다. ( )안을 채우시오. [2102]

저장 또는 취급하는 위험물의 최대수량	공지의 너비
지정수량의 500배 이하	(①)m 이상
지정수량의 500배 초과 1,000배 이하	(②)m 이상
지정수량의 1,000배 초과 2,000배 이하	(③)m 이상
지정수량의 2,000배 초과 3,000배 이하	(④)m 이상
지정수량의 3,000배 초과 4,000배 이하	(⑤)m 이상

① 3 ② 5 ③ 9
④ 12 ⑤ 15

Core 131 / page I - 52

06 황린의 완전연소반응식을 쓰시오. [0702/1202/1401]

• 반응식 : $P_4+5O_2 \rightarrow 2P_2O_5$: 오산화린

Core 029 / page I - 14

07 에틸렌과 산소를 $CuCl_2$의 촉매 하에 생성된 물질로 인화점이 −39℃, 비점이 21℃, 연소범위가 4.1~57%인 특수인화물의 시성식, 증기비중을 쓰시오. [1602]

① 명칭(시성식) : 아세트알데히드(CH_3CHO)

② • 증기비중을 구하려면 분자량을 구해야 한다. 아세트알데히드의 분자량은 12+(1×3)+12+1+16=44[g/mol]이다. 증기비중은 $\frac{44}{29}=1.517\cdots$이고 소수점 아래 셋째자리에서 반올림하면 1.52가 된다.

• 결과값 : 1.52

Core 046 · 157 / page I - 19 · 61

08 질산암모늄 800g이 열분해되는 경우 발생기체의 부피[L]는 표준상태에서 전부 얼마인지 구하시오. [1002/1502]

$$2NH_4NO_3 \rightarrow 2N_2 + O_2 + 4H_2O$$

- 질산암모늄(NH_4NO_3)의 분자량은 $14+(1\times4)+14+(16\times3)=80$[g/mol]이다.
- 질산암모늄 2몰이 열분해 되었을 때 질소 2몰과 산소 1몰, 그리고 수증기 4몰 총 7몰의 기체가 발생한다.
- 질산암모늄 800g은 10몰에 해당하므로 발생기체는 35몰이 발생한다. 표준상태에서 1몰의 기체는 22.4[L]의 부피를 가지므로 기체의 부피는 $35\times22.4=784$[L]가 된다.
- 결과값 : 784[L]

Core 011 / page Ⅰ - 8

09 유황 100kg, 철분 500kg, 질산염류 600kg의 지정수량 배수의 합을 구하시오.

- 계산식 : 유황의 지정수량은 100kg, 질산염류의 지정수량은 300kg, 철분의 지정수량은 500kg이므로 $\frac{100}{100}+\frac{600}{300}+\frac{500}{500}=4$가 된다.
- 결과값 : 4배

Core 076 / page Ⅰ - 30

10 옥외저장탱크 · 옥내저장탱크 또는 지하저장탱크 중 압력탱크 외의 탱크에 저장할 경우에 유지하여야 하는 온도를 쓰시오. [0604/1202/1602]

아세트알데히드	디에틸에테르	산화프로필렌
①	②	③

① 15℃ ② 30℃ ③ 30℃

Core 096 / page Ⅰ - 40

11 제6류 위험물과 혼재 가능한 위험물은 무엇인가? [0504/1302]

- 제1류 위험물

Core 080 / page Ⅰ - 32

12 황화린의 종류 3가지를 화학식으로 쓰시오.

[0902]

• 황화린은 황과 인의 성분에 따라 삼황화린(P_4S_3), 오황화린(P_2S_5), 칠황화린(P_4S_7)으로 구분된다.

Core 018 / page Ⅰ-11

13 제3류 위험물인 탄화칼슘(CaC_2)에 대해 다음 각 물음에 답하시오.

[0902/1201/2101]

① 탄화칼슘과 물의 반응식을 쓰시오.
② 발생 가스의 완전연소반응식을 쓰시오.

① 물과의 반응식 : $CaC_2 + 2H_2O \rightarrow Ca(OH)_2 + C_2H_2$: 수산화칼슘+아세틸렌
② 발생가스(아세틸렌)의 연소반응식 : $C_2H_2 + 2.5O_2 \rightarrow 2CO_2 + H_2O$: 이산화탄소+물

Core 037 / page Ⅰ-16

2019년 2회 기출복원문제

01 옥내저장소에 저장하는 용기 높이의 최대치를 쓰시오.

① 기계에 의하여 하역하는 구조로 된 용기
② 일반용기로서 제3석유류 저장용기
③ 일반용기로서 동식물유 저장용기

① 6m ② 4m ③ 4m

Core 092 / page Ⅰ - 38

02 이동탱크저장소에 주입설비에 대해 다음 ( )안을 채우시오. [2104]

가) 위험물이 (①) 우려가 없고 화재예방상 안전한 구조로 한다.
나) 주입설비의 길이는 (②) 이내로 하고, 그 선단에 축적되는 (③)를 유효하게 제거할 수 있는 장치를 한다.
다) 분당 토출량은 (④) 이하로 한다.

① 샐 ② 50m
③ 정전기 ④ 200L

Core 105 / page Ⅰ - 43

03 옥내저장소의 동일한 실에 저장할 수 있는 유별끼리 연결한 것을 모두 고르시오.

① 무기과산화물 - 유기과산화물
② 질산염류 - 과염소산
③ 황린 - 제1류 위험물
④ 인화성고체 - 제1석유류
⑤ 유황 - 제4류 위험물

• ②, ③, ④

Core 081 / page Ⅰ - 33

04 고인화점 위험물의 정의를 쓰시오.

[1201]

- 인화점이 100℃ 이상인 제4류 위험물

Core 039 / page Ⅰ-17

05 황린 20kg을 연소 시 필요한 공기의 부피는 몇 m³인지 쓰시오.(황린의 분자량은 124이고 공기 중 산소는 21부피%이다)

[0901]

- 계산식 : 황린의 연소반응식은 $P_4+5O_2 \rightarrow 2P_2O_5$이다. 황린 1몰을 연소하는데 필요한 산소의 몰수는 5몰이다. 황린 20kg은 $\frac{20 \times 1,000}{124}=161.29$몰이다. 필요한 공기의 부피이므로 계산식은 $5 \times 22.4 \times 161.29 \times \frac{100}{21}=86,021[L]$이다. 이를 [m³]으로 변환하려면 1,000을 나누어야 하므로 $\frac{86,021}{1,000}=86.021[m^3]$이 된다.
- 결과값 : 86.02[m³]

Core 029 / page Ⅰ-14

06 트리에틸알루미늄이 자연발화하는 반응식을 쓰시오.

[1202]

- 연소반응식 : $2(C_2H_5)_3Al+21O_2 \rightarrow 12CO_2+15H_2O+Al_2O_3$: 이산화탄소+물+산화알루미늄

Core 027 / page Ⅰ-14

07 다음 [보기]에서 불활성가스 소화설비에 적응성이 있는 위험물을 2가지 고르시오.

[1601/1702]

① 제1류 위험물 중 알칼리금속의 과산화물	② 제2류 위험물 중 인화성고체
③ 제3류 위험물	④ 제4류 위험물
⑤ 제6류 위험물	

- ②, ④

Core 147 / page Ⅰ-57

08 **위험물 운반 시 제4류 위험물과 혼재할 수 없는 유별을 쓰시오.**

• 제1류 위험물, 제6류 위험물

Core 080 / page Ⅰ - 32

09 **다음 위험물의 지정수량을 쓰시오.**

① 중유	② 경유
③ 디에틸에테르	④ 아세톤

① 2,000L　② 1,000L
③ 50L　④ 400L

Core 041 / page Ⅰ - 18

10 **다음 위험물의 유별과 지정수량을 쓰시오.**

① 황린	② 칼륨
③ 니트로화합물	④ 질산염류

① 제3류 위험물, 20kg　② 제3류 위험물, 10kg
③ 제5류 위험물, 200kg　④ 제1류 위험물, 300kg

Core 076 / page Ⅰ - 30

11 **질산암모늄을 열분해하면 질소와 수증기, 그리고 산소가 발생한다, 질산암모늄의 열분해 반응식을 쓰고, 1몰의 질산암모늄이 0.9기압, 300℃에서 분해하면 이때 발생하는 수증기의 부피는 몇 L인지 계산과정과 답을 쓰시오.**

① 열분해 반응식 : $2NH_4NO_3 \rightarrow 2N_2 + 4H_2O + O_2$

② • 계산식 : $0.9 \times V = 2 \times 0.082 \times (273+300)$(질산암모늄 1몰이 반응하면 수증기는 2몰이 생기므로 2를 곱해준다.)
• 결과값 : 104.41[L]

Core 011 / page Ⅰ - 8

12 **제4류 위험물 중 위험등급 II에 속하는 품명 2개를 쓰시오.** [1102]

• 제4류 위험물 중 위험등급이 Ⅱ인 물질은 제1석유류와 알코올류이다.

Core 041 / page Ⅰ- 18

13 **다음 [보기]에 해당하는 위험물에 대한 다음 물음에 답하시오.**

[보기]

• 술의 원료이다.
• 요오드포름 반응을 한다.
• 산화시키면 아세트알데히드가 된다.

① 화학식
② 지정수량
③ 진한황산과 반응 후 생성되는 위험물의 화학식

① C_2H_5OH ② 400L ③ $C_2H_5OC_2H_5$(디에틸에테르)

Core 054 / page Ⅰ- 21

2019년 4회 기출복원문제

01 다음 위험물의 옥내저장소 바닥면적이 몇 m^2 이하인지 쓰시오.

① 염소산염류	② 제2석유류	③ 유기과산화물

① 1,000m^2　② 2,000m^2　③ 1,000m^2

Core 090 / page Ⅰ - 37

02 다음 위험물을 압력탱크 외의 탱크에 저장하는 경우 저장온도를 쓰시오.

① 산화프로필렌 및 디에틸에테르	② 아세트알데히드

① 30℃　② 15℃

Core 096 / page Ⅰ - 40

03 다음은 산화성액체의 산화성 시험방법 및 판정기준이다. ( )안에 알맞은 말을 채우시오.

(①), (②) 90% 수용액 및 시험물품을 사용하여 실시한다. 이때 연소시간의 평균치를 수용액과 (①)의 혼합물 연소시간으로 할 것

① 목분　② 질산

Core 153 / page Ⅰ - 60

04 톨루엔의 증기비중을 구하시오.

- 계산식 : 공기의 분자량은 29, 톨루엔($C_6H_5CH_3$)의 분자량은 $(12\times6)+(1\times5)+12+(1\times3)=92$이다. 대입하면 $\frac{92}{29}=3.1724\cdots$이다.
- 결괏값 : 3.17

Core 048 · 157 / page Ⅰ-20 · 61

05 주유 중 엔진정지 게시판의 바탕과 문자색을 쓰시오.

[0604/1201/1602]

① 바탕색	② 문자색
① 황색	② 흑색

Core 083 / page Ⅰ-33

06 트리에틸알루미늄 228g이 물과 반응 시 반응식과 발생하는 가연성 가스의 부피는 표준상태에서 몇 L인지 쓰시오.

[0804/1204]

- 물과의 반응식 : $(C_2H_5)_3Al+3H_2O\rightarrow Al(OH)_3+3C_2H_6$: 수산화알루미늄+에탄
- 생성되는 기체 에탄의 기체 부피를 구하려면 반응식에서 볼 때 1몰의 트리에틸알루미늄이 반응했을 때 3몰의 에탄이 생성되므로 이를 이용한다.
- 트리에틸알루미늄의 분자량은 [(12×2)+(1×5)]×3+27=114[g/mol]이다.
- 228g은 2몰의 트리에틸알루미늄의 분량이므로 에탄은 총 6몰에 해당하고, 0℃, 1기압에서 기체의 부피는 22.4[L/mol]이므로 6×22.4=134.4[L]가 생성됨을 알 수 있다.
- 결괏값 : 134.4[L]

Core 027 / page Ⅰ-14

07 과산화나트륨과 이산화탄소의 반응식을 쓰시오.

[1201]

- 화학반응식 : $2Na_2O_2+2CO_2\rightarrow 2Na_2CO_3+O_2$: 탄산나트륨+산소

Core 009 / page Ⅰ-8

08 다음 [보기] 중 운반 시 방수성 덮개와 차광성 덮개를 모두 해야 하는 위험물의 품명을 쓰시오.

[보기]
유기과산화물, 질산, 알칼리금속과산화물, 염소산염류

• 알칼리금속과산화물

Core 082 / page Ⅰ - 33

09 다음 표의 연소형태를 채우시오. [0902]

연소형태	①	②	③
연소물질	나트륨, 금속분	에탄올, 디에틸에테르	TNT, 피크린산

① 표면연소 ② 증발연소 ③ 자기연소

Core 137 / page Ⅰ - 54

10 인화점이 낮은 것부터 번호로 나열하시오. [0602/0802/1002/1701]

① 초산에틸 ② 메틸알코올
③ 니트로벤젠 ④ 에틸렌글리콜

• ① → ② → ③ → ④

Core 060 / page Ⅰ - 23

11 제3류 위험물 중 지정수량이 50kg인 품명을 모두 쓰시오.(세부사항을 모두 쓰시오)

① 알칼리금속(칼륨, 나트륨 제외) 및 알칼리토금속
② 유기금속화합물(알킬알루미늄 및 알킬리튬 제외)

Core 024 / page Ⅰ - 13

12 분자량이 227이고 폭약의 원료이며, 햇빛에 다갈색으로 변하며 물에 안 녹고 벤젠과 아세톤에는 녹으며 운반 시 10%의 물에 안정한 물질에 대한 다음 물음에 답하시오. [0901/1202]

① 화학식
② 지정수량
③ 제조방법을 사용원료를 중심으로 설명하시오.

① $C_6H_2CH_3(NO_2)_3$: 트리니트로톨루엔
② 200kg
③ 반응식 : $C_6H_5CH_3 + 3HNO_3 \xrightarrow[\text{니트로화}]{C-H_2SO_4} C_6H_2CH_3(NO_2)_3 + 3H_2O$: 트리니트로톨루엔+물
톨루엔을 황산+질산 혼합물로 니트로화 시킨 것을 정제시켜 만든다.

Core 066 / page I – 26

13 제3종 분말소화약제의 1차 분해반응식을 쓰시오.

• 분해반응식 : $NH_4H_2PO_4 \rightarrow NH_3 + H_3PO_4$: 올소인산+암모니아

Core 142 / page I – 55

2020년 1·2회 기출복원문제

01 다음 [보기－1]에 대해 다음 물음에 답하시오.

[보기－1]

㉠ 염소산칼륨 250ton을 취급하는 제조소
㉡ 염소산칼륨 250ton을 취급하는 일반취급소
㉢ 특수인화물 250kL을 취급하는 제조소
㉣ 특수인화물 250kL을 이동저장탱크에 주입하는 일반취급소

① 자체소방대를 두어야 하는 경우를 모두 쓰시오.
② 화학소방차 1대 당 필요한 인원수
③ 자체소방대를 설치하지 않을 경우 받는 처벌의 종류
④ 다음 [보기－2] 중 틀린 것의 번호를 쓰시오. (없으면 "없음"이라 쓰시오.)

[보기－2]

ⓐ 포수용액의 비치량은 10만L 이상으로 한다.
ⓑ 2개 이상의 사업소가 협력하기로 한 경우 같은 사업장으로 본다.
ⓒ 포수용액 방사차는 전체 소방차 대수의 2/3 이상으로 한다.
ⓓ 포수용액 방사차의 방사능력은 분당 3000L 이상이다.

- 자체소방대는 제4류 위험물을 취급하는 제조소, 일반취급소 또는 옥외탱크저장소에 설치한다. 단, 이동저장탱크에 주입하는 일반취급소에는 설치하지 않는다.
- 포수용액 방사차의 방사능력은 분당 2,000L 이상이다.

① ㉢
② 5명
③ 1년 이하의 징역 또는 1천만원 이하의 벌금
④ ⓓ

Core 148 / page Ⅰ－58

02 다음 시험물품의 양에 해당하는 인화점 시험방법의 종류를 쓰시오.

① 시험물품의 양 : 2mL　② 시험물품의 양 : $50cm^3$　③ 시험물품의 양 : 시료컵의 표선까지

① 신속평형법　② 태그밀폐식　③ 클리브랜드개방컵

Core 155 / page Ⅰ－60

03 제4류 위험물 중 비수용성인 위험물을 보기에서 고르시오. [1004]

① 이황화탄소 ② 아세트알데히드 ③ 아세톤
④ 스티렌 ⑤ 클로로벤젠

- ①, ④, ⑤

Core 041 / page Ⅰ-18

04 옥내저장소에 대한 사항이다. 물음에 답하시오.

① 연면적 150m^2, 외벽이 내화구조인 옥내저장소의 소요단위
② 에틸알코올 1,000L, 클로로벤젠 1,500L, 동식물유류 20,000L, 특수인화물 500L의 소요단위

- 저장소의 건축물은 외벽이 내화구조인 경우 연면적 150m^2을 1소요단위로 한다.
- 에틸알코올(지정수량 400L), 클로로벤젠(지정수량 1,000L), 동식물유류(지정수량 10,000L), 특수인화물(지정수량 50L)이므로 주어진 위험물은 $\frac{1,000}{400}+\frac{1,500}{1,000}+\frac{20,000}{10,000}+\frac{500}{50}=16$이 된다. 즉, 지정수량의 16배이므로 소요단위는 $\frac{16}{10}=1.6$이 된다.

① 1 ② 1.6

Core 085 / page Ⅰ-34

05 [보기]의 제1류 위험물의 품명과 지정수량을 쓰시오.

[보기]

① KIO_3 ② $AgNO_3$ ③ $KMnO_4$

① 요오드산염류, 300kg
② 질산염류, 300kg
③ 과망간산염류, 1,000kg

Core 001 / page Ⅰ-6

06 다음 위험물질의 열분해 반응식을 쓰시오.

① 과염소산나트륨　　② 염소산나트륨　　③ 아염소산나트륨

① $NaClO_4 \rightarrow NaCl + 2O_2$
② $NaClO_3 \rightarrow NaCl + 1.5O_2$
③ $NaClO_2 \rightarrow NaCl + O_2$

Core 008 / page Ⅰ - 7

07 소화설비의 적응성에 대해 다음 [표]에 "O"을 표시하시오.

소화설비의 구분	제1류 위험물		제2류 위험물			제3류 위험물		제4류 위험물	제5류 위험물	제6류 위험물
	알칼리금속과 산화물 등	그 밖의 것	철분·금속분·마그네슘등	인화성 고체	그 밖의 것	금수성 물품	그 밖의 것			
옥내소화전, 옥내소화전설비		○		○	○		○		○	○
물분무소화설비		○		○	○		○	○	○	○
포소화설비		○		○	○		○	○	○	○
불활성가스소화설비				○				○		
할로겐화합물소화설비				○				○		

Core 147 / page Ⅰ - 57

08 옥외저장탱크 2개에 휘발유를 내용적 5천만L에 3천만L를 저장하고, 경유를 내용적 1억2천만L의 탱크에 8천만L를 저장한다. 다음 물음에 답하시오.

① 작은 탱크의 최대용량　　② 방유제 용량(공간용적 10%)　　③ 중간에 설치된 설비의 명칭

- 탱크의 공간용적은 5% 이상 10% 이하이어야 하므로 작은 탱크의 최대용량은 최소 공간용적 5%를 제한 47,500,000L가 된다.
- 2기 이상일 때는 최대용량의 110% 이상이므로 1억2천만L의 탱크에서 공간용적 10%를 제하면 1억 800만L이고 이의 110%는 118,800,000L가 된다.

① 47,500,000L　　② 118,800,000L　　③ 간막이둑

Core 113 / page Ⅰ - 46

09 농도가 36중량% 이상인 것이 제6류 위험물인 물질에 대해 다음 물음에 답하시오.

① 분해반응식	② 운반용기 주의사항	③ 위험등급

• 농도가 36중량% 이상인 것이 제6류 위험물인 물질은 과산화수소(H_2O_2)이다.

① $2H_2O_2 \rightarrow 2H_2O + O_2$　② 가연물접촉주의　③ I

Core 069 / page I - 27

10 분자량 27인 제4류 위험물에 대해 다음 물음에 답하시오.

① 화학식	② 증기비중

• 분자량이 27인 제4류 위험물은 시안화수소(HCN)이다.

① HCN　② $\frac{27}{29} = 0.93$

Core 052 · 157 / page I - 21 · 61

11 다음 [보기]의 물질에 대해 물(H_2O)과의 반응식을 쓰시오.

[보기]

① $(CH_3)_3Al$　② $(C_2H_5)_3Al$

① 트리메틸알루미늄 $(CH_3)_3Al + 3H_2O \rightarrow Al(OH)_3 + 3CH_4$: 수산화알루미늄+메탄

② 트리에틸알루미늄 $(C_2H_5)_3Al + 3H_2O \rightarrow Al(OH)_3 + 3C_2H_6$: 수산화알루미늄+에탄

Core 027 · 028 / page I - 14

12 염소산칼륨과 적린의 혼촉발화에 대해 다음 물음에 답하시오.

① 두 물질의 반응식
② 반응 후 생성기체와 물의 반응 후 생성물질

① 반응식 : $5KClO_2+6P\rightarrow 3P_2O_5+5KCl$: 오산화린+염화칼륨
- 반응 후 생성기체는 오산화린(P_2O_5)이다.

② $P_2O_5+3H_2O\rightarrow 2H_3PO_4$이므로 H_3PO_4(인산)이다.

Core 004 / page I - 7

13 아세트알데히드에 대해 다음 물음에 답하시오.

① 옥외탱크 중 압력탱크 외의 탱크에 저장하는 저장온도
② 위험도(4.1~57%)
③ 산화 시 발생물질

① 15℃

② $\frac{57-4.1}{4.1}=12.9$

③ 아세트산(CH_3COOH)

Core 046 / page I - 19

14 다음 ( ) 안을 채우시오.

[1704]

① ( ) 위험물은 불티, 불꽃, 고온체와의 접근이나 과열, 충격 또는 마찰을 피해야 한다.
② ( ) 위험물은 가연물과의 접촉 · 혼합이나 분해를 촉진하는 물품과의 접근 또는 과열을 피해야 한다.
③ ( ) 위험물은 불티, 불꽃, 고온체와의 접근 또는 과열을 피하고, 함부로 증기를 발생시키지 않아야 한다.

① 제5류 ② 제6류 ③ 제4류

Core 079 / page I - 32

15 벤젠 16g이 기화되었을 때 1기압, 90℃에서 부피를 구하시오.

- 이상기체방정식 $PV=\frac{W}{M}RT$를 이용한다. 여기서 V(부피 L), W(무게 g), M(분자량 [g/mol]), R(기체상수 0.082), T(절대온도 K), P(압력 atm)을 의미한다.
- 이상기체방정식을 적용하기 위해 벤젠의 분자량을 구하면 (12×6)+(1×6)=78[g/mol]이다.
- 절대온도는 273+90=363[K]이다.
- 대입하면 $1\times V=\frac{16}{78}\times 0.082\times(273+90)=6.1058\cdots$가 되므로 계산하면 부피는 6.11L가 된다.
- 결과값 : 6.11[L]

Core 047 / page Ⅰ - 20

16 트리니트로페놀에 대해 다음 물음에 답하시오.

① 구조식	② 지정수량	③ 품명

① 피크린산[$C_6H_2OH(NO_2)_3$]의 구조식

OH
NO_2 NO_2
NO_2

② 지정수량 : 200kg
③ 니트로화합물

Core 067 / page Ⅰ - 26

17 탄화칼슘 32g이 물과 반응 시 발생하는 기체를 연소 시 필요한 산소의 부피는 표준상태에서 몇 L인지 쓰시오.

[0804/1502]

- 탄화칼슘(CaC_2)과 물의 반응식 : $CaC_2+2H_2O\rightarrow Ca(OH)_2+C_2H_2$: 수산화칼슘+아세틸렌
- 탄화칼슘의 분자량은 40+(12×2)=64이다. 1몰의 탄화칼슘에서 발생되는 아세틸렌은 1몰이다.
- 주어진 탄화칼슘이 32g으로 0.5몰에 해당하므로 발생되는 아세틸렌도 0.5몰이다.
- 0.5몰의 아세틸렌(C_2H_2)을 완전연소시키는 반응식은 $2C_2H_2+5O_2\rightarrow 4CO_2+2H_2O$이므로 1.25몰의 산소가 필요하다.
- 1몰의 산소가 갖는 부피는 22.4[L]이므로 1.25몰은 28[L]이다.
- 결과값 : 28[L]

Core 037 / page Ⅰ - 16

18 다음 표에 혼재 가능한 위험물은 "○", 혼재 불가능한 위험물은 "×"로 표시하시오. [1001/1404/1601/1704]

위험물의 구분	제1류	제2류	제3류	제4류	제5류	제6류
제1류		×	×	×	×	○
제2류	×		×	○	○	×
제3류	×	×		○	×	×
제4류	×	○	○		○	×
제5류	×	○	×	○		×
제6류	○	×	×	×	×	

Core 080 / page I - 32

19 판매취급소 배합실에 대한 다음 물음에 답하시오. [1204/1704]

① 바닥면적 (　　)m^2 이상 (　　)m^2 이하　② 벽은 (　　) 또는 (　　)로 할 것
③ 출입구에는 자동폐쇄식의 (　　)을 설치할 것　④ 문턱 높이는 바닥면으로부터 (　　) 이상
⑤ 바닥에는 (　　)를 설치할 것

① 6, 15　② 내화구조, 불연재료　③ 갑종방화문
④ 0.1m　⑤ 집유설비

Core 126 / page I - 50

20 다음에 열거된 제5류 위험물의 위험등급을 구분해서 쓰시오.

유기과산화물, 질산에스테르, 히드록실아민, 히드라진유도체, 아조화합물, 니트로화합물

① I : 유기과산화물, 질산에스테르
② II : 히드록실아민, 히드라진유도체, 아조화합물, 니트로화합물
③ III : 해당 없음

Core 062 / page I - 25

2020년 3회 기출복원문제

01 제6류 위험물에 관한 내용이다. 해당하는 물질이 위험물이 될 수 있는 조건을 쓰시오.(단, 없으면 없음이라 쓰시오.) [1702]

① 과염소산	② 과산화수소	③ 질산

① 없음
② 농도가 36중량% 이상인 것
③ 비중이 1.49 이상인 것

Core 068 / page Ⅰ-27

02 과산화나트륨 1kg이 열분해 시 발생하는 산소의 부피는 350℃, 1기압에서 몇 L인지 쓰시오.

- 과산화나트륨의 열분해 반응식 $2Na_2O_2 \rightarrow 2Na_2O + O_2$이고, 과산화나트륨의 분자량은 23×2+16×2=78g이므로 2몰 즉, 156g이 열분해 될 때 산소는 22.4L발생하므로 0℃, 1기압, 과산화나트륨 1kg이 열분해되면 $\frac{22.4 \times 1,000}{156} = 143.59$L이다.
- 350℃에서의 부피를 묻고 있으므로 350℃는 623K이므로 $143.59 \times \frac{623}{273} = 327.68$L가 된다.
- 결과값 : 327.68[L]

Core 009 / page Ⅰ-8

03 다음 물음에 답하시오. [2001]

① 트리메틸알루미늄의 연소반응식	② 트리메틸알루미늄의 물과의 반응식
③ 트리에틸알루미늄의 연소반응식	④ 트리에틸알루미늄의 물과의 반응식

① 트리메틸알루미늄 연소반응식 : $2(CH_3)_3Al + 12O_2 \rightarrow Al_2O_3 + 6CO_2 + 9H_2O$
② 트리메틸알루미늄 물과의 반응식 : $(CH_3)_3Al + 3H_2O \rightarrow Al(OH)_3 + 3CH_4$
③ 트리에틸알루미늄 연소반응식 : $2(C_2H_5)_3Al + 21O_2 \rightarrow Al_2O_3 + 12CO_2 + 15H_2O$
④ 트리에틸알루미늄 물과의 반응식 : $(C_2H_5)_3Al + 3H_2O \rightarrow Al(OH)_3 + 3C_2H_6$

Core 027 · 028 / page Ⅰ-14

04 탄화알루미늄에 대해 다음 물음에 답하시오.

① 물과 반응 시 발생하는 가스의 연소반응식 ② 물과 반응 시 발생하는 가스의 화학식
③ 물과 반응 시 발생하는 가스의 연소범위 ④ 물과 반응 시 발생하는 가스의 위험도

• 탄화알루미늄(Al_4C_3)과 물의 반응식은 $Al_4C_3 + 12H_2O \rightarrow 4Al(OH)_3 + 3CH_4$으로 발생한 가스는 메탄이다.

① 연소반응식은 $CH_4 + 2O_2 \rightarrow CO_2 + 2H_2O$

② CH_4

③ 메탄의 연소범위는 5~15%이다.

④ 위험도는 $\frac{U-L}{L}$이고, 메탄의 폭발상한계(U)는 15, 폭발하한계(L)는 5이므로 대입하면 $\frac{15-5}{5} = 2$이다.

Core 038 / page Ⅰ-16

05 삼황화린, 오황화린, 칠황화린에 대해 다음 물음에 답하시오.

가) 조해성에 있는 물질과 없는 물질에 대해 답하시오.
① 삼황화린 ② 오황화린 ③ 칠황화린
나) 발화점이 가장 낮은 것에 대해 답하시오.
① 화학식 ② 연소반응식

• 삼황화린(P_4S_3)은 조해성이 없고, 발화점이 가장 낮다.

가) ① 없음 ② 있음 ③ 있음

나) ① $\underline{P_4S_3}$(삼황화린) ② $P_4S_3 + 8O_2 \rightarrow 2P_2O_5 + 3SO_2$

Core 018 / page Ⅰ-11

06 질산칼륨에 대한 다음 물음에 답하시오.

① 품명을 쓰시오. ② 지정수량을 쓰시오.
③ 위험등급을 쓰시오. ④ 제조소의 주의사항(없으면 "필요 없음"이라 쓰시오)
⑤ 분해반응식

① 질산염류 ② 300kg ③ Ⅱ
④ 필요 없음 ⑤ $2KNO_3 \rightarrow 2KNO_2 + O_2$

Core 012 / page Ⅰ-8

07 다음의 제4류 위험물의 인화점 범위를 쓰시오.

[0901/1001/1301/1401/1404/1704]

① 제1석유류 ② 제2석유류
③ 제3석유류 ④ 제4석유류

① 21℃ 미만 ② 21℃ 이상 70℃ 미만
③ 70℃ 이상 200℃ 미만 ④ 200℃ 이상 250℃ 미만

Core 039 / page Ⅰ-17

08 지하탱크저장소에 대한 다음 물음에 답하시오.

[1502/2104]

① 지하저장탱크와 탱크전용실의 안쪽과의 사이는 0.1m 이상의 간격을 유지해야 한다. 여기에 설치하는 누유검사관은 하나의 탱크 당 몇 개소 이상 설치해야 하는지 쓰시오.
② 지하저장탱크의 윗부분은 지면으로부터 몇 m 이상 아래에 있어야 하는지 쓰시오.
③ 통기관의 선단은 지면으로 몇 m 이상의 높이에 설치해야 하는지 쓰시오.
④ 전용실의 벽 및 바닥의 두께는 몇 m 이상으로 해야 하는지 쓰시오.
⑤ 지하저장탱크의 주위에 채우는 재료는 무엇인지 쓰시오.

① 4개 ② 0.6m ③ 4m
④ 0.3m ⑤ 마른모래

Core 098 · 099 / page Ⅰ-40 · 41

09 제4류 위험물 중에서 수용성인 위험물을 고르시오.

① 휘발유 ② 벤젠 ③ 톨루엔 ④ 아세톤
⑤ 메틸알코올 ⑥ 클로로벤젠 ⑦ 아세트알데히드

• ④, ⑤, ⑦

Core 041 / page Ⅰ-18

10 옥내저장소에 용기를 저장하는 경우에 대한 다음 물음에 답하시오.

① 기계에 의하여 하역하는 구조로 된 용기는 몇 m를 초과하여 겹쳐 쌓을 수 없는지 쓰시오.
② 제4류 위험물 중 제3석유류, 제4석유류 및 동식물유의 용기는 몇 m를 초과하여 겹쳐 쌓을 수 없는지 쓰시오.
③ 그 밖의 경우는 몇 m를 초과하여 겹쳐 쌓을 수 없는지 쓰시오.
④ 옥내저장소에서 용기에 수납하여 저장하는 위험물의 저장온도는 몇 ℃ 이하로 해야 하는지 쓰시오.
⑤ 동일 품명의 위험물이라도 자연발화 할 우려가 있거나 재해가 현저하게 증대할 우려가 있는 위험물을 다량 저장하는 경우는 지정수량의 10배 이하마다 구분하여 상호간 몇 m 이상의 간격을 두어 저장하여야 하는지 쓰시오.

① 6m ② 4m ③ 3m
④ 55℃ ⑤ 0.3m

Core 092 / page Ⅰ-38

11 제1종 분말소화제의 열 분해 시 270℃에서의 반응식과 850℃에서의 반응식을 각각 쓰시오. [0602/1502/1801]

① 270℃ 반응식 : $2NaHCO_3 \rightarrow Na_2CO_3 + CO_2 + H_2O$: 탄산나트륨+이산화탄소+물
② 850℃ 반응식 : $2NaHCO_3 \rightarrow Na_2O + 2CO_2 + H_2O$: 산화나트륨+이산화탄소+물

Core 142 / page Ⅰ-55

12 반지름 3m, 직선 8m, 양쪽으로 각각 2m씩 볼록한 원형탱크에 대한 다음 물음에 답하시오.

① 내용적은 몇 m^3인지 구하시오.
② 공간용적이 10%일 때 탱크용량은 몇 m^3인지 구하시오.

- $r=3$, $L=8$, $L_1=L_2=2$이므로 대입하면 탱크의 내용적은 $\pi \times 3^2[8+\frac{2+2}{3}] = \pi \times 9 \times \frac{28}{3} = 263.76[m^3]$이다.
- 공간용적이 10%이면 해당 용적을 제외해야 하므로 $263.76 \times 0.9 = 237.38[m^3]$이다.

① 내용적은 $263.76[m^3]$
② 탱크용량은 $237.38[m^3]$

Core 097 / page Ⅰ-40

13 제시된 소화설비에 대해 적응성이 있는 위험물을 [보기]에서 골라 쓰시오.

[보기]
㉠ 제1류 위험물 중 무기과산화물(알칼리금속 과산화물 제외)
㉡ 제2류 위험물 중 인화성고체
㉢ 제3류 위험물(금수성물질 제외)
㉣ 제4류 위험물
㉤ 제5류 위험물
㉥ 제6류 위험물

① 포소화설비 : ㉠, ㉡, ㉢, ㉣, ㉤, ㉥
② 불활성가스소화설비 : ㉡, ㉣
③ 옥외소화전설비 : ㉠, ㉡, ㉢, ㉤, ㉥

Core 147 / page Ⅰ-57

14 아세트알데히드에 대해 다음 물음에 답하시오.

[0704/1304/1602/1801/1901]

① 시성식을 쓰시오.
② 증기비중을 쓰시오.
③ 산화 시 생성물질의 물질명과 화학식을 쓰시오.

① CH_3CHO
② $\frac{44.05}{29}=1.52$
③ 아세트산, CH_3COOH

Core 046 · 157 / page Ⅰ-19 · 61

15 다음 물질의 화학식과 지정수량을 쓰시오.

① 과산화벤조일　　② 과망간산암모늄　　③ 인화아연

① $(C_6H_5CO)_2O_2$, 10kg
② NH_4MnO_4, 1,000kg
③ Zn_3P_2, 300kg

Core 076 / page Ⅰ-30

16 이산화탄소 소화설비에 대해 답하시오.

① 고압식 분사헤드의 방사압력은 몇 MPa 이상으로 해야 하는지 쓰시오.
② 저압식 분사헤드의 방사압력은 몇 MPa 이상으로 해야 하는지 쓰시오.
③ 저압식 저장용기는 내부의 온도를 영하 몇 ℃ 이상, 영하 ℃ 이하로 유지할 수 있는 자동냉동기를 설치해야 하는지 쓰시오.
④ 저압식 저장용기는 몇 MPa 이상의 압력 및 몇 MPa 이하의 압력에서 작동하는 압력경보장치를 설치해야 하는지 쓰시오.

① 2.1MPa　② 1.05MPa
③ 20℃, 18℃　④ 2.3MPa, 1.9MPa

Core 141 / page Ⅰ - 55

17 다음 위험물에 대한 운반용기 외부에 표시하는 주의사항을 쓰시오.

① 제2류 인화성고체　② 제3류 금수성물질　③ 제4류 위험물
④ 제5류 위험물　⑤ 제6류 위험물

① 화기엄금　② 물기엄금　③ 화기엄금
④ 화기엄금, 충격주의　⑤ 가연물접촉주의

Core 086 / page Ⅰ - 34

18 다음 물음에 답하시오.

① 제3류 위험물 중 물과 반응하지 않고 연소 시 백색기체를 발생하는 물질의 명칭을 쓰시오.
② ①의 물질이 저장된 물에 강알칼리성 염류를 첨가하면 발생하는 독성기체의 화학식을 쓰시오.
③ ①의 물질을 저장하는 옥내저장소의 바닥면적은 몇 m^2 이하로 해야 하는지 쓰시오.

① 황린　② PH_3　③ 1,000

Core 029 / page Ⅰ - 14

19 다음 물질의 물(H_2O)과의 반응식을 쓰시오.

[0604/1801]

① K_2O_2	② Mg	③ Na

① 과산화칼륨 반응식 : $2K_2O_2+2H_2O \rightarrow 4KOH+O_2$: 수산화칼륨+산소

② 마그네슘 반응식 : $Mg+2H_2O \rightarrow Mg(OH)_2+H_2$: 수산화마그네슘+수소

③ 나트륨 반응식 : $2Na+2H_2O \rightarrow 2NaOH+H_2$: 수산화나트륨+수소

Core 010 · 021 · 026 / page Ⅰ-8 · 11 · 13

20 보기의 동식물유류를 요오드값에 따라 건성유, 반건성유, 불건성유로 분류하시오.

[0604/1304/1604]

① 아마인유	② 야자유	③ 들기름
④ 쌀겨유	⑤ 목화씨유	⑥ 땅콩유

- 건성유 : ①, ③
- 반건성유 : ④, ⑤
- 불건성유 : ②, ⑥

Core 059 / page Ⅰ-23

2020년 4회 기출복원문제

01 다음 괄호 안에 품명과 지정수량을 알맞게 채우시오.

① 칼륨 : (　)kg　② 나트륨 : (　)kg　③ (　) : 10kg
④ (　) : 10kg　⑤ (　) : 20kg
⑥ 알칼리금속(칼륨 및 나트륨 제외) 및 알칼리토금속 : (　)kg
⑦ 유기금속화합물(알킬알루미늄 및 알킬리튬 제외) : (　)kg

① 10　② 10　③ 알킬알루미늄
④ 알킬리튬　⑤ 황린　⑥ 50
⑦ 50

Core 024 / page Ⅰ-13

02 에틸알코올을 저장한 옥내저장탱크에 대한 다음 물음에 답하시오.

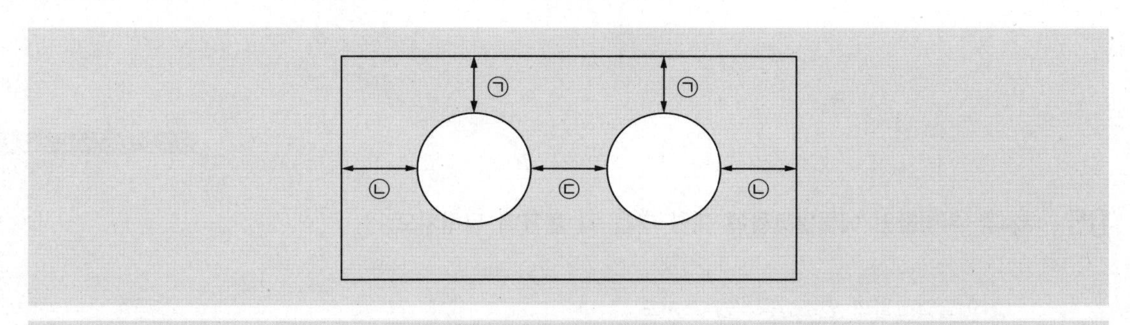

① ㉠의 거리는 몇 m 이상으로 하는가?　② ㉡의 거리는 몇 m 이상으로 하는가?
③ ㉢의 거리는 몇 m 이상으로 하는가?　④ 옥내저장탱크의 용량은 몇 L 이하로 하는가?

① 0.5　② 0.5　③ 0.5
④ 에틸알코올의 지정수량은 400L이므로 40배는 16,000L가 된다.

Core 110 / page Ⅰ-45

03 휘발유와 같은 인화성 액체 위험물 옥외탱크저장소의 탱크 주위에 방유제 설치에 관한 내용이다. 다음 각 물음에 답하시오.

[0902]

① 방유제의 높이는 ( )m 이상 ( )m 이하로 할 것
② 방유제 내의 면적은 ( )m^2 이하로 할 것
③ 방유제 내에 설치하는 옥외저장탱크의 수는 ( ) 이하로 할 것

① 0.5, 3 ② 80,000 ③ 10

Core 113 / page I - 46

04 다음 보기의 물질들을 인화점이 낮은 것부터 순서대로 나열하시오.

[0904/1201/1404/1602]

① 디에틸에테르 ② 이황화탄소 ③ 산화프로필렌 ④ 아세톤

• ① → ③ → ② → ④

Core 060 / page I - 23

05 제4류 위험물인 에틸알코올에 대한 다음 각 물음에 답하시오.

[0902/1401]

① 에틸알코올의 연소반응식을 쓰시오.
② 에틸알코올과 칼륨의 반응에서 발생하는 기체의 명칭을 쓰시오.
③ 에틸알코올의 구조이성질체로서 디메틸에테르의 화학식을 쓰시오.

① 에틸알코올의 반응식 : $C_2H_5OH+3O_2 \rightarrow 2CO_2+3H_2O$: 이산화탄소+물
② 에틸알코올과 칼륨의 반응식 : $2C_2H_5OH+2K \rightarrow 2C_2H_5OK+H_2$: 칼륨에틸레이트+수소
에틸알코올과 칼륨이 반응하면 수소가 발생한다.
③ 디메틸에테르(CH_3OCH_3)

Core 054 / page I - 21

06 다음 물음에 답하시오.

① 고정주유설비의 중심선을 기점으로 해서 도로경계선까지의 거리
② 고정급유설비의 중심선을 기점으로 해서 도로경계선까지의 거리
③ 고정주유설비의 중심선을 기점으로 해서 부지경계선까지의 거리
④ 고정급유설비의 중심선을 기점으로 해서 부지경계선까지의 거리
⑤ 고정급유설비의 중심선을 기점으로 해서 개구부가 없는 벽까지의 거리

① 4m ② 4m ③ 2m
④ 1m ⑤ 1m

Core 128 / page Ⅰ - 51

07 다음 [보기] 중 제2류 위험물의 설명으로 옳은 것은? [1101/1704]

[보기]
㉠ 황화린, 적린, 황은 위험등급Ⅱ이다.
㉡ 모두 산화제이다.
㉢ 대부분 물에 잘 녹는다.
㉣ 모두 비중이 1보다 작다.
㉤ 고형알코올은 제2류 위험물이며 품명은 알코올류이다.
㉥ 지정수량이 100kg, 500kg, 1,000kg이다.
㉦ 위험물에 따라 제조소에 설치하는 주의사항은 화기엄금 또는 화기주의로 표시한다.

• ㉠, ㉥, ㉦

Core 017 / page Ⅰ - 10

08 이황화탄소에 대한 다음 물음에 답하시오.

① 품명 ② 연소반응식 ③ 수조의 두께는 몇 m 이상인가?

① 특수인화물 ② $CS_2 + 3O_2 \rightarrow CO_2 + 2SO_2$ ③ 0.2m 이상

Core 043 / page Ⅰ - 19

09 옥내저장소의 동일한 장소에 다음 물질과 함께 저장할 수 있는 것을 [보기]에서 골라 쓰시오. (단, 1m 이상의 간격을 두고 있다)

[보기]
과염소산칼륨, 염소산칼륨, 과산화나트륨, 아세톤, 과염소산, 질산, 아세트산

① CH_3ONO_2 ② 인화성고체 ③ P_4

① 질산메틸은 제5류 위험물이므로 제1류 위험물(알칼리금속의 과산화물 또는 이를 함유한 것을 제외)과 동일장소에 저장이 가능하므로 과염소산칼륨, 염소산칼륨
② 인화성 고체는 제2류 위험물이므로 제4류 위험물과 동일장소에 저장이 가능하므로 아세톤, 아세트산
③ 황린은 제3류 위험물 중 자연발화성물질이므로 제1류 위험물과 동일장소에 저장이 가능하므로 과염소산칼륨, 염소산칼륨, 과산화나트륨

Core 081 / page I – 33

10 다음 괄호 안에 알맞은 말을 쓰시오. [0901]

① 유황은 순도 (①)중량% 이상이 위험물이다.
② 철분은 철의 분말로서 (②)마이크로미터의 표준체를 통과하는 것이 (③)중량% 미만을 제외한다.
③ 금속분은 알칼리금속 및 알칼리토금속, 마그네슘, 철분 외의 분말을 말하고, 니켈, 구리분 및 (④)마이크로미터의 체를 통과하는 것이 (⑤)중량% 미만을 제외한다.

① 60 ② 53 ③ 50
④ 150 ⑤ 50

Core 015 / page I – 10

11 나트륨에 적응성이 있는 소화약제를 모두 고르시오.

[보기]
팽창질석, 인산염류분말소화설비, 건조사, 불활성가스소화설비, 포소화설비

• 나트륨은 제3류 위험물 중 금수성 물질이므로 팽창질석, 건조사

Core 147 / page I – 57

12 다음은 옥내소화전의 가압송수장치 중 압력수조에 필요한 압력을 구하는 공식이다. 괄호 안에 알맞은 말을 [보기]에서 골라 쓰시오.

P=( )+( )+( )+( )MPa

[보기]

㉠ 소방용 호스의 마찰손실수두압(MPa)
㉡ 배관의 마찰손실수두압(MPa)
㉢ 낙차의 환산수두압(MPa)
㉣ 낙차(m)
㉤ 배관의 마찰손실수두(m)
㉥ 소방용 호스의 마찰손실수두(m)
㉦ 0.35MPa
㉧ 35MPa

- ㉠, ㉡, ㉢, ㉦

Core 152 / page I - 59

13 다음 [보기]의 물질이 물과 반응 시 발생하는 가스의 몰수를 구하시오.(단, 1기압, 30℃이다)

[보기]

① 과산화나트륨 78g
② 수소화칼슘 42g

- 과산화나트륨(Na_2O_2)의 분자량은 78이므로 주어진 78g은 1몰이다.
  물과의 반응식은 $2Na_2O_2+2H_2O \rightarrow 4NaOH+ O_2$에서 과산화나트륨 2몰이 1몰의 산소를 발생시키므로 과산화나트륨 1몰은 산소 0.5몰을 발생시킨다.
- 수소화칼슘(CaH_2)의 분자량은 42이므로 주어진 42g은 1몰이다.
  물과의 반응식은 $CaH_2+2H_2O\rightarrow Ca(OH)_2+2H_2$에서 수소화칼슘 1몰이 2몰의 수소를 발생시킨다.

① 0.5
② 2

Core 009 · 034 / page I - 8 · 15

14 다음 유별에 대해 위험등급Ⅱ인 품명을 2개 쓰시오.

① 제1류 ② 제2류 ③ 제4류

① 질산염류, 브롬산염류
② 황화린, 적린
③ 제1석유류, 알코올류

Core 075 / page I - 30

15 다음 물질의 운반용기의 수납률은 몇 % 이하인지 쓰시오.

① 과염소산	② 질산칼륨	③ 질산
④ 알킬알루미늄	⑤ 알킬리튬	

① 98%	② 95%	③ 98%
④ 90%	⑤ 90%	

Core 089 / page I - 37

16 다음 물질의 운반용기 외부에 표시하는 주의사항을 쓰시오.

① 황린	② 아닐린	③ 질산
④ 염소산칼륨	⑤ 철분	

① 화기엄금, 공기접촉엄금	② 화기엄금	③ 가연물접촉주의
④ 화기 · 충격주의, 가연물접촉주의	⑤ 화기주의, 물기엄금	

Core 086 / page I - 34

17 ANFO 폭약의 물질로서 산화성인 물질에 대해 다음 물음에 답하시오. [1302]

① 폭탄을 제조하는 물질의 화학식을 쓰시오.
② 질소, 산소, 물이 생성되는 분해반응식을 쓰시오.

① 질산암모늄(NH_4NO_3)
② 분해반응식 : $2NH_4NO_3 \rightarrow 2N_2 + O_2 + 4H_2O$: 질소+산소+물

Core 011 / page I - 8

18 특수인화물 200L, 제1석유류 400L, 제2석유류 4,000L, 제3석유류 12,000L, 제4석유류 24,000L의 지정수량의 배수의 합을 구하시오.(단, 제1석유류, 제2석유류, 제3석유류는 수용성이다) [0804/1602]

- 특수인화물의 지정수량은 50L이므로 200L는 4배, 제1석유류 수용성의 지정수량은 400L이므로 1배, 제2석유류 수용성의 지정수량은 2,000L이므로 4,000L는 2배, 제3석유류 수용성의 지정수량은 4,000L이므로 12,000L는 3배, 제4석유류의 지정수량은 6,000L이므로 24,000L는 4배이다.
- 구해진 지정수량의 배수의 합은 4+1+2+3+4=14배이다.
- 결과값 : 14배

Core 041 / page I - 18

19 다음 물질의 품명과 지정수량을 쓰시오.

① CH_3COOH ② N_2H_4 ③ $C_2H_4(OH)_2$
④ $C_3H_5(OH)_3$ ⑤ HCN

① 제2석유류, 2,000L ② 제2석유류, 2,000L ③ 제3석유류, 4,000L
④ 제3석유류, 4,000L ⑤ 제1석유류, 400L

Core 041 / page I - 18

20 인화칼슘에 대해 답하시오.

① 유별 ② 지정수량
③ 물과의 반응식 ④ 물과 반응 시 발생하는 기체

① 제3류
② 300kg
③ $Ca_3P_2+6H_2O \rightarrow 3Ca(OH)_2+2PH_3$
④ 포스핀(PH_3)

Core 035 / page I - 15

2021년 1회 기출복원문제

01 질산암모늄의 구성성분 중 질소와 수소의 함량을 wt%로 구하시오.

[0702/1104/1604]

- wt%는 질량%의 의미이므로 각 분자량의 백분율 비를 말한다.
- 질산암모늄(NH_4NO_3)의 분자량은 $14+(1\times4)+14+(16\times3)=80$[g/mol]이다.
- 질소는 2개의 분자가 존재하므로 28g이고, 이는 $\frac{28}{80}=35$[wt%]이다.
- 수소는 4개의 분자가 존재하므로 4g이고, 이는 $\frac{4}{80}=5$[wt%]이다.
- 결과값 : 질소 35[wt%], 수소 5[wt%]

Core 011 / page Ⅰ - 8

02 다음 소화약제의 1차 열분해반응식을 쓰시오.

① 제1종 분말소화약제	② 제2종 분말소화약제

① 제1종 분말 : $2NaHCO_3 \rightarrow Na_2CO_3 + CO_2 + H_2O$: 탄산나트륨+이산화탄소+물
② 제2종 분말 : $2KHCO_3 \rightarrow K_2CO_3 + CO_2 + H_2O$: 탄산칼륨+이산화탄소+물

Core 142 / page Ⅰ - 55

03 다음 보기 중 지정수량이 옳은 것을 모두 고르시오.

① 테레핀유 : 2,000L	② 실린더유 : 6,000L	③ 아닐린 : 2,000L
④ 피리딘 : 400L	⑤ 산화프로필렌 : 200L	

- ①은 비수용성 제3석유류로 1,000L, ⑤는 특수인화물로 50L이다.
- ②, ③, ④

Core 041 / page Ⅰ - 18

04 다음 물음에 답하시오.

① 제조소, 취급소, 저장소를 통틀어 무엇이라 하는가?
② 옥내저장소, 옥외저장소, 지하저장탱크, 암반탱크저장소, 이동탱크저장소, 옥내탱크저장소, 옥외탱크저장소 외 저장소의 종류에서 빠진 것을 쓰시오.
③ 안전관리자를 선임할 필요 없는 저장소의 종류를 모두 쓰시오.
④ 주유취급소, 일반취급소, 판매취급소 외 취급소의 종류에서 빠진 것을 쓰시오.
⑤ 이동저장탱크에 액체위험물을 주입하는 일반취급소를 무엇이라 하는지 쓰시오.

① 제조소등 ② 간이탱크저장소 ③ 이동탱크저장소
④ 이송취급소 ⑤ 충전하는 일반취급소

Core 125 / page Ⅰ - 50

05 다음 용어의 정의를 쓰시오.

① 인화성고체 ② 철분

① 인화성고체 - 고형알코올 그 밖의 1기압에서 인화점이 40도씨 미만인 고체
② 철분 - 철의 분말로서 53마이크로미터의 표준체를 통과하는 것이 50중량% 미만을 제외

Core 015 / page Ⅰ - 10

06 제2류 위험물인 마그네슘 화재 시 이산화탄소로 소화하면 위험한 이유를 반응식과 함께 설명하시오.

[0902]

• 마그네슘 화재 시 이산화탄소로 소화 반응식 : $2Mg + CO_2 \rightarrow 2MgO + C$: 산화마그네슘+탄소
• 마그네슘은 이산화탄소와 반응하여 폭발적 반응이 나타나므로 위험하다.

Core 021 / page Ⅰ - 11

07 제5류 위험물 중 지정수량이 200kg인 품명 3가지를 쓰시오.

[1502]

① 니트로화합물 ② 니트로소화합물 ③ 아조화합물

Core 062 / page Ⅰ - 25

08 다음 물음에 답하시오.

[0902/1201/1901]

① 탄화칼슘과 물과의 반응식
② 물과 반응으로 생성되는 기체의 연소반응식

① 물과의 반응식 : $CaC_2 + 2H_2O \rightarrow Ca(OH)_2 + C_2H_2$: 수산화칼슘+아세틸렌
② 발생가스(아세틸렌)의 연소반응식 : $C_2H_2 + 2.5O_2 \rightarrow 2CO_2 + H_2O$: 이산화탄소+물

Core 037 / page Ⅰ - 16

09 제4류 위험물인 메틸알코올에 대한 다음 각 물음에 답하시오.

[0904/1502]

① 완전연소반응식을 쓰시오.
② 생성물에 대한 몰수의 합을 쓰시오.

① 반응식 : $2CH_3OH + 3O_2 \rightarrow 2CO_2 + 4H_2O$: 이산화탄소+물
② 몰수의 합은 메틸알코올 2몰을 이용해서 반응시켰을 경우 6몰(2+4)의 생성물이 발생했으므로 1몰일 경우 3몰의 생성물이 발생한다.

Core 053 / page Ⅰ - 21

10 지름 10m, 높이 4m인 종형 원통형 탱크의 내용적을 구하시오.

[1801]

- 계산식 : $\pi \times 5^2 \times 4 = 100\pi = 314.16[m^3]$이다.
- 결과값 : $314.16[m^3]$

Core 097 / page Ⅰ - 40

11 다음 [보기]의 위험물 운반용기 외부에 표시해야 할 주의사항을 쓰시오.

① 황린　　② 인화성고체　　③ 과산화나트륨

① 화기엄금, 공기접촉엄금
② 화기엄금
③ 화기 · 충격주의, 가연물접촉주의, 물기엄금

Core 086 / page Ⅰ - 34

12 다음 배출설비에 대한 물음에 답하시오.

가) 국소방식은 시간당 배출장소 용적의 (①)배 이상으로 하고 전역방식은 바닥면적 $1m^2$당 (②)m^3 이상으로 한다.
나) 배출구는 지상 (③)m 이상으로서 연소의 우려가 없는 장소에 설치하고, (④)가 관통하는 벽 부분의 바로 가까이에 화재 시 자동으로 폐쇄되는 (⑤)를 설치할 것

① 20 ② 18 ③ 2
④ 배출덕트 ⑤ 방화댐퍼

Core 116 / page Ⅰ - 47

13 지정과산화물을 저장 또는 취급하는 옥내저장소의 저장창고 격벽의 설치기준이다. 빈칸을 채우시오.

[1202/1702]

저장창고는 (①)m^2 이내마다 격벽으로 완전하게 구획할 것. 이 경우 당해 격벽은 두께 (②)cm 이상의 철근콘크리트조 또는 철골철근콘크리트조로 하거나 두께 (③)cm 이상의 보강콘크리트블록조로 하고, 당해 저장창고의 양측의 외벽으로부터 (④)m 이상, 상부의 지붕으로부터 (⑤)cm 이상 돌출하게 하여야 한다.

① 150 ② 30 ③ 40
④ 1 ⑤ 50

Core 093 / page Ⅰ - 38

14 과산화수소가 이산화망간 촉매에 의해 분해되는 반응에 대한 다음 물음에 답하시오.

① 반응식을 쓰시오. ② 발생기체의 명칭을 쓰시오.

① $2H_2O_2 \rightarrow 2H_2O + O_2$
② 산소

Core 069 / page Ⅰ - 27

15 다음 [보기]의 설명에 해당하는 물질에 대한 다음 물음에 답하시오.

[0704/1004]

[보기]

㉠ 이소프로필알코올 산화시켜 만든다.
㉡ 제1석유류에 속한다.
㉢ 요오드포름 반응을 한다.

① 물질의 명칭을 쓰시오.
② 요오드포름의 화학식을 쓰시오.
③ 요오드포름의 색상을 쓰시오.

① 아세톤 ② CHI_3 ③ 황색

Core 055 / page Ⅰ - 22

16 다음 ( ) 안을 채우시오.

가) (①)등을 취급하는 제조소의 설비
㉠ 불활성기체 봉입장치를 갖추어야 한다.
㉡ 누설된 (①)등을 안전한 장소에 설치된 저장실에 유입시킬 수 있는 설비를 갖추어야 한다.

나) (②)등을 취급하는 제조소의 설비
㉠ 은, 수은, 구리(동), 마그네슘을 성분으로 하는 합금으로 만들지 아니한다.
㉡ 연소성 혼합기체의 폭발을 방지하기 위한 불활성기체 또는 수증기 봉입장치를 갖추어야 한다.
㉢ 저장하는 탱크에는 냉각장치 또는 보냉장치 및 불활성기체 봉입장치를 갖추어야 한다.

다) (③)등을 취급하는 제조소의 설비
㉠ (③)등의 온도 및 농도의 상승에 따른 위험한 반응을 방지하기 위한 조치를 강구한다.
㉡ 철, 이온 등의 혼입에 따른 위험한 반응을 방지하기 위한 조치를 강구한다.

① 알킬알루미늄 ② 아세트알데히드 ③ 히드록실아민

Core 121 / page Ⅰ - 48

17 **이황화탄소 5kg이 모두 증기로 변했을 때 1기압, 50℃에서 부피를 구하시오.**

- 계산식 : 이상기체방정식 : $PV=\frac{W}{M}RT$에서 $1\times V=\frac{5}{76}\times 0.082\times(273+50)=1.7425$
- 결과값 : 1.74[m^3]

Core 043 / page Ⅰ-19

18 **위험물안전관리법령에서 정한 제조소 중 옥외탱크저장소에 저장하는 소화난이도등급 Ⅰ에 해당하는 번호를 고르시오.(단, 해당 답이 없으면 없음이라고 쓰시오.)** [1504]

① 질산 60,000kg을 저장하는 옥외탱크저장소
② 과산화수소 액표면적이 40m^2 이상인 옥외탱크저장소
③ 이황화탄소 500[L]를 저장하는 옥외탱크저장소
④ 유황 14,000kg을 저장하는 지중탱크
⑤ 휘발유 100,000[L]를 저장하는 지중탱크

- 질산과 과산화수소는 제6류 위험물이므로 애초 대상에서 제외된다.
- 이황화탄소는 인화성 액체로 제4류 위험물 - 특수인화물로 지정수량이 50[L]이므로 지정수량의 배수는 10배로 대상이 아니다.
- 유황은 가연성 고체로 제2류 위험물로 지정수량은 100kg이므로 지정수량의 배수는 140배로 대상이다.
- 휘발유는 인화성 액체로 제4류 위험물 - 제1석유류로 지정수량은 200[L]이므로 지정수량의 500배로 대상이다.
- 따라서 소화난이도 등급 Ⅰ에 해당되는 것은 ④, ⑤이다.

Core 112 / page Ⅰ-46

19 **자체소방대에 두는 화학소방자동차 및 인원에 대한 다음 표의 (　)안을 채우시오.**

구분	화학소방자동차	자체 소방대원의 수
① 12만배 미만	(　)대	(　)인
② 12만배 이상 24만배 미만	(　)대	(　)인
③ 24만배 이상 48만배 미만	(　)대	(　)인
④ 48만배 미만	(　)대	(　)인

① 1, 5　② 2, 10
③ 3, 15　④ 4, 20

Core 148 / page Ⅰ-58

20 **제4류 위험물인 알코올류에서 제외되는 경우에 대한 내용이다. 빈칸을 채우시오.** [1302]

가) 1분자를 구성하는 탄소원자의 수가 1개 내지 (①)개의 포화1가 알코올의 함량이 (②)중량% 미만인 수용액
나) 가연성 액체량이 60중량% 미만이고 인화점 및 연소점이 에틸알코올 (③)중량% 수용액의 인화점 및 연소점을 초과하는 것

① 3 ② 60 ③ 60

Core 040 / page I-17

2021년 2회 기출복원문제

01 위험물의 저장량이 지정수량의 1/10일 때 혼재하여서는 안 되는 위험물을 모두 쓰시오. [0601/1504/1804]

① 제1류 위험물 : 제2류, 제3류, 제4류, 제5류
② 제2류 위험물 : 제1류, 제3류, 제6류
③ 제3류 위험물 : 제1류, 제2류, 제5류, 제6류
④ 제4류 위험물 : 제1류, 제6류
⑤ 제5류 위험물 : 제1류, 제3류, 제6류
⑥ 제6류 위험물 : 제2류, 제3류, 제4류, 제5류

Core 080 / page Ⅰ-32

02 위험물안전관리법령에 따른 위험물 저장 · 취급기준이다. 다음 빈 칸을 채우시오.

가) 제3류 위험물 중 자연발화성물질에 있어서는 불티 · 불꽃 또는 고온체와의 접근 · 과열 또는 (①)와의 접촉을 피하고, 금수성물질에 있어서는 물과의 접촉을 피하여야 한다.
나) 제(②)류 위험물은 불티 · 불꽃 · 고온체와의 접근이나 과열 · 충격 또는 마찰을 피하여야 한다.
다) 제2류 위험물은 산화제와의 접촉 · 혼합이나 불티 · 불꽃 · 고온체와의 접근 또는 과열을 피하는 한편, (③) 및 이를 함유한 것에 있어서는 물이나 산과의 접촉을 피하고 인화성 고체에 있어서는 함부로 증기를 발생시키지 아니하여야 한다.

① 공기　　② 5　　③ 철분 · 금속분 · 마그네슘

Core 079 / page Ⅰ-32

03 질산암모늄 800g이 열분해되는 경우 발생하는 기체의 부피[L]는 1기압, 600℃에서 전부 얼마인지 구하시오.

- 질산암모늄의 열분해 반응식은 $2NH_4NO_3 \rightarrow 2N_2 + 4H_2O + O_2$이다.
- 질산암모늄(NH_4NO_3)의 분자량은 $14+(1\times4)+14+(16\times3)=80$[g/mol]이다.
- 질산암모늄 2몰이 열분해 되었을 때 질소 2몰과 산소 1몰, 그리고 수증기 4몰 총 7몰의 기체가 발생한다.
- 질산암모늄 800g은 10몰에 해당하므로 발생기체는 35몰이 발생한다.
- 표준상태에서 1몰의 기체는 22.4[L]의 부피를 가지나 1기압 600℃에서는 $22.4\times\frac{273+600}{273}=71.63\cdots$[L]이므로 기체의 부피는 $35\times71.63\cdots=2{,}507.076\cdots$으로 2,507.08[L]가 된다.
- 결과값 : 2,507.08[L]

Core 011 / page Ⅰ-8

04 **다음 위험물 중 염산과 반응 시 제6류 위험물이 발생하는 물질을 찾고, 그 물질과 물과의 반응식을 쓰시오.**

㉠ 과산화나트륨	㉡ 과망간산칼륨	㉢ 마그네슘

- 과산화나트륨과 염산의 반응식은 $Na_2O_2+2HCl \rightarrow 2NaCl+H_2O_2$로 제6류 위험물인 과산화수소가 발생한다.
- 과망간산칼륨과 염산의 반응식은 $2KMnO_4+16HCl \rightarrow 2KCl+2MnCl_2+8H_2O+5Cl_2$로 제6류 위험물이 발생하지 않는다.
- 마그네슘과 염산의 반응식은 $Mg+2HCl \rightarrow MgCl_2+H_2$로 제6류 위험물이 발생하지 않는다.

① 염산과 반응하여 제6류 위험물이 발생하는 물질은 과산화나트륨이다.
② 과산화나트륨의 물과의 반응식은 $2Na_2O_2+2H_2O \rightarrow 4NaOH+O_2$이다.

Core 009 / page I－8

05 **다음은 제3류 위험물인 칼륨에 관한 내용이다. 다음 보기의 위험물과 반응하는 반응식을 쓰시오.** [1702]

① 이산화탄소	② 에틸알코올	③ 물

① 이산화탄소와의 반응식 : $4K+3CO_2 \rightarrow 2K_2CO_3+C$: 탄산칼륨+탄소
② 에틸알코올과의 반응식 : $2K+2C_2H_5OH \rightarrow 2C_2H_5OK+H_2$: 칼륨에틸레이트+수소
③ 물과의 반응식 : $2K+2H_2O \rightarrow 2KOH+H_2$: 수산화칼륨+수소

Core 025 / page I－13

06 **제2류 위험물과 동소체 관계를 갖는 자연발화성 물질인 제3류 위험물에 대한 다음 물음에 답하시오.**

① 연소반응식
② 위험등급
③ 옥내저장소의 바닥면적은 몇 m^2 이하로 해야 하는지 쓰시오.

- 제2류 위험물(적린)과 동소체 관계를 갖는 제3류 위험물은 황린(P_4)이다.

① 황린의 연소반응식은 $P_4+5O_2 \rightarrow 2P_2O_5$이다.
② 황린의 위험등급은 Ⅰ이다.
③ 옥내저장소의 바닥면적은 $1,000m^2$ 이하로 해야 한다.

Core 029 / page I－14

07 **특수인화물의 종류 중 물속에 저장하는 위험물에 대한 다음 물음에 답하시오.**

① 연소할 때 발생하는 독성가스의 화학식
② 증기비중
③ 이 위험물을 옥외저장탱크에 저장할 때 철근콘크리트 수조의 두께는 몇 m 이상으로 하는지 쓰시오.

- 특수인화물 중 물속에 저장하는 위험물은 이황화탄소(CS_2)이다.
- 이황화탄소의 연소반응식은 $CS_2+3O_2 \rightarrow 2SO_2+CO_2$이며, 이때 발생하는 가스는 이산화탄소와 독성가스인 이산화황이다.

① 독성가스는 SO_2(이산화황)이다.

② 분자량이 76이므로 증기비중은 $\frac{76}{29}=2.6206\cdots$이므로 2.62이다.

③ 0.2m 이상

Core 043 · 157 / page Ⅰ- 19 · 61

08 **메탄올 320g을 산화시키면 포름알데히드와 물이 발생한다. 이때 발생하는 포름알데히드의 g수를 구하시오.**

- 메탄올의 산화반응식은 $2CH_3OH+O_2 \rightarrow 2HCHO+2H_2O$이다.
- 메탄올의 분자량은 32, 포름알데히드 분자량은 30이고, 메탄올 1몰이 포름알데히드 1몰을 발생시키므로 320g의 메탄올은 300g의 포름알데히드를 발생시킨다.
- 결과값 : 300[g]

Core 053 / page Ⅰ- 21

09 **주어진 제4류 위험물에 대한 다음 물음에 답하시오.**

㉠ 메탄올	㉡ 아세톤	㉢ 클로로벤젠
㉣ 아닐린	㉤ 메틸에틸케톤	

① 인화점이 가장 낮은 것을 고르시오.
② ①의 구조식을 쓰시오.
③ 제1석유류를 모두 고르시오.

① ㉡

②
```
    H   O   H
    |   ‖   |
H - C - C - C - H
    |       |
    H       H
```

③ ㉡, ㉤

Core 051 / page Ⅰ- 21

10 **아세톤 200g이 완전연소하였다. 다음 물음에 답하시오.(단, 공기 중 산소의 부피비는 21%)** [0802/1504]

> ① 아세톤의 연소식을 작성하시오.
> ② 이것에 필요한 이론 공기량을 구하시오.
> ③ 발생한 탄산가스의 부피[L]를 구하시오.

① 아세톤(CH_3COCH_3)의 연소 반응식은 $CH_3COCH_3+4O_2 \rightarrow 3CO_2+3H_2O$이다.

- 아세톤의 분자량은 12+(1×3)+12+16+12+(1×3)=58[g/mol]이다.

② 연소 시 필요한 이론공기량

- 아세톤 58g이 연소되는데 4몰의 산소가 필요하다.
- 기체 1몰의 부피는 0℃, 1atm에서 22.4[L]이므로 아세톤 1몰이 연소되는데 필요한 산소는 4몰(4×22.4[L])이고, 산소가 공기 중에 21% 밖에 없으므로 필요한 공기의 양은 426.67[L]($=\frac{100}{21}\times 4\times 22.4$[L])가 된다.
- 아세톤 58g이 연소되는데 필요한 공기의 부피는 426.67[L]이므로 아세톤 200g이 연소되는데 필요한 공기의 부피는 $\frac{426.67\times 200}{58}=1{,}471.26$[L]이다.
- 결과값 : 1,471.26[L]

③ 아세톤 200g을 연소시켜 얻는 탄산가스의 부피

- 아세톤 58g이 연소시키면 3몰의 탄산가스(이산화탄소)가 발생하다.
- 기체 1몰의 부피는 0℃, 1atm에서 22.4[L]이므로 아세톤 1몰이 연소되었을 때 생성되는 탄산가스는 3몰(3×22.4[L])이다.
- 아세톤 58g 연소 시 발생되는 탄산가스의 부피가 67.2[L]이므로 아세톤 200g이 연소될 경우 발생하는 탄산가스의 부피는 $\frac{67.2\times 200}{58}=231.72$[L]이다.

- 결과값 : 231.72[L]

Core 051 / page I - 21

11 **질산 98중량% 비중 1.51 100mL를 질산 68중량% 비중 1.41로 바꾸려면 물은 몇 g 첨가되어야 하는지 구하시오.**

- 비중 1.51이라는 의미는 밀도 1.51이라는 의미와 같으므로 질산 98중량% 100mL는 151×0.98=147.98g이라는 의미이다. 즉, 용질의 양은 147.98g이고, 용액은 151g이라는 의미이다.
- 해당 용액에 물을 얼마나 추가해야 68중량%가 되는지를 구하는 문제이다.
- $\frac{147.98}{(151+x)}=0.68$을 만족하는 $x=66.6176\cdots$이므로 66.62g이 된다.
- 결과값 : 66.62[g]

Core 071 / page I - 28

12 다음 물질의 완전연소반응식을 쓰시오.

① P_2S_5 ② Mg ③ Al

① 오황화린 연소반응식 : $2P_2S_5 + 15O_2 \rightarrow 2P_2O_5 + 10SO_2$: 오산화린+이산화황
② 마그네슘 연소반응식 : $2Mg + O_2 \rightarrow 2MgO$: 산화마그네슘
③ 알루미늄 연소반응식 : $2Al + 3O_2 \rightarrow 2Al_2O_3$: 산화알루미늄

Core 018 · 021 · 022 / page I - 11 · 11 · 12

13 옥외탱크 저장시설의 위험물 취급 수량에 따른 보유공지의 너비에 관한 표이다. ( )안을 채우시오. [1901]

저장 또는 취급하는 위험물의 최대수량	공지의 너비
지정수량의 500배 이하	(①)m 이상
지정수량의 500배 초과 1,000배 이하	(②)m 이상
지정수량의 1,000배 초과 2,000배 이하	(③)m 이상
지정수량의 2,000배 초과 3,000배 이하	(④)m 이상
지정수량의 3,000배 초과 4,000배 이하	(⑤)m 이상

① 3 ② 5 ③ 9
④ 12 ⑤ 15

Core 131 / page I - 52

14 다음 소화방법에 대한 다음 물음에 답하시오.

① 대표적인 소화방법 4가지를 쓰시오.
② ①의 소화방법 중 증발잠열을 이용하여 소화하는 방법의 명칭을 쓰시오.
③ ①의 소화방법 중 가스의 밸브를 폐쇄하여 소화하는 방법의 명칭을 쓰시오.
④ 불활성 기체를 방사하여 소화하는 방법의 명칭을 쓰시오.

① 냉각소화, 질식소화, 억제소화, 제거소화
② 냉각소화
③ 제거소화
④ 질식소화

Core 136 / page I - 54

15 **제조소에 설치하는 옥내소화전에 대한 다음 물음에 답하시오.**

> ① 수원의 양은 소화전의 개수에 몇 m^3를 곱해야 하는가?
> ② 하나의 노즐의 방수압력은 몇 kPa 이상으로 해야 하는가?
> ③ 하나의 노즐의 방수량은 몇 L/min 이상으로 하는가?
> ④ 하나의 호스접속구까지의 수평거리는 몇 m 이하로 해야 하는가?

① 7.8　　② 350
③ 260　　④ 25

Core 151 / page I－58

16 **면적 $300m^2$의 옥외저장소에 덩어리 상태의 유황을 30,000kg 저장하는 경우에 다음 물음에 답하시오.**

> ① 설치할 수 있는 경계구역의 수
> ② 경계구역과 경계구역간의 간격
> ③ 해당 옥외저장소에 인화점 10℃인 제4류 위험물을 함께 저장할 수 있는지의 유무

• 유황의 지정수량은 100kg으로 30,000kg의 유황은 지정수량의 300배에 해당한다.
① 하나의 경계표시의 내부 면적은 $100m^2$ 이하여야 하므로 3개이다.
② 지정수량의 200배 이상이므로 경계구역간의 간격은 10m 이상으로 한다.
③ 유황은 가연성 고체 중 인화성 고체가 아니므로 제4류 위험물과 함께 저장할 수 없다.

Core 094 / page I－39

17 **지정과산화물 옥내저장소에 대한 다음 물음에 답하시오.**

> ① 지정과산화물의 위험등급을 쓰시오.
> ② 옥내저장소의 바닥면적은 몇 m^2 이하로 해야 하는지 쓰시오.
> ③ 철근콘크리트로 만든 옥내저장소의 외벽의 두께는 몇 cm 이상으로 해야 하는지 쓰시오.

① 유기과산화물의 위험등급은 Ⅰ이다.
② 제5류 위험물 중 유기과산화물, 질산에스테르류 그 밖에 지정수량이 10㎏인 위험물의 바닥면적은 $1,000m^2$이다.
③ 외벽은 두께 20cm 이상의 철근콘크리트조나 철골철근콘크리트조 또는 두께 30cm 이상의 보강콘크리트블록조로 하여야 하므로 20cm이다.

Core 090 · 093 / page I－37 · 38

18 다음은 위험물의 저장 및 취급에 관한 기준에 대한 설명이다. 옳은 것을 모두 고르시오.

① 옥내저장소에서는 용기를 수납하여 저장하는 위험물의 온도가 45℃가 넘지 않도록 필요한 조치를 강구하여야 한다.
② 제3류 위험물 중 황린 그 밖에 물속에 저장하는 물품과 금수성물질은 동일한 저장소에서 저장할 수 있다.
③ 제조소등에서 허가 및 신고와 관련되는 품명 외의 위험물 또는 이러한 허가 및 신고와 관련되는 수량 또는 지정수량의 배수를 초과하는 위험물을 저장 또는 취급하지 아니하여야 한다.
④ 이동탱크저장소에서는 위험물을 이송하기 위한 배관 · 펌프 및 이에 부속한 설비의 안전을 확인하기 위한 순찰을 행하고, 위험물을 이송하는 중에는 이송하는 위험물의 압력 및 유량을 항상 감시해야 한다.
⑤ 컨테이너식 이동탱크저장소외의 이동탱크저장소에 있어서는 위험물을 저장한 상태로 이동저장탱크를 옮겨 싣지 아니하여야 한다.

- ① 옥내저장소에서는 용기에 수납하여 저장하는 위험물의 온도가 55℃를 넘지 아니하도록 필요한 조치를 강구하여야 한다.
- ② 제3류 위험물 중 황린 그 밖에 물속에 저장하는 물품과 금수성물질은 동일한 저장소에서 저장하지 아니하여야 한다.
- ④ 이송취급소에서는 위험물을 이송하기 위한 배관 · 펌프 및 이에 부속한 설비의 안전을 확인하기 위한 순찰을 행하고, 위험물을 이송하는 중에는 이송하는 위험물의 압력 및 유량을 항상 감시하여야 한다.
- 옳은 것 : ③, ⑤

Core 092 · 103 · 119 · 130 / page Ⅰ – 38 · 42 · 48 · 51

19 다음 물음에 답하시오.

(가) 다음 설명의 빈칸에 들어갈 위험물의 명칭과 지정수량을 쓰시오.

(①) · (②) · 그 밖에 정전기에 의한 재해발생의 우려가 있는 액체의 위험물을 이동저장탱크의 상부로 주입하는 때에는 주입관을 사용하되, 당해 주입관의 끝부분을 이동저장탱크의 밑바닥에 밀착할 것

(나) (가)의 물질 중 겨울철에 응고할 수 있고, 인화점이 낮아 고체상태에서도 인화할 수 있는 방향족 탄화수소에 해당하는 물질의 구조식을 쓰시오.

(가) ① 휘발유 ② 벤젠

(나) ⬡ (벤젠)

Core 047 · 103 / page Ⅰ – 20 · 42

20 옥외저장탱크 · 옥내저장탱크 또는 지하저장탱크에 다음과 같은 위험물을 저장하는 경우 저장온도는 몇 ℃ 이하로 하여야 하는지를 쓰시오.

① 압력탱크에 저장하는 디에틸에테르
② 압력탱크에 저장하는 아세트알데히드
③ 압력탱크 외의 탱크에 저장하는 아세트알데히드
④ 압력탱크 외의 탱크에 저장하는 디에틸에테르
⑤ 압력탱크 외의 탱크에 저장하는 산화프로필렌

① 40℃ ② 40℃ ③ 15℃
④ 30℃ ⑤ 30℃

Core 106 / page Ⅰ - 43

2021년 4회 기출복원문제

01 옥외저장소에 옥외소화전설비를 다음과 같은 개수로 설치할 경우 필요한 수원의 양은 몇 m^3인지 계산하시오.

[1304/1804]

① 3개	② 6개

① 수원의 수량은 옥외소화전 설치(4개 이상인 경우 4개)개수×13.5m^3이므로 3×13.5m^3=40.5[m^3]이다.
② 수원의 수량은 옥외소화전 설치(4개 이상인 경우 4개)개수×13.5m^3이므로 4×13.5m^3=54[m^3]이다.

Core 149 / page Ⅰ-58

02 다음 각 종별 분말소화약제의 주성분 화학식을 쓰시오.

[1404]

① 제1종	② 제2종	③ 제3종

① 제1종 : $NaHCO_3$
② 제2종 : $KHCO_3$
③ 제3종 : $NH_4H_2PO_4$

Core 142/ page Ⅰ-55

03 제1류 위험물의 성질로 옳은 것을 [보기]에서 골라 번호를 쓰시오.

[1204/1804]

① 무기화합물	② 유기화합물	③ 산화체
④ 인화점이 0℃ 이하	⑤ 인화점이 0℃ 이상	⑥ 고체

• ①, ③, ⑥

Core 002/ page Ⅰ-6

04 갈색병에 보관하는 제6류 위험물에 대한 다음 물음에 답하시오.

[0702/0901/1401]

① 지정수량을 쓰시오.
② 위험등급을 쓰시오.
③ 위험물이 되기 위한 조건을 쓰시오.(단, 없으면 없음이라고 쓰시오)
④ 빛에 의해 분해되는 반응식을 쓰시오.

• 햇빛에 의해 분해되므로 갈색병에 저장하는 물질은 질산(HNO_3)이다. 질산은 지정수량이 300kg이고, 위험등급은 I 등급이다.

① 300kg ② I등급 ③ 비중이 1.49 이상인 것

④ 햇빛에 의한 분해반응식 : $4HNO_3 \rightarrow 2H_2O + 4NO_2 + O_2$

Core 071/ page I - 28

05 제조소 보유공지에 대한 물음이다. 다음의 지정수량의 배수에 따른 보유공지를 쓰시오.

① 1배 ② 5배 ③ 10배 ④ 20배 ⑤ 200배

① 3m 이상 ② 3m 이상 ③ 3m 이상 ④ 5m 이상 ⑤ 5m 이상

Core 133/ page I - 52

06 원통형 탱크의 용량[L]을 구하시오.(단, 탱크의 공간용적은 5/100이다)

[1802]

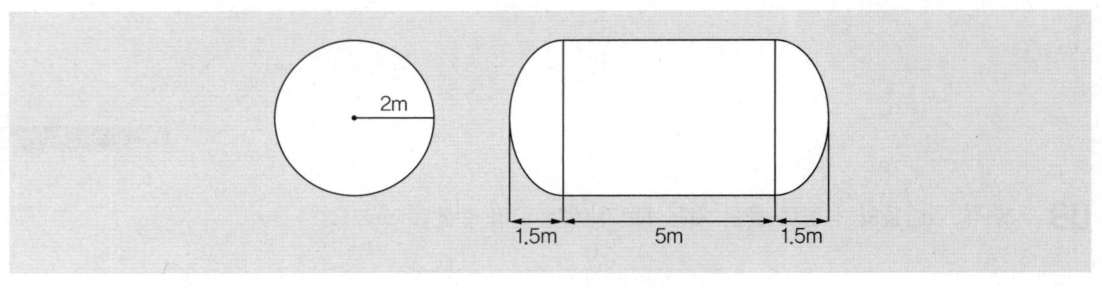

• 주어진 값을 대입하면 내용적$=\pi \times 2^2 \times \left(5+\frac{1.5+1.5}{3}\right)= 75.398 \cdots$[m^3]이다.

• 용량은 공간용적을 제외한 탱크의 내용적이므로 탱크의 실용량은 내용적의 95%에 해당한다. 따라서 75.398×0.95 =71.6282로 소수점아래 셋째자리에서 반올림하여 구하면 71.63[m^3]이다. 단위를 [L]로 변환하면 71,630[L]이다.

• 결과값 : 71,630[L]

Core 097/ page I - 40

07 위험물안전관리법령상 옥외저장소에 저장할 수 있는 위험물의 품명 5가지를 적으시오. [1302/1701]

① 제2석유류 ② 제3석유류 ③ 제4석유류
④ 알코올류 ⑤ 동식물유류

• 그 외 유황, 인화점이 0℃ 이상인 인화성 고체와 제1석유류, 과산화수소, 질산, 과염소산 등이 있다.

Core 094/ page I - 39

08 불티 · 불꽃 · 고온체와의 접근이나 과열 · 충격 또는 마찰을 피해야하는 위험물에 대한 다음 물음에 답하시오.

① 혼재 가능한 위험물의 유별을 쓰시오.
② 운반용기 외부에 표시해야 하는 주의사항을 쓰시오.
③ 지정수량이 가장 작은 품명 1가지를 쓰시오.

• 불티 · 불꽃 · 고온체와의 접근이나 과열 · 충격 또는 마찰을 피해야하는 위험물은 제5류 위험물이다.
① 제2류 위험물, 제4류 위험물
② 화기엄금 및 충격주의
③ 질산에스테르류 혹은 유기과산화물

Core 062 · 063/ page I - 25

09 주어진 그림은 옥내탱크저장소의 펌프실의 모습이다. 그림을 보고 물음에 답하시오.

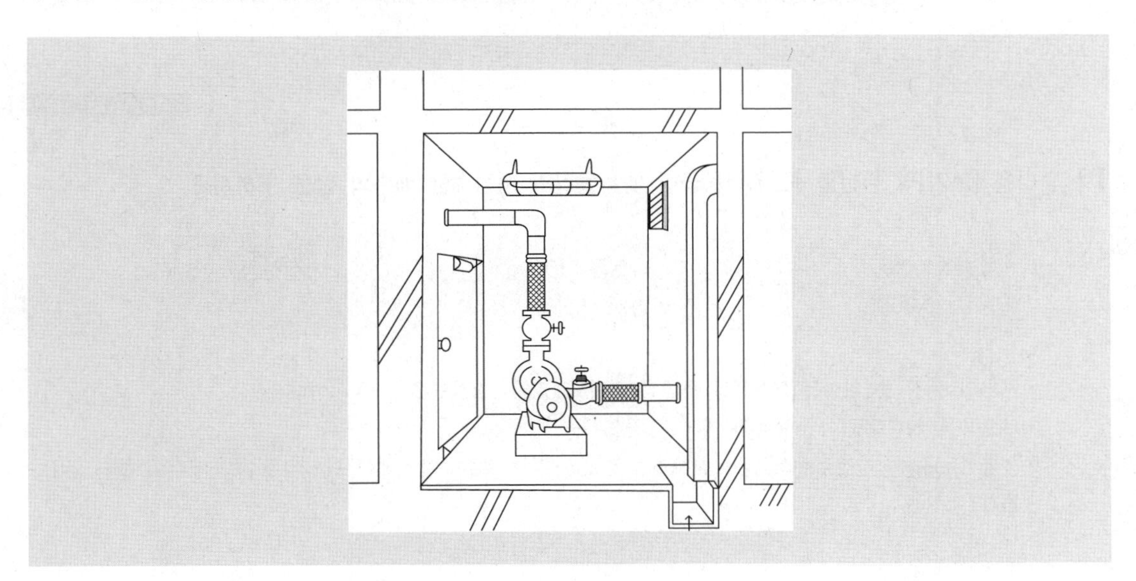

> ① 펌프실은 상층이 있는 경우에 있어서는 상층의 바닥을 내화구조로 하는데 상층이 없는 경우에 있어서는 지붕을 어떤 재료로 해야 하는지 쓰시오.
> ② 펌프실의 출입구에는 어떤 문을 설치해야 하는지 쓰시오.
> ③ 탱크전용실에 펌프설비를 설치하는 경우에는 견고한 기초 위에 고정한 다음 그 주위에는 불연재료로 된 턱을 몇 m 이상의 높이로 설치하는지 쓰시오.
> ④ 액상의 위험물의 옥내저장탱크를 설치하는 탱크전용실의 바닥은 위험물이 침투하지 아니하는 구조로 적당한 경사를 두는데 그 바닥의 최저부에 설치하는 설비를 쓰시오.
> ⑤ 탱크전용실의 창 또는 출입구에 유리를 이용하는 경우 어떤 유리를 설치하는지 쓰시오.

① 불연재료　　② 갑종방화문(제6류 위험물의 탱크전용실이면 을종방화문)
③ 0.2　　④ 집유설비　　⑤ 망입유리

Core 110/ page I – 45

10 다음은 이동탱크저장소의 주유호스에 대한 설명이다. 빈칸을 채우시오. [1902]

> 가) 주입호스는 내경이 (①)mm 이상이고, (②)MPa 이상의 압력에 견딜 수 있는 것으로 하며, 필요 이상으로 길게 하지 아니한다.
> 나) 주입설비의 길이는 (③) 이내로 하고, 그 선단에 축적되는 (④)를 유효하게 제거할 수 있는 장치를 한다.
> 다) 분당 토출량은 (⑤) 이하로 한다.

① 23　　② 0.3　　③ 50m　　④ 정전기　　⑤ 200L

Core 105/ page I – 43

11. 다음 [보기]의 위험물 중 위험등급이 II인 물질의 지정수량 배수의 합을 구하시오.

> • 유황 : 100kg　　• 나트륨 : 100kg　　• 질산염류 : 600kg
> • 등유 : 6,000L　　• 철분 : 50kg

• 보기의 물질 중 위험등급이 II인 물질은 유황(100kg), 질산염류(300kg)이다.
• 나트륨은 위험등급 I, 등유와 철분은 위험등급 III이다.
• 유황 100kg은 지정수량의 1배, 질산염류 600kg은 지정수량의 2배이므로 지정수량 배수의 합은 3배가 된다.
• 결과값 : 3배

Core 075 · 076/ page I – 30

12 다음은 지하저장탱크에 관한 내용이다. 빈칸을 채우시오. [1502/2003]

- 탱크전용실은 지하의 가장 가까운 벽 · 피트 · 가스관 등의 시설물 및 대지경계선으로부터 (①) 이상 떨어진 곳에 매설할 것
- 지하저장탱크의 윗부분은 지면으로부터 (②) 이상 아래에 있어야 한다.
- 지하저장탱크를 2 이상 인접해 설치하는 경우에는 그 상호간에 (③)(당해 2 이상의 지하저장탱크의 용량의 합계가 지정수량의 100배 이하인 때에는 (④) 이상의 간격을 유지하여야 한다. 다만, 그 사이에 탱크전용실의 벽이나 두께 (⑤) 이상의 콘크리트 구조물이 있는 경우에는 그러하지 아니하다.

① 0.1m ② 0.6m ③ 1m ④ 0.5m ⑤ 20cm

Core 098 · 099 · 100/ page I – 40 · 41

13 다음 [보기]의 위험물 중 연소될 경우 발생하는 연소생성물이 같은 위험물의 연소반응식을 각각 쓰시오. [1804]

적린, 삼황화린, 오황화린, 황, 마그네슘

- 삼황화린과 오황화린은 연소될 경우 동일하게 오산화린(P_2O_5)과 이산화황(SO_2)을 생성한다.
- 적린은 오산화린(P_2O_5), 황은 이산화황(SO_2), 마그네슘은 산화마그네슘(MgO)을 생성한다.

① 삼황화린(P_4S_3)의 연소 반응식은 $\underline{P_4S_3 + 8O_2 \rightarrow 2P_2O_5 + 3SO_2}$: 오산화린+이산화황이다.

② 오황화린(P_2S_5)의 연소 반응식은 $\underline{2P_2S_5 + 15O_2 \rightarrow 2P_2O_5 + 10SO_2}$: 오산화린+이산화황이다.

Core 018/ page I – 11

14 [보기]의 물질 중 연소범위가 가장 큰 물질에 대한 물음에 답하시오.

[보기]
아세톤, 메틸에틸케톤, 디에틸에테르, 메틸알코올, 톨루엔

① 물질의 명칭을 쓰시오. ② 위험도를 구하시오.

① 디에틸에테르

② 연소범위가 1.9~48%이므로 위험도는 $\frac{48-1.9}{1.9} = 24.2631\cdots$이므로 $\underline{24.26}$이다.

Core 044 · 061/ page I – 19 · 24

15 다음에서 설명하는 물질에 대한 물음에 답하시오.

[0801/1701]

- 제3류 위험물이며, 지정수량이 300kg이다.
- 분자량이 64이다.
- 비중이 2.2이다.
- 질소와 고온에서 반응하여 석회질소를 생성한다.

① 물질의 화학식을 쓰시오.
② 물과의 반응식을 쓰시오.
③ 물과 반응하여 생성되는 기체의 완전연소반응식을 쓰시오.

① CaC_2(탄화칼슘)
② 물과의 반응식 : $CaC_2 + 2H_2O \rightarrow Ca(OH)_2 + C_2H_2$: 수산화칼슘+아세틸렌
③ 생성기체(아세틸렌, C_2H_2)의 완전연소반응식 : $2C_2H_2 + 5O_2 \rightarrow 4CO_2 + 2H_2O$: 이산화탄소+물

Core 037/ page Ⅰ-16

16 다음은 알코올류의 산화 · 환원과정을 보여주고 있다. 물음에 답하시오.

- 메틸알코올 ↔ 포름알데히드 ↔ (①)
- 에틸알코올 ↔ (②) ↔ 아세트산

① 물질명과 화학식을 쓰시오.
② 물질명과 화학식을 쓰시오.
③ ①, ② 중 지정수량이 작은 물질의 연소반응식을 쓰시오.

① 포름산(의산, 개미산), $HCOOH$
② 아세트알데히드, CH_3CHO
③ 포름산은 제2석유류 수용성으로 지정수량이 2,000L이다. 아세트알데히드는 특수인화물로 지정수량이 50L로 4류 위험물중 가장 작다. 아세트알데히드의 연소반응식은 $2CH_3CHO + 5O_2 \rightarrow 4CO_2 + 4H_2O$이다.

Core 046 · 053 · 054/ page Ⅰ-19 · 21

17 트리니트로톨루엔(TNT)을 제조하는 과정을 화학반응식으로 쓰시오.

[0802/1102/1201]

• 반응식 : $C_6H_5CH_3+3HNO_3 \xrightarrow[\text{니트로화}]{C-H_2SO_4} C_6H_2CH_3(NO_2)_3+3H_2O$: 트리니트로톨루엔+물

Core 066/ page Ⅰ- 26

18 다음 보기의 물질이 물과 반응하는 반응식을 쓰시오.

[0604/0704/1002/1301]

① 탄화알루미늄　　② 탄화칼슘

① 탄화알루미늄 물과의 반응식 : $Al_4C_3+12H_2O \rightarrow 4Al(OH)_3+3CH_4$: 수산화알루미늄+메탄

② 탄화칼슘 물과의 반응식 : $CaC_2+2H_2O \rightarrow Ca(OH)_2+C_2H_2$: 수산화칼슘+아세틸렌

Core 037 · 038/ page Ⅰ- 16

19 금속나트륨에 대한 다음 각 물음에 대해 답을 쓰시오.

[1802]

① 지정수량을 쓰시오.
② 보호액을 쓰시오.
③ 물과의 반응식을 쓰시오.

① 지정수량 : 10[kg]

② 보호액 : 석유

③ 물과의 반응식 : $2Na+2H_2O \rightarrow 2NaOH+H_2$

Core 026/ page Ⅰ- 13

20 트리에틸알루미늄[$(C_2H_5)_3Al$]과 물의 반응식과 발생된 가스의 명칭을 쓰시오.

[0904/1304]

① 물과의 반응식 : $(C_2H_5)_3Al+3H_2O \rightarrow Al(OH)_3+3C_2H_6$: 수산화알루미늄+에탄

② 생성되는 기체는 에탄(C_2H_6)이다.

Core 027/ page Ⅰ- 14

MEMO

고시넷의 **고패스**

16년간

위험물 산업기사

기출복원문제+유형분석

실기 〖 3부 〗

16년간 기출복원문제(Ⅱ)

복원문제 실전 풀어보기

학습방법

- 1부와 2부에서 충분히 학습했다고 생각되신다면 직접 연필을 사용해서 3부의 문제들을 풀어보시기 바랍니다. 2부의 모범답안과 비교해 본 후 틀린 내용은 오답노트를 작성하신 후 다시 한 번 집중적으로 추가 학습하는 시간을 가지시는 것을 추천드립니다.
- 답안을 연필로 작성하신 후 답안 비교 후에는 지우개로 지워두시기 바랍니다. 시험 전에 다시 한 번 최종 마무리 확인시간을 가지면 합격가능성은 더욱 올라갈 것입니다.

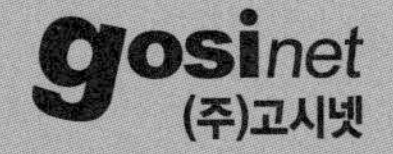

2006년 1회 기출복원문제

01 Ca_3P_2에 대한 다음 각 물음에 대해 답을 쓰시오. [0704/0802/1401/1501/1602]

① 지정수량을 쓰시오.
② 물과의 반응식을 쓰시오.
③ 발생가스의 성질을 쓰시오.

Core 035 / page Ⅰ - 15

02 빈칸을 채우시오.

알칼리금속 과산화물은 (①)과 심하게 (②)반응하여 (③)을 발생시키며 발생량이 많을 경우 (④)하게 된다.

Core 002 / page Ⅰ - 6

03 다음과 같은 제조소의 조건일 경우 방화벽 설치 높이는 얼마가 되어야 하는가?

① 제조소 높이 30m　② 인접건물 높이 40m　③ p상수 0.15
④ 제조소와 방화벽 거리 5m　⑥ 제조소와 인접건물 거리 10m

Core 120 / page Ⅰ - 48

04 제1류 위험물 중 위험등급 II 에 해당하는 품명을 3가지 쓰시오.

Core 001 / page I - 6

05 특수인화물 저장 · 운반 시 용기재질별 용량(L)을 쓰시오.

① 금속제 ② 유리 ③ 플라스틱

Core 087 / page I - 35

06 동식물유류 중에서 건성유의 요오드값은 얼마 이상인지 쓰시오.

Core 059 / page I - 23

07 제1류 위험물인 $KMnO_4$에 대해 다음 각 물음에 답을 쓰시오.

① 지정수량을 쓰시오.
② 가열분해 시 발생하는 조연성가스를 쓰시오.
③ 염산과 반응 시 발생되는 가스를 쓰시오.

Core 013 / page I - 9

08 소화난이도 등급 Ⅰ의 제조소 또는 일반취급소에 반드시 설치해야 할 소화설비 종류 3가지를 쓰시오. [1402]

Core 124 / page Ⅰ - 49

09 위험물의 저장량이 지정수량의 1/10일 때 혼재하여서는 안 되는 위험물을 모두 쓰시오. [1504/1804/2102]

Core 080 / page Ⅰ - 32

10 분자량이 27, 끓는점이 26℃이며, 맹독성인 제4류 위험물의 화학식과 지정수량을 쓰시오. [0902]

Core 052 / page Ⅰ - 21

2006년 2회 기출복원문제

01 고형알코올은 몇 류 위험물인지 쓰시오.

Core 023 / page Ⅰ-12

02 제3류 위험물 중 지정수량이 10kg인 위험물을 4가지 쓰시오. [0904]

Core 024 / page Ⅰ-13

03 건성유가 종이나 헝겊 등에 스며들어 공기 중에서 자연발화가 어떻게 발생하는지 쓰시오.

Core 139 / page Ⅰ-54

04 제2류 위험물인 오황화린과 물의 반응식과 발생 물질 중 기체상태인 것은 무엇인지 쓰시오. [1404]

Core 018 / page Ⅰ-11

05 황의 동소체에서 이황화탄소에 녹지 않는 물질을 쓰시오. [1004]

Core 020 / page I - 11

06 인화점이 낮은 것부터 번호로 나열하시오. [0802/1002/1701/1904]

① 초산에틸 ② 메틸알코올
③ 니트로벤젠 ④ 에틸렌글리콜

Core 060 / page I - 23

07 염소산염류 중 300℃에서 분해하는 물질의 화학식을 쓰시오. [0701]

Core 005 / page I - 7

08 제1종 분말소화제의 열 분해 시 270℃에서의 반응식과 850℃에서의 반응식을 각각 쓰시오. [1502/1801/2003]

Core 142 / page I - 55

09 유리막대와 명주 등의 두 가지 절연체를 마찰하면 발생하는 전기를 쓰시오.

Core 140 / page I - 55

10 빈칸을 채우시오. [1302]

황린의 화학식은 (①)이며, (②)의 흰 연기가 발생하고 (③)속에 저장한다.

Core 029 / page Ⅰ - 14

11 제2류 위험물의 저장 방법을 3가지 쓰시오.

Core 017 / page Ⅰ - 10

12 제4류 위험물인 디에틸에테르의 시성식과 증기비중을 쓰시오.(단, 공기분자량은 29[g/mol]이다.)

Core 044 · 157 / page Ⅰ - 19 · 61

13 제1류 위험물과 혼재 불가능한 위험물을 모두 쓰시오. [1401]

Core 080 / page Ⅰ - 32

14 인화점 -37℃, 연소범위 2.5~38.5%인 물질의 화학식과 지정수량을 쓰시오. [1002]

Core 045 / page Ⅰ - 19

2006년 4회 기출복원문제

01 보기의 동식물유류를 요오드값에 따라 건성유, 반건성유, 불건성유로 분류하시오. [1304/1604/2003]

① 아마인유	② 야자유	③ 들기름
④ 쌀겨유	⑤ 목화씨유	⑥ 땅콩유

Core 059 / page Ⅰ - 23

02 간이저장탱크에 관한 내용이다. 빈칸을 채우시오. [1504]

간이저장탱크는 두께 (①)mm 이상의 강판으로 흠이 없도록 제작하여야 하며, 용량은 (②)L 이하이어야 한다.

Core 101 / page Ⅰ - 42

03 제3류 위험물인 탄화칼슘(CaC_2)에 대해 다음 각 물음에 답하시오. [1002/2104]

① 탄화칼슘과 물의 반응식을 쓰시오.
② 생성된 물질과 구리와의 반응식을 쓰시오.
③ 구리와 반응하면 위험한 이유를 쓰시오.

Core 037 / page Ⅰ - 16

04 주유취급소에 "주유 중 엔진정지" 게시판에 사용하는 색깔을 쓰시오. [1201/1602/1904]

Core 083 / page I - 33

05 금수성 물질인 금속칼륨 등에 사용되는 보호액을 쓰시오.

Core 078 / page I - 31

06 크실렌 이성질체 3가지에 대한 명칭과 구조식을 쓰시오. [1402/1501]

명칭			
구조식			

Core 056 / page I - 22

07 분자량 117.5[g/mol], 300℃에서 분해가 급격히 진행되는 제1류 위험물 중 과염소산염류의 화학식을 쓰시오.

Core 007 / page I - 7

08 제5류 위험물이 질식소화가 안 되는 이유를 쓰시오.

Core 063 / page I - 25

09 지정수량이 50L인 위험물을 2,000L에 저장할 때 소요단위를 구하시오.

Core 085 / page I - 34

10 연한 경금속으로 2차전지로 이용하며, 비중 0.53, 융점 180℃, 불꽃반응 시 적색을 띠는 물질의 명칭을 쓰시오. [0804/0901/1604]

Core 030 / page I - 14

11 20℃ 물 10kg으로 주수소화 시 100℃ 수증기로 흡수하는 열량[kcal]을 구하시오. [1101]

Core 161 / page I - 61

12 옥외저장탱크 · 옥내저장탱크 또는 지하저장탱크 중 압력탱크 외의 탱크에 저장할 경우에 유지하여야 하는 온도를 쓰시오. [1202/1602/1901]

아세트알데히드	①	디에틸에테르	②	산화프로필렌	③

Core 096 / page I - 40

13 과산화칼륨, 마그네슘, 나트륨과 물이 접촉했을 때 가연성기체가 발생하는데 반응식을 쓰시오. [1801/2003]

Core 010 · 021 · 026 / page Ⅰ- 8 · 11 · 13

14 1kg 탄산마그네슘($MgCO_3$)이 완전 산화 시 350℃, 1atm, $MgCO_3$의 분자량이 84.3[g/mol]일 때 물질의 부피를 구하시오.

Core 021 / page Ⅰ- 11

2007년 1회 기출복원문제

01 제1종 분말소화약제 탄산수소나트륨에 관한 내용이다. 다음 각 물음에 답하시오.

① 270℃에서 1차 열분해하는 분해식을 쓰시오.
② 10kg의 탄산수소나트륨 생성 시 CO_2는 표준상태에서 몇 m^3인가?(단, 나트륨 분자량은 23)

Core 142 / page I - 55

02 질산을 갈색 병에 보관하는 이유를 쓰시오.

Core 071 / page I - 28

03 다음 빈칸을 채우시오. [0704/1402/1702]

특수인화물이라 함은 이황화탄소, 디에틸에테르 그 밖에 1기압에서 발화점이 섭씨 (①)℃ 이하인 것 또는 인화점이 섭씨 영하 (②)℃ 이하이고 비점이 섭씨 (③)℃ 이하인 것을 말한다.

Core 039 / page I - 17

04 제3류 위험물인 황린 10kg이 연소할 때 필요한 공기의 부피(m^3)는 얼마인가?(단, 공기 중 산소의 양 : 20%, 황린의 분자량은 124[g/mol])

Core 029 / page Ⅰ-14

05 다음 표에 위험물의 류별 및 지정수량을 쓰시오.

품명	류별	지정수량	품명	류별	지정수량
황린	①	②	니트로화합물	⑦	⑧
칼륨	③	④	질산염류	⑨	⑩
질산	⑤	⑥			

품명	류별	지정수량	품명	류별	지정수량
황린			니트로화합물		
칼륨			질산염류		
질산					

Core 076 / page Ⅰ-30

06 각 위험물의 지정수량의 합계를 계산하시오.(단, 제1, 2, 3 석유류는 수용성)

① 특수인화물 : 100[L]　② 제1석유류 : 200[L]　③ 제2석유류 : 2,000[L]
④ 제3석유류 : 6,000[L]　⑤ 제4석유류 : 12,000[L]

Core 041 / page Ⅰ-18

07 칼륨과 나트륨을 주수소화하면 안 되는 이유 2가지를 쓰시오.

Core 025 · 026 / page Ⅰ - 13

08 톨루엔이 표준상태에서 증기밀도가 몇 g/L인지 구하시오. [1201/1604]

Core 048 · 158 / page Ⅰ - 20 · 61

09 염소산염류 중 분자량 106, 비중 2.5, 분해온도가 300℃인 물질의 화학식을 쓰시오. [0602]

Core 005 / page Ⅰ - 7

10 다음 보기의 위험물 운반용기 외부에 표시하는 주의사항을 쓰시오. [1202/1701]

① 제2류 위험물 중 인화성 고체　② 제3류 위험물 중 금수성 물질
③ 제4류 위험물　④ 제6류 위험물

Core 086 / page Ⅰ - 34

11 제2류 위험물과 혼재 가능한 위험물을 모두 쓰시오. [0804/1102]

Core 080 / page Ⅰ - 32

12 주유취급소에 "주유 중 엔진정지" 게시판에 사용하는 색깔과 규격을 쓰시오. [1402/1802]

Core 083 / page Ⅰ - 33

13 칼슘과 물이 접촉했을 때의 반응식을 쓰시오. [1404]

Core 032 / page Ⅰ - 15

2007년 2회 기출복원문제

01 금속나트륨과 에탄올의 반응식과 반응 시 발생되는 가스의 명칭을 쓰시오. [1402]

Core 026 / page Ⅰ-13

02 황린의 완전연소반응식을 쓰시오. [1202/1401/1901]

Core 029 / page Ⅰ-14

03 탄화칼슘 128g이 물과 반응하여 생성되는 기체가 완전연소하기 위한 산소의 부피(L)를 구하시오.

Core 037 / page Ⅰ-16

04 위험물을 취급함에 있어서 정전기가 발생할 우려가 있는 설비에 정전기를 유효하게 제거할 수 있는 방법 3가지를 쓰시오. [0502]

Core 140 / page Ⅰ-55

05 주어진 물질의 지정수량을 쓰시오. [1504]

① 트리에틸알루미늄	② 리튬
③ 탄화알루미늄	④ 황린

Core 024 / page I - 13

06 크실렌 이성질체 3가지에 대한 명칭을 쓰시오.

Core 056 / page I - 22

07 다음 물질을 연소 방식에 따라 분류하시오. [1204]

① 나트륨	② TNT	③ 에탄올
④ 금속분	⑤ 디에틸에테르	⑥ 피크르산

Core 137 / page I - 54

08 제2류 위험물에 관한 정의이다. 다음 빈칸을 채우시오. [1202]

철분이라 함은 철의 분말로서 (①)μm의 표준체를 통과하는 것이 (②)중량% 이상인 것을 말한다.

Core 015 / page I - 10

09 제6류 위험물로 분자량이 63, 갈색증기를 발생시키고 염산과 혼합되어 금과 백금을 부식시킬 수 있는 것은 무엇인지 화학식과 지정수량을 쓰시오. [1401/2104]

Core 071 / page I - 28

10 화학포 반응식에서 6mol의 탄산가스를 발생시키기 위하여 필요한 탄산수소나트륨($NaHCO_3$)의 몰수를 구하는 화학반응식을 쓰고, 그 화학식을 이용해 몰수를 구하시오.

Core 146 / page I - 56

11 이동저장탱크의 구조에 관한 내용이다. 빈칸을 채우시오. [0901/1701]

> 위험물을 저장, 취급하는 이동탱크는 두께 (①)mm 이상의 강철판으로 위험물이 새지 아니하게 제작하고, 압력탱크에 있어서는 최대상용압력의 (②)배의 압력으로, 압력탱크를 제외한 탱크에 있어서는 (③)kPa 압력으로 각각 (④)분간 행하는 수압시험에서 새거나 변형되지 아니하여야 한다.

Core 104 / page I - 43

12 질산암모늄의 구성성분 중 질소와 수소의 함량을 wt%로 구하시오. [1104/1604/2101]

Core 011 / page I - 8

2007년 4회 기출복원문제

01 이소프로필알코올을 산화시켜 만든 것으로 요오드포름 반응을 하는 제1석유류에 대한 다음 각 물음에 답하시오.

[1004/2101]

① 제1석유류 중 요오드포름 반응을 하는 것의 명칭을 쓰시오.
② 요오드포름 화학식을 쓰시오.
③ 요오드포름 색깔을 쓰시오.

Core 055 / page Ⅰ - 22

02 질산메틸의 증기비중을 구하시오.

[1104/1501]

Core 065 · 157 / page Ⅰ - 26 · 61

03 Ca_3P_2에 대한 다음 각 물음에 대해 답을 쓰시오.

[0601/0802/1401/1501/1602]

① 지정수량을 쓰시오.
② 물과의 반응식을 쓰시오.
③ 발생가스의 명칭을 쓰시오.

Core 035 / page Ⅰ - 15

04 아세트알데히드의 시성식, 산화 시 생성물질, 연소범위를 쓰시오. [1304/1602/1801/1901/2003]

Core 046 / page I - 19

05 CS_2는 물을 이용하여 소화가 가능하다. 이 물질의 비중과 소화효과를 비교해 상세히 설명하시오. [1402]

Core 043 / page I - 19

06 알칼리금속의 과산화물과 이를 함유한 물질 운반 시 어떤 덮개로 덮어야 하는가?

Core 082 / page I - 33

07 탄화알루미늄이 물과 반응할 때의 화학반응식을 쓰시오. [1301/2104]

Core 038 / page I - 16

08 자연발화의 요인 4가지를 쓰시오.

Core 139 / page I - 54

09 다음 빈칸을 채우시오. [0701/1402/1702]

특수인화물이라 함은 이황화탄소, 디에틸에테르 그 밖에 1기압에서 발화점이 섭씨 (①)℃ 이하인 것 또는 인화점이 섭씨 영하 (②)℃ 이하이고 비점이 섭씨 (③)℃ 이하인 것을 말한다.

Core 039 / page I - 17

10 인화점이 낮은 것부터 번호로 나열하시오. [1604]

① 초산메틸　② 이황화탄소
③ 글리세린　④ 클로로벤젠

Core 060 / page I - 23

11 제3류 위험물과 혼재 가능한 위험물을 모두 쓰시오. [1801]

Core 080 / page I - 32

12 제6류 위험물에 관한 내용이다. 빈칸을 채우시오.

① 과산화수소가 위험물이 되기 위한 조건 : ( ) 중량% 이상
② 질산이 위험물이 되기 위한 조건 : 비중이 ( ) 이상

Core 068 / page I - 27

2008년 1회 기출복원문제

01 크레졸($C_6H_4CH_3OH$) 이성질체 3가지에 대한 명칭과 구조식을 쓰시오.

명 칭			
구조식			

Core 058 / page Ⅰ-23

02 제3류 위험물인 탄화칼슘(CaC_2)에 대해 다음 각 물음에 답하시오. [1701/2104]

① 탄화칼슘과 물의 반응식을 쓰시오.
② 발생 가스의 명칭과 연소범위를 쓰시오.
③ 발생 가스의 완전연소반응식을 쓰시오.

Core 037 / page Ⅰ-16

03 제5류 위험물인 피크린산의 구조식과 지정수량을 쓰시오. [1002/1302/1601/1701/1804]

Core 067 / page Ⅰ-26

04 제4류 위험물로 흡입 시 시신경 마비, 인화점 11℃, 발화점 464℃, 분자량 32인 위험물의 명칭과 지정수량을 쓰시오. [1501/1901]

Core 053 / page Ⅰ - 21

05 산 · 알칼리소화기의 반응식과 탄산가스(CO_2) 44g이 생성될 때 필요한 황산의 몰수를 구하시오.

Core 145 / page Ⅰ - 56

06 과산화나트륨(Na_2O_2) 1kg이 물과 반응할 때 생성된 기체는 350℃, 1기압에서의 체적은 몇 [L]인가? [1401]

Core 009 / page Ⅰ - 8

07 제2종 분말약제의 1차 열분해 반응식을 쓰시오. [1204/1701]

Core 142 / page I – 55

08 제6류 위험물의 품명 3가지를 쓰시오.

Core 068 / page I – 27

09 각 위험물에 대한 주의사항 게시판의 표시 내용을 표에 쓰시오. [1601]

유별	품명	주의사항
제1류 위험물 과산화물	과산화나트륨(Na_2O_2)	①
제2류 위험물(인화성고체 제외)	황(S_8)	②
제5류 위험물	트리니트로톨루엔[$C_6H_2CH_3(NO_2)_3$]	③

Core 086 / page I – 34

10 다음 보기의 빈칸을 채우시오. [1101]

가) "인화성 고체"라 함은 고형알코올 그 밖에 1기압에서 인화점이 섭씨 (①)℃ 미만인 고체를 말한다.
나) "철분"이라 함은 철의 분말로서 (②)μm의 표준체를 통과하는 것이 중량 (③)% 이상인 것을 말한다.
다) "특수인화물"이라 함은 이황화탄소, 디에틸에테르 그밖에 1기압에서 발화점이 섭씨 (④)℃ 이하인 것 또는 인화점이 섭씨 영하 (⑤)℃ 이하이고 비점이 섭씨 (⑥)℃ 이하인 것을 말한다.

Core 072 / page I – 29

11 벤젠(C_6H_6) 16g 증발 시 70℃에서 수증기의 부피는 몇 [L]인지 쓰시오. [1401]

Core 047 / page I - 20

12 이동저장탱크의 구조에 관한 내용이다. 빈칸을 채우시오.

위험물을 저장, 취급하는 이동탱크는 두께 (①)mm 이상의 (②)으로 위험물이 새지 아니하게 제작하고, 압력탱크에 있어서는 최대상용압력의 (②)배의 압력으로, 압력탱크를 제외한 탱크에 있어서는 (③)kPa 압력으로 각각 (④)분간 행하는 (⑥)에서 새거나 변형되지 아니하여야 한다.

Core 104 / page I - 43

2008년 2회 기출복원문제

01 이동저장탱크에 관한 내용으로 다음 각 물음에 답하시오.

① 이동저장탱크의 뒷면 중 보기 쉬운 곳에는 당해 탱크에 저장 또는 취급하는 위험물을 게시한 게시판을 설치하여야 한다. 게시판의 기재사항을 쓰시오.
② 게시판에 표시되는 문자의 크기를 쓰시오.

Core 102 / page Ⅰ - 42

02 디에틸에테르가 2,000[L]가 있다. 소요단위는 얼마인지 계산하시오. [1204/1804]

Core 085 / page Ⅰ - 34

03 옥외소화전의 개폐밸브 및 호스접속구는 지반면으로부터 몇 m 이하의 높이에 설치해야 하는가? [1202]

Core 150 / page Ⅰ - 58

04 인화점이 낮은 것부터 번호로 나열하시오. [0602/1002/1701/1904]

① 초산에틸 ② 메틸알코올 ③ 니트로벤젠 ④ 에틸렌글리콜

Core 060 / page Ⅰ - 23

05 Ca_3P_2에 대한 다음 각 물음에 대해 답을 쓰시오. [0601/0704/1401/1501/1602]

① 지정수량을 쓰시오.
② 물과의 반응식을 쓰시오.
③ 발생가스의 명칭을 쓰시오.

Core 035 / page Ⅰ - 15

06 트리니트로톨루엔 120kg, 마그네슘분 160kg, 제3석유류(비수용성) 140[L], 아닐린이 동일한 장소에 저장되어 있다면 아닐린을 얼마까지 저장할 경우 지정수량 이하가 되겠는가?

Core 076 / page Ⅰ - 30

07 에틸렌(C_2H_4)을 산화시키면 생성되는 물질에 대한 다음 각 물음에 답하시오. [1501]

① 생성되는 물질의 화학식을 쓰시오.
② 에틸렌의 산화반응식을 쓰시오.
③ 생성되는 물질의 품명을 쓰시오.
④ 생성되는 물질의 지정수량을 쓰시오.

Core 046 / page Ⅰ - 19

08 트리니트로톨루엔(TNT)을 제조하는 과정을 화학반응식으로 쓰시오. [1102/1201/2104]

Core 066 / page Ⅰ - 26

09 아세톤 200g을 완전연소시키는데 필요한 이론 공기량과 탄산가스의 부피를 구하시오. (단, 공기 중 산소의 부피비는 20%) [1504/2102]

Core 051 / page Ⅰ - 21

10 제5류 위험물인 벤조일퍼옥사이드(BPO)의 사용 및 취급상 주의사항 3가지를 쓰시오.

Core 064 / page Ⅰ - 25

11 금속니켈 촉매 하에서 300℃로 가열하면 수소첨가반응이 일어나서 시클로헥산을 생성하는데 사용되는 분자량이 78인 물질과 지정수량을 쓰시오.

Core 047 / page Ⅰ - 20

12 CS_2가 물과 반응 시 발생되는 가스의 종류 2가지를 쓰시오.

Core 043 / page Ⅰ - 19

13 다음 표에 할로겐 화학식을 쓰시오. [1401]

할론1301	할론2402	할론1211
①	②	③

Core 143 / page Ⅰ - 56

2008년 4회 기출복원문제

01 탄화칼슘 32g이 물과 반응하여 생성되는 기체가 완전연소하기 위한 산소의 부피(L)를 구하시오.

[1502/2001]

Core 037 / page Ⅰ-16

02 트리에틸알루미늄[$(C_2H_5)_3Al$] 228g과 물의 반응식과 발생된 기체의 부피[L]를 구하시오. [1204/1904]

Core 027 / page Ⅰ-14

03 제조소의 피뢰설비와 관련된 다음 설명의 빈칸을 채우시오.

> 옥내저장소의 기준에서 제6류 위험물을 취급하는 위험물제조소를 제외한 지정수량 ( )배 이상의 저장창고에는 피뢰침을 설치하여야 한다.

Core 091 / page Ⅰ-37

04 제3류 위험물인 칼륨 화재 시 이산화탄소로 소화하면 위험한 이유를 반응식과 함께 설명하시오.

Core 025 / page I - 13

05 아세트산과 과산화나트륨의 반응식을 쓰시오. [1704]

Core 009 / page I - 8

06 다음 표에 지정수량을 쓰시오. [1801]

중크롬산나트륨	수소화나트륨	니트로글리세린
①	②	③

Core 076 / page I - 30

07 특수인화물 200L, 제1석유류 400L, 제2석유류 4,000L, 제3석유류 12,000L, 제4석유류 24,000L의 지정수량의 배수의 합을 구하시오.(단, 제1석유류, 제2석유류, 제3석유류는 수용성이다) [1602/2004]

Core 041 / page I - 18

08 연한 경금속으로 2차전지로 이용하며, 비중 0.53, 융점 180℃, 불꽃반응 시 적색을 띠는 물질의 명칭을 쓰시오. [0604/0901/1604]

Core 030 / page I - 14

09 원통형 탱크의 용량[m^3]을 구하시오.(단, 탱크의 공간용적은 10%이다.) [1504]

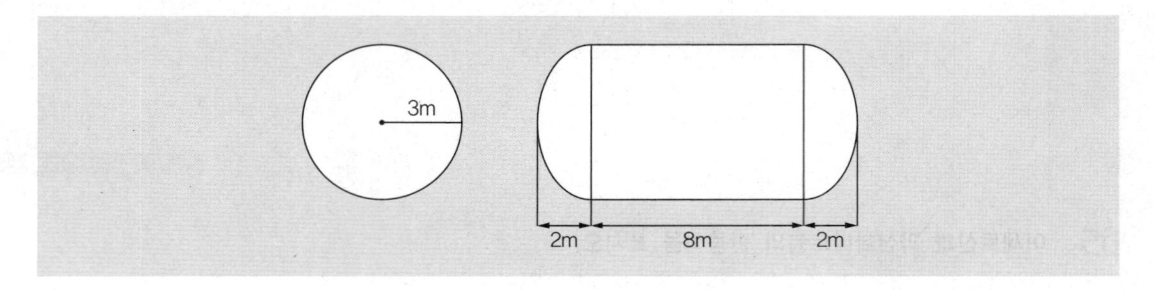

Core 097 / page I - 40

10 제2류 위험물과 혼재 가능한 위험물을 모두 쓰시오. [0701/1102]

Core 080 / page I - 32

11 에탄올과 황산의 반응으로 생성되는 제4류 위험물의 화학식을 쓰시오. [1602]

Core 044 / page I - 19

12 빈칸을 채우시오. [1404]

이동저장탱크는 그 내부에 (①)L 이하마다 (②)mm 이상의 강철판 또는 이와 동등 이상의 강도 · 내열성 및 내식성이 있는 금속성의 것으로 칸막이를 설치하여야 한다.

Core 104 / page I - 43

2009년 1회 기출복원문제

01 지하저장탱크를 2 이상 인접해 설치하는 경우 그 상호간에 몇 m 이상의 간격을 유지하여야 하는가?(단, 지정수량은 100배 초과한다.)

Core 100 / page Ⅰ - 41

02 제5류 위험물로서 담황색의 주상결정이며 분자량이 227, 융점이 81℃, 물에 녹지 않고 알코올, 벤젠, 아세톤에 녹는다. 이 물질에 대한 다음 각 물음에 답하시오. [1202/1904]

① 이 물질의 물질명을 쓰시오.
② 이 물질의 지정수량을 쓰시오.
③ 이 물질의 제조과정을 설명하시오.

Core 066 / page Ⅰ - 26

03 옥외저장소에 유황의 지정수량 150배를 저장하는 경우 보유공지는 몇 m 이상인지 쓰시오. [1702]

Core 132 / page Ⅰ - 52

04 제3류 위험물인 황린 20kg이 연소할 때 필요한 공기의 부피[m^3]는 얼마인가?(단, 공기 중 산소의 양은 21%(v/v), 황린의 분자량은 124g이다.) [1902]

Core 029 / page Ⅰ - 14

05 A, B, C분말소화기 중 올소인산이 생성되는 열분해 반응식을 쓰시오. [1602]

Core 142 / page Ⅰ - 55

06 황화린에 대한 다음 각 물음에 답하시오. [1501]

① 이 위험물은 몇 류에 해당하는지 쓰시오.
② 이 위험물의 지정수량을 쓰시오.
③ 황화린의 종류 3가지를 화학식으로 쓰시오.

Core 018 / page Ⅰ - 11

07 이동저장탱크의 구조에 관한 내용이다. 빈칸을 채우시오. [0702/1701]

위험물을 저장, 취급하는 이동탱크는 두께 (①)mm 이상의 강철판으로 위험물이 새지 아니하게 제작하고, 압력탱크에 있어서는 최대상용압력의 (②)배의 압력으로, 압력탱크를 제외한 탱크에 있어서는 (③)kPa 압력으로 각각 (④)분간 행하는 수압시험에서 새거나 변형되지 아니하여야 한다.

Core 104 / page Ⅰ - 43

08 연한 경금속으로 2차전지로 이용하며, 비중 0.53, 융점 180℃, 불꽃반응 시 적색을 띠는 물질의 명칭을 쓰시오. [0604/0804/1604]

Core 030 / page I - 14

09 제2류 위험물에 관한 정의이다. 다음 보기의 빈칸을 채우시오. [2004]

> ① "철분"이라 함은 철의 분말로서 (　　)μm의 표준체를 통과하는 것이 중량 (　　)% 이상인 것을 말한다.
> ② "금속분"이라 함은 알칼리금속 · 알칼리토류금속 · 철 및 마그네슘외의 금속의 분말을 말하고, 구리분 · 니켈분 및 (　　)μm의 체를 통과하는 것이 (　　)중량% 미만인 것은 제외한다.

Core 015 / page I - 10

10 에틸렌과 산소를 $CuCl_2$의 촉매 하에 생성된 물질로 인화점이 −39℃, 비점이 21℃, 연소범위가 4.1~57%인 특수인화물의 명칭, 증기밀도[g/L], 증기비중을 쓰시오.

Core 046 · 157 · 158 / page I - 19 · 61 · 61

11 제6류 위험물인 진한질산이 햇빛에 의해 분해된다. 열분해 반응식을 쓰시오. [2104]

Core 071 / page I - 28

12 제1류 위험물에 해당하는 품명 4가지와 지정수량을 쓰시오.

Core 001 / page I - 6

13 다음 보기의 빈칸을 채우시오.

> 제3석유류라 함은 중유, 클레오소트유 그 밖에 1기압에서 인화점이 섭씨 (①)도 이상, 섭씨 (②)도 미만인 것을 말한다.

Core 039 / page I - 17

2009년 2회 기출복원문제

01 다음 물질을 저장할 때 사용하는 보호액을 쓰시오. [0502/0504/0904]

① 황린 ② 칼륨, 나트륨 ③ 이황화탄소

Core 078 / page Ⅰ - 31

02 제3류 위험물인 탄화칼슘(CaC_2)에 대해 다음 각 물음에 답하시오. [1201/1901/2101]

① 탄화칼슘과 물의 반응식을 쓰시오.
② 발생 가스의 완전연소반응식을 쓰시오.

Core 037 / page Ⅰ - 16

03 제4류 위험물 옥내저장탱크 밸브 없는 통기관에 관한 내용이다. 빈칸을 채우시오. [1901]

통기관의 선단은 건축물의 창 · 출입구 등의 개구부로부터 (①)m 이상 떨어진 옥외의 장소에 지면으로부터 (②)m 이상의 높이로 설치하되, 인화점이 40℃ 미만인 위험물의 탱크에 설치하는 통기관에 있어서는 부지경계선으로부터 (③)m 이상 이격할 것

Core 108 / page Ⅰ - 44

04 다음 표의 연소형태를 채우시오.

[1904]

연소형태	①	②	③
연소물질	나트륨, 금속분	에탄올, 디에틸에테르	TNT, 피크린산

Core 137 / page I - 54

05 다음 보기의 빈칸을 채우시오.

[1302]

과산화수소는 그 농도가 (①)중량% 이상인 것에 한하며, 지정수량은 (②)이다.

Core 068 / page I - 27

06 황화린의 종류 3가지를 화학식으로 쓰시오.

[1901]

Core 018 / page I - 11

07 다음 표는 제5류 위험물들의 지정수량을 표시한 것이다. 빈칸을 채우시오.

품명	지정수량	품명	지정수량
유기과산화물	①	아조화합물	④
질산에스테르	②	히드라진	⑤
니트로화합물	③		

Core 062 / page I - 25

08 아염소산나트륨($NaClO_2$)과 알루미늄(Al)이 반응하여 산화알루미늄(Al_2O_3)과 염화나트륨($NaCl$)이 발생하는 반응식을 쓰시오.

Core 003 / page Ⅰ - 6

09 제4류 위험물인 에틸알코올에 대한 다음 각 물음에 답하시오. [1401/2004]

① 에틸알코올의 연소반응식을 쓰시오.
② 에틸알코올과 칼륨의 반응에서 발생하는 기체의 명칭을 쓰시오.
③ 에틸알코올의 구조이성질체로서 디메틸에테르의 화학식을 쓰시오.

Core 054 / page Ⅰ - 21

10 분자량이 27, 끓는점이 26℃이며, 맹독성인 제4류 위험물의 화학식과 지정수량을 쓰시오. [0601]

Core 052 / page Ⅰ - 21

11 제2류 위험물인 마그네슘 화재 시 이산화탄소로 소화하면 위험한 이유를 반응식과 함께 설명하시오. [2101]

Core 021 / page Ⅰ - 11

12 인화성 액체 위험물 옥외탱크저장소의 탱크 주위에 방유제 설치에 관한 내용이다. 다음 각 물음에 답하시오.

[2004]

① 방유제의 높이는 (　　)m 이상 (　　)m 이하로 할 것
② 방유제 내의 면적은 (　　)m^2 이하로 할 것
③ 방유제 내에 설치하는 옥외저장탱크의 수는 (　　) 이하로 할 것

Core 113 / page I - 46

13 제1류 위험물인 과산화나트륨의 운반용기 외부에 표시하는 주의사항 3가지를 쓰시오. [1801]

Core 086 / page I - 34

2009년 4회 기출복원문제

01 다음 물질을 저장할 때 사용하는 보호액을 쓰시오. [0502/0504/0902]

① 황린　　② 칼륨, 나트륨　　③ 이황화탄소

Core 078 / page Ⅰ - 31

02 제3류 위험물 중 지정수량이 10kg인 위험물을 4가지 쓰시오. [0602]

Core 024 / page Ⅰ - 13

03 위험물제조소 배출설비 배출능력은 국소방식 1시간당 배출장소 용적의 몇 배 이상인 것으로 하여야 하는지 쓰시오. [1601]

Core 116 / page Ⅰ - 47

04 제5류 위험물인 벤조일퍼옥사이드에 관한 내용이다. 빈칸을 채우시오.

벤조일퍼옥사이드는 상온에서 (①)상태이며, 가열하면 약 100℃ 부근에서 (②)색 연기를 내며 분해한다.

Core 064 / page Ⅰ - 25

05 제2류 위험물인 황화린에 대한 다음 각 물음에 답하시오.

① 황화린의 종류 3가지를 화학식으로 쓰시오.
② 조해성이 없는 황화린을 쓰시오.

Core 018 / page I - 11

06 다음 보기의 물질들을 인화점이 낮은 순으로 배열하시오. [1201/1404/1602/2004]

① 디에틸에테르
② 이황화탄소
③ 산화프로필렌
④ 아세톤

Core 060 / page I - 23

07 보기 위험물의 지정수량 합계가 몇 배인지 계산하시오. [1101/1701]

① 메틸에틸케톤 1,000[L]
② 메틸알코올 1,000[L]
③ 클로로벤젠 1,500[L]

Core 041 / page I - 18

08 제4류 위험물인 메틸알코올에 대한 다음 각 물음에 답하시오. [1502/2101]

① 완전연소반응식을 쓰시오.
② 생성물에 대한 몰수의 합을 쓰시오.

Core 053 / page Ⅰ - 21

09 옥내저장소에서 위험물을 저장하는 경우에 대한 설명이다. 빈칸을 채우시오.

① 기계에 의하여 하역하는 구조로 된 용기만을 겹쳐 쌓는 경우 : ( )m
② 제4류 위험물 중 제3석유류, 제4석유류 및 동식물유류를 수납하는 용기만을 겹쳐 쌓는 경우 : ( )m
③ 그 밖의 경우 : ( )m

Core 092 / page Ⅰ - 38

10 제1류 위험물인 알칼리금속과산화물의 운반용기 외부에 표시하는 주의사항 4가지를 쓰시오. [1404/1802]

Core 086 / page Ⅰ - 34

11 제1류 위험물인 과염소산칼륨의 610℃에서 열분해 반응식을 쓰시오. [1601/1702]

Core 006 / page Ⅰ - 7

12 트리에틸알루미늄[$(C_2H_5)_3Al$]과 물의 반응식과 발생된 가스의 명칭을 쓰시오. [1304/2104]

Core 027 / page I - 14

13 제5류 위험물 중 착화점이 300℃, 비중이 1.77, 끓는점이 255℃, 융점이 122.5℃이고 금속과 반응하여 염이 생성하는 물질명과 구조식을 쓰시오.

Core 067 / page I - 26

2010년 1회 기출복원문제

01 다음 표는 제3류 위험물의 지정수량에 대한 내용이다. 빈칸을 채우시오.

품명	지정수량	품명	지정수량
칼륨	①	황린	⑤
나트륨	②	알칼리금속 및 알칼리토금속	⑥
알킬알루미늄	③	유기금속화합물	⑦
알킬리튬	④		

Core 024 / page Ⅰ - 13

02 제5류 위험물인 벤조일퍼옥사이드의 구조식을 그리시오. [1401]

Core 064 / page Ⅰ - 25

03 제1류 위험물인 염소산칼륨에 관한 내용이다. 다음 각 물음에 답하시오. [1302/1704]

① 완전분해 반응식을 쓰시오.
② 염소산칼륨 1,000g이 표준상태에서 완전분해 시 생성되는 산소의 부피[m^3]를 구하시오.

Core 004 / page Ⅰ - 7

04 다음 표에 혼재 가능한 위험물은 "○", 혼재 불가능한 위험물은 "×"로 표시하시오. [1404/1601/1704/2001]

위험물의 구분	제1류	제2류	제3류	제4류	제5류	제6류
제1류						
제2류						
제3류						
제4류						
제5류						
제6류						

Core 080 / page I - 32

05 보기의 제2류 위험물 운반용기 외부에 표시하는 주의사항을 각각 쓰시오.

① 금수성 물질 ② 인화성 고체 ③ 그 밖의 것

Core 086 / page I - 34

06 조해성이 없는 황화린이 연소 시 생성되는 물질 2가지를 화학식으로 쓰시오. [1301]

Core 018 / page I - 11

07 제3류 위험물인 황린은 pH9 정도의 물속에 저장하여 어떤 생성기체의 발생을 방지한다. 생성기체 명을 쓰시오.

Core 029 / page I - 14

08 제3류 위험물인 탄화칼슘과 물의 반응식을 쓰시오. [1304/1801]

Core 037 / page Ⅰ - 16

09 제6류 위험물로 분자량 63, 염산과 반응하여 백금을 용해시키는 위험물을 쓰시오.

Core 071 / page Ⅰ - 28

10 제4류 위험물의 인화점에 관한 내용이다. 다음 빈칸을 채우시오. [1301/1401]

제1석유류	인화점이 섭씨 (①)도 미만인 것
제2석유류	인화점이 섭씨 (②)도 이상 (③)도 미만인 것

Core 039 / page Ⅰ - 17

11 제조소 등에서 위험물의 저장 및 취급에 관한 기준에 관한 내용이다. 다음 빈칸을 채우시오.

가) 위험물을 저장 또는 취급하는 건축물 그 밖의 공작물 또는 설비는 당해 위험물의 성질에 따라 차광 또는 (①)를 실시하여야 한다.
나) 위험물은 온도계, 습도계, 압력계 그 밖의 계기를 감시하여 당해 위험물의 성질에 맞는 적정한 (②), (③) 또는 압력을 유지하도록 저장 또는 취급하여야 한다.

Core 119 / page Ⅰ - 48

12 제4류 위험물 중에서 수용성인 위험물을 보기에서 고르시오.

① 이황화탄소	② 아세트알데히드	③ 아세톤
④ 스티렌	⑤ 클로로벤젠	⑥ 메틸알코올

Core 041 / page Ⅰ - 18

13 옥외탱크저장소 방유제 안에 30만리터, 20만리터, 50만리터 3개의 인화성탱크가 설치되어 있다. 방유제의 저장용량은 몇 m^3 이상으로 하여야 하는지 쓰시오.

Core 113 / page Ⅰ - 46

2010년 2회 기출복원문제

01 제3류 위험물인 탄화칼슘(CaC_2)에 대해 다음 각 물음에 답하시오. [0604/2104]

① 탄화칼슘과 물의 반응식을 쓰시오.
② 생성된 물질과 구리와의 반응식을 쓰시오.
③ 구리와 반응하면 위험한 이유를 쓰시오.

Core 037 / page Ⅰ - 16

02 그림은 주유취급소의 고정주유설비에 관한 내용으로 거리를 쓰시오.

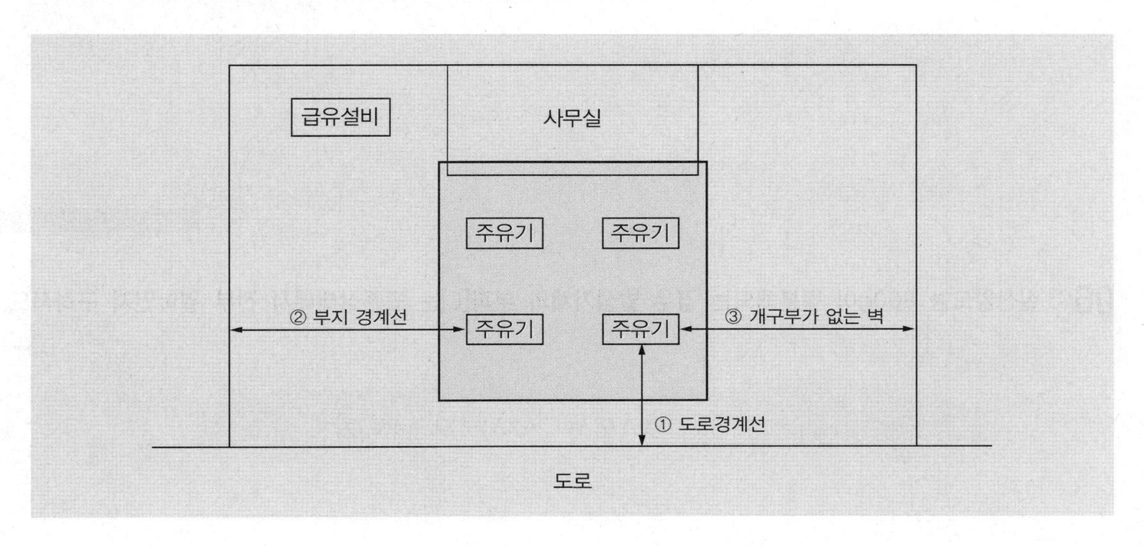

Core 128 / page Ⅰ - 51

03 알루미늄과 물의 반응식을 쓰시오.

Core 022 / page Ⅰ-12

04 제6류 위험물인 산화성 액체에 산화력의 잠재적 위험성을 판단하기 위한 시험을 위해 연소시간 측정시험으로 (　　)에 산화성 액체를 혼합하여 연소시간을 측정한다. 혼합하는 물질을 쓰시오.

Core 153 / page Ⅰ-60

05 산화프로필렌의 화학식 및 지정수량을 쓰시오. [0602]

Core 045 / page Ⅰ-19

06 질산암모늄 800g이 열분해되는 경우 발생기체의 부피[L]는 표준상태에서 전부 얼마인지 구하시오. [1502/1901]

$$2NH_4NO_3 \rightarrow 2N_2 + O_2 + 4H_2O$$

Core 011 / page Ⅰ-8

07 인화점이 낮은 것부터 번호로 나열하시오. [0602/0802/1701/1904]

① 초산에틸	② 메틸알코올
③ 니트로벤젠	④ 에틸렌글리콜

Core 060 / page Ⅰ - 23

08 제5류 위험물인 피크린산의 구조식과 지정수량을 쓰시오. [0801/1302/1601/1701/1804]

Core 067 / page Ⅰ - 26

09 제3류 위험물 중 금수성 물질을 제외한 대상에 대해 적응성이 있는 소화설비를 보기에서 골라 쓰시오.

① 옥내소화전설비	② 옥외소화전설비	③ 스프링클러설비
④ 물분무소화설비	⑤ 할로겐화합물소화설비	⑥ 이산화탄소소화설비

Core 147 / page Ⅰ - 57

10 다음 제1류 위험물의 지정수량을 각각 쓰시오.

① 아염소산염류	② 브롬산염류	③ 중크롬산염류

Core 001 / page Ⅰ - 6

11 제2류 위험물인 마그네슘에 대한 다음 각 물음에 답하시오. [1604]

① 마그네슘이 완전연소 시 생성되는 물질을 쓰시오.
② 마그네슘과 황산이 반응하는 경우 발생되는 기체를 쓰시오.

Core 021 / page I - 11

12 자동화재탐지설비의 경계구역 설정기준에 관한 내용이다. 빈칸을 채우시오.

하나의 경계구역의 면적은 (①)m^2 이하로 하고 한 변의 길이는 (②)m 이하로 할 것. 다만, 해당 특정소방대상물의 주된 출입구에서 그 내부 전체가 보이는 것에 있어서는 한 변의 길이가 (②)m의 범위 내에서 (③)m^2 이하로 할 수 있다.

Core 134 / page I - 53

13 다음 보기에서 제2석유류에 대한 설명으로 맞는 것을 고르시오. [1702]

① 등유, 경유
② 아세톤, 휘발유
③ 기어유, 실린더유
④ 1기압에서 인화점이 섭씨 21도 미만인 것을 말한다.
⑤ 1기압에서 인화점이 섭씨 21도 이상 70도 미만인 것을 말한다.
⑥ 1기압에서 인화점이 섭씨 70도 이상 섭씨 200도 미만인 것을 말한다.

Core 039 · 041 / page I - 17 · 18

2010년 4회 기출복원문제

01 제5류 위험물인 TNT 분해 시 생성되는 물질을 3가지 쓰시오. [1601]

Core 066 / page I - 26

02 제1류 위험물인 $KMnO_4$에 대한 다음 물에 답하시오.

① 지정수량을 쓰시오.
② 열분해 시, 묽은 황산과 반응 시에 공통으로 발생하는 물질을 쓰시오.

Core 013 / page I - 9

03 이동저장탱크의 구조에 관한 내용이다. 빈칸을 채우시오.

① 탱크는 두께 (①)mm 이상의 강철판으로 할 것
② 압력탱크 외의 탱크는 70kPa의 압력으로, 압력탱크는 최대상용압력의 1.5배의 압력으로 각각 (②)분간의 수압시험을 실시하여 새거나 변형되지 아니할 것
③ 방파판은 두께 (③)mm 이상의 강철판 또는 이와 동등 이상의 강도 · 내열성 및 내식성이 있는 금속성의 것으로 할 것

Core 103 / page I - 42

04 다음 보기의 위험물 운반용기 외부에 표시하는 주의사항을 쓰시오.

① 제3류 위험물 중 금수성 물질 ② 제4류 위험물 ③ 제6류 위험물

Core 086 / page I – 34

05 제4류 위험물 중 비수용성인 위험물을 보기에서 고르시오. [2001]

① 이황화탄소 ② 아세트알데히드 ③ 아세톤
④ 스티렌 ⑤ 클로로벤젠

Core 041 / page I – 18

06 소화난이도등급 I에 해당하는 제조소 · 일반취급소에 관한 내용이다. 다음 빈칸을 채우시오. [1302]

① 연면적 ( )m^2 이상인 것
② 지반면으로부터 ( )m 이상의 높이에 위험물 취급설비가 있는 것

Core 123 / page I – 49

07 제3류 위험물인 TEAL의 연소반응식과 물과의 반응식을 쓰시오. [1704]

Core 027 / page Ⅰ-14

08 제1류 위험물인 과산화칼륨(K_2O_2) 화재 시 주수소화가 부적합하다. 그 이유를 쓰시오.

Core 010 / page Ⅰ-8

09 위험물 제조소에 200m^{3}와 100m^{3}의 탱크가 각각 1개씩 2개가 있다. 탱크 주위로 방유제를 만들 때 방유제의 용량[m^3]은 얼마 이상이어야 하는지를 쓰시오. [1301/1604]

Core 117 / page Ⅰ-47

10 이산화망간(MnO_2)과 과산화수소(H_2O_2)의 반응식과 발생기체를 쓰시오.

Core 069 / page Ⅰ-27

11 이소프로필알코올을 산화시켜 만든 것으로 요오드포름 반응을 하는 제1석유류에 대한 다음 각 물음에 답하시오.

[0704/2101]

① 제1석유류 중 요오드포름 반응을 하는 것의 명칭을 쓰시오.
② 요오드포름 화학식을 쓰시오.
③ 요오드포름 색깔을 쓰시오.

Core 055 / page Ⅰ－22

12 황의 동소체에서 이황화탄소에 녹지 않는 물질을 쓰시오.

[0602]

Core 020 / page Ⅰ－11

2011년 1회 기출복원문제

01 제5류 위험물의 운반용기 외부에 표시하는 주의사항을 2가지만 쓰시오.

Core 086 / page I – 34

02 보기 위험물의 지정수량 합계가 몇 배인지 계산하시오. [0904/1701]

① 메틸에틸케톤 1,000[L] ② 메틸알코올 1,000[L] ③ 클로로벤젠 1,500[L]

Core 041 / page I – 18

03 증기는 마취성이 있고 요오드포름에 반응하며, 화장품의 원료로 사용되는 물질에 대하여 다음 각 물음에 답하시오.

① 설명하는 위험물을 쓰시오.
② 설명하는 위험물의 지정수량을 쓰시오.
③ 설명하는 위험물이 진한 황산과 축합반응 후 생성되는 물질을 쓰시오.

Core 054 / page I – 21

04 다음 보기의 빈칸을 채우시오. [0801]

가) "인화성 고체"라 함은 고형알코올 그 밖에 1기압에서 인화점이 섭씨 (①)℃ 미만인 고체를 말한다.
나) "철분"이라 함은 철의 분말로서 (②)μm의 표준체를 통과하는 것이 중량 (③)% 이상인 것을 말한다.
다) "특수인화물"이라 함은 이황화탄소, 디에틸에테르 그밖에 1기압에서 발화점이 섭씨 (④)℃ 이하인 것 또는 인화점이 섭씨 영하 (⑤)℃ 이하이고 비점이 섭씨 (⑥)℃ 이하인 것을 말한다.

Core 072 / page Ⅰ - 29

05 다음의 위험물 등급을 분류하시오. [1804]

① 칼륨 ② 나트륨 ③ 알킬알루미늄
④ 알킬리튬 ⑤ 황린 ⑥ 알칼리토금속

Core 024 / page Ⅰ - 13

06 보기에서 나트륨 화재의 소화방법으로 맞는 것을 모두 고르시오.

① 팽창질석 ② 건조사 ③ 포소화설비
④ 이산화탄소설비 ⑤ 인산염류 소화기

Core 147 / page Ⅰ - 57

07 톨루엔에 질산과 진한 황산을 혼합하면 생성되는 물질을 쓰시오.

Core 048 / page Ⅰ - 20

08 제2류 위험물에 대한 설명 중 맞는 것을 모두 고르시오. [1704/2004]

① 황화린, 유황, 적린의 위험등급이 Ⅱ등이다.
② 고형알코올의 지정수량은 1,000kg이다.
③ 물에 대부분 잘 녹는다.
④ 비중은 1보다 작다.
⑤ 산화제이다.

Core 017 / page Ⅰ - 10

09 염소산염류 중 철제용기를 부식시키는 위험물로 분자량 106.5인 위험물을 쓰시오.

Core 005 / page Ⅰ - 7

10 트리에틸알루미늄과 메탄올 반응 시 폭발적으로 반응한다. 이때의 화학반응식을 쓰시오. [0502/1404/1804]

Core 027 / page Ⅰ - 14

11 인화점 측정방법(방식) 3가지를 쓰시오.

Core 155 / page I - 60

12 20℃ 물 10kg으로 주수소화 시 100℃ 수증기로 흡수하는 열량[kcal]을 구하시오. [0604]

Core 161 / page I - 61

2011년 2회 기출복원문제

01 위험물 탱크 기능검사 관리자로 필수인력을 고르시오. [1602]

① 위험물기능장 ② 누설비파괴검사 기사 · 산업기사
③ 초음파비파괴검사 기사 · 산업기사 ④ 비파괴검사기능사
⑤ 토목분야 측량 관련 기술사 ⑥ 위험물산업기사

Core 135 / page Ⅰ - 53

02 100kg의 이황화탄소(CS_2)가 완전연소할 때 발생하는 독가스의 체적은 800mmHg 30℃에서 몇 m^3인가? [0504/1702]

Core 043 / page Ⅰ - 19

03 아세트산의 완전연소 반응식을 쓰시오. [1804]

Core 057 / page Ⅰ - 22

04 적린 완전연소 시 발생하는 기체의 화학식과 색상을 쓰시오.

Core 019 / page Ⅰ - 11

05 다음은 위험물에 과산화물이 생성되는지의 여부를 확인하는 방법이다. 빈칸을 채우시오.

과산화물을 검출할 때 10% (①)을/를 반응시켜 (②)색이 나타나는 것으로 검출 가능하다.

Core 154 / page Ⅰ - 60

06 제4류 위험물 중에서 위험등급 Ⅱ에 해당하는 품명 2가지를 쓰시오. [1902]

Core 041 / page Ⅰ - 18

07 트리니트로톨루엔(TNT)을 제조하는 과정을 화학반응식으로 쓰시오. [0802/1201/2104]

Core 066 / page Ⅰ - 26

08 다음 위험물의 지정수량 및 화학식을 각각 쓰시오.

① 아세틸퍼옥사이드 ② 과망간산암모늄 ③ 칠황화린

Core 076 / page I - 30

09 주유취급소에 설치하는 탱크의 용량을 몇 [L] 이하로 하는지 다음 물음에 답하시오. [1404/1802]

① 비고속도로 주유설비 ② 고속도로 주유설비

Core 127 / page I - 50

10 아세트알데히드 등의 옥외탱크저장소에 관한 내용이다. 다음 빈칸을 채우시오.

옥외저장탱크의 설비는 (①), (②), (③), 수은 또는 이들을 성분으로 하는 합금으로 만들지 아니할 것

Core 114 / page I - 46

11 제조소 또는 일반취급소에서 취급하는 제4류 위험물의 최대수량의 합이 지정수량의 48만 배 이상인 사업소의 자체소방대 인원의 수와 소방차의 대수를 쓰시오. [1402]

Core 148 / page I - 58

12 제2류 위험물과 혼재 가능한 위험물을 모두 쓰시오. [0701/0804]

Core 080 / page I - 32

13 다음 보기의 물질 중 위험물에서 제외되는 물질을 모두 고르시오. [1801]

① 황산	② 질산구아니딘	③ 금속의 아지화합물
④ 구리분	⑤ 과요오드산	

Core 073 / page I - 29

2011년 4회 기출복원문제

01 아세트알데히드 등을 취급하는 제조소에 관한 내용이다. 다음 빈칸을 채우시오.

> 아세트알데히드 등을 취급하는 탱크에는 (①) 또는 (②) 및 연소성 혼합기체의 생성에 의한 폭발을 방지하기 위한 불활성기체를 봉입하는 장치를 갖출 것

Core 122 / page Ⅰ - 49

02 질산메틸의 증기비중을 구하시오. [0704/1501]

Core 065 · 157 / page Ⅰ - 26 · 61

03 다음 빈칸을 채우시오.

> 알킬알루미늄 등을 저장 또는 취급하는 이동탱크저장소에 있어서는 자동차용소화기를 설치하는 외에 마른모래나 (①) 또는 (②)을 추가로 설치하여야 한다.

Core 107 / page Ⅰ - 44

04 유기과산화물과 혼재 불가능한 위험물을 모두 쓰시오. [1502]

Core 080 / page I - 32

05 트리에틸알루미늄[$(C_2H_5)_3Al$]과 물의 반응식을 쓰시오. [1402]

Core 027 / page I - 14

06 제4류 위험물 중에서 제2석유류(수용성)인 위험물을 보기에서 2가지 고르시오.

① 테라핀유	② 포름산(의산)	③ 경유
④ 초산(아세트산)	⑤ 등유	⑥ 클로로벤젠

Core 041 / page I - 18

07 다음 각 물음에 답하시오. [1602]

① (　　)라 함은 고형알코올 그 밖에 1기압에서 인화점이 섭씨 40도 미만인 고체를 말한다.
② ①의 위험물은 몇 류 위험물인지 쓰시오.
③ ①의 위험물 지정수량을 쓰시오.

Core 016 / page I - 10

08 다음 에탄올의 완전연소 반응식을 쓰시오.

[0502/1404/1801]

Core 054 / page Ⅰ - 21

09 다음은 제4류 위험물에 관한 내용이다. 빈칸을 채우시오.

품명	지정수량[L]	명칭	위험등급
①	50	이황화탄소	Ⅰ
제3석유류	②	중유	③
제4석유류	④	기어유	Ⅲ

Core 041 / page Ⅰ - 18

10 다음은 위험물의 운반기준이다. 다음 빈 칸을 채우시오.

① 고체위험물은 운반용기 내용적의 (   )% 이하의 수납율로 수납할 것
② 액체위험물은 운반용기 내용적의 (   )% 이하의 수납율로 수납할 것
③ 자연발화성 물질 중 알킬알루미늄 등은 운반용기 내용적의 (   )% 이하의 수납율로 수납할 것

Core 089 / page Ⅰ - 37

11 질산암모늄의 구성성분 중 질소와 수소의 함량을 wt%로 구하시오.

[0702/1604/2101]

Core 011 / page Ⅰ - 8

12 **옥외탱크저장소의 방유제 설치에 관한 내용이다. 빈칸을 채우시오.** [1601]

높이가 (　　)를 넘는 방유제 및 간막이 둑의 안팎에는 방유제 내에 출입하기 위한 계단 또는 경사로를 약 50m마다 설치할 것

Core 113 / page I – 46

2012년 1회 기출복원문제

01 이동저장탱크의 구조에 관한 내용이다. 다음 빈칸을 채우시오.

> 탱크는 두께 (　　)mm 이상의 강철판 또는 이와 동등 이상의 강도 · 내식성 및 내열성이 있다고 인정하여 소방청장이 정하여 고시하는 재료 및 구조로 위험물이 새지 아니하게 제작할 것

Core 104 / page Ⅰ - 43

02 다음 표에 위험물의 류별 및 지정수량을 쓰시오. [1404]

품명	류별	지정수량	품명	류별	지정수량
칼륨	①	②	니트로화합물	⑤	⑥
질산염류	③	④	질산	⑦	⑧

품명	류별	지정수량	품명	류별	지정수량
칼륨			니트로화합물		
질산염류			질산		

Core 076 / page Ⅰ - 30

03 위험물 안전관리법령에 따른 고인화점 위험물의 정의를 쓰시오. [1902]

Core 039 / page Ⅰ - 17

04 제5류 위험물인 피크린산의 구조식을 쓰시오. [1602]

Core 067 / page Ⅰ - 26

05 마그네슘과 물이 접촉하는 화학반응식과 마그네슘 화재 시 주수소화가 안 되는 이유를 쓰시오. [1402]

Core 021 / page I - 11

06 과산화나트륨(Na_2O_2)과 이산화탄소(CO_2)가 접촉하는 화학반응식을 쓰시오. [1904]

Core 009 / page I - 8

07 톨루엔이 표준상태에서 증기밀도가 몇 g/L인지 구하시오. [0701/1604]

Core 048 · 157 / page I - 20 · 61

08 제3류 위험물인 탄화칼슘(CaC_2)에 대해 다음 각 물음에 답하시오. [0902/1901/2101]

① 탄화칼슘과 물의 반응식을 쓰시오.
② 발생 가스의 완전연소반응식을 쓰시오.

Core 037 / page I - 16

09 강화플라스틱제 이중벽 탱크의 성능시험 항목 2가지를 쓰시오.

Core 115 / page I - 46

10 아세톤 20[L] 100개와 경유 200[L] 5드럼의 지정수량 배수를 구하시오.

Core 041 / page Ⅰ - 18

11 트리니트로톨루엔(TNT)을 제조하는 과정을 화학반응식으로 쓰시오. [0802/1102/2104]

Core 066 / page Ⅰ - 26

12 다음 보기의 물질들을 인화점이 낮은 순으로 배열하시오. [0904/1404/1602/2004]

① 디에틸에테르	② 이황화탄소
③ 산화프로필렌	④ 아세톤

Core 060 / page Ⅰ - 23

13 무기과산화물 용기에 부착해야 하는 주의사항을 4가지 쓰시오.

Core 086 / page Ⅰ - 34

14 주유취급소에 "주유 중 엔진정지" 게시판에 사용하는 색깔을 쓰시오. [0604/1602/1904]

Core 083 / page Ⅰ - 33

2012년 2회 기출복원문제

01 제3류 위험물 중 위험등급 Ⅰ인 품명 3가지를 쓰시오. [1704]

Core 024 / page Ⅰ - 13

02 제2류 위험물에 관한 정의이다. 다음 빈칸을 채우시오. [0702]

> 철분이라 함은 철의 분말로서 (①)μm의 표준체를 통과하는 것이 (②)중량% 이상인 것을 말한다.

Core 015 / page Ⅰ - 10

03 다음 보기의 위험물 운반용기 외부에 표시하는 주의사항을 쓰시오. [0701/1701]

> ① 제2류 위험물 중 인화성 고체
> ② 제3류 위험물 중 금수성 물질
> ③ 제4류 위험물
> ④ 제6류 위험물

Core 086 / page Ⅰ - 34

04 제3류 위험물인 트리에틸알루미늄의 완전연소 반응식을 쓰시오. [1902]

Core 027 / page Ⅰ - 14

05 옥외저장탱크 · 옥내저장탱크 또는 지하저장탱크 중 압력탱크 외의 탱크에 저장할 경우 유지하여야 하는 온도를 쓰시오. [0604/1602/1901]

아세트알데히드	①	디에틸에테르	②	산화프로필렌	③

Core 096 / page Ⅰ - 40

06 보기에서 이산화탄소 소화설비에 적응성이 있는 위험물을 2가지 고르시오.

① 제1류 위험물 중 알칼리금속의 과산화물
② 제2류 위험물 중 인화성고체
③ 제3류 위험물
④ 제4류 위험물
⑤ 제5류 위험물
⑥ 제6류 위험물

Core 147 / page Ⅰ - 57

07 옥외소화전의 개폐밸브 및 호스접속구는 지반면으로부터 몇 m 이하의 높이에 설치해야 하는가? [0802]

Core 150 / page Ⅰ - 58

08 외벽이 내화구조인 위험물 제조소의 건축물 면적이 450m^2인 경우 소요단위를 계산하시오. [1704]

Core 085 / page Ⅰ - 34

09 제5류 위험물로서 담황색의 주상결정이며 분자량이 227, 융점이 81℃, 물에 녹지 않고 알코올, 벤젠, 아세톤에 녹는다. 이 물질에 대한 다음 각 물음에 답하시오. [0901/1904]

① 이 물질의 물질명을 쓰시오.
② 이 물질의 지정수량을 쓰시오.
③ 이 물질의 제조과정을 설명하시오.

Core 066 / page I - 26

10 지정과산화물을 저장 또는 취급하는 옥내저장소의 저장창고 격벽의 설치기준이다. 빈칸을 채우시오. [1702/2101]

저장창고는 (①)m^2 이내마다 격벽으로 완전하게 구획할 것. 이 경우 당해 격벽은 두께 (②)cm 이상의 철근콘크리트조 또는 철골철근콘크리트조로 하거나 두께 (③)cm 이상의 보강콘크리트블록조로 하고, 당해 저장창고의 양측의 외벽으로부터 (④)m 이상, 상부의 지붕으로부터 (⑤)cm 이상 돌출하게 하여야 한다.

Core 093 / page I - 38

11 과산화나트륨(Na_2O_2) 1몰이 물과 반응할 때 발생하는 산소의 몰수를 구하시오.

Core 009 / page I - 8

12 황린의 완전연소반응식을 쓰시오. [0702/1401/1901]

Core 029 / page Ⅰ - 14

13 인화알루미늄 580g이 표준상태에서 물과 반응하여 생성되는 기체의 부피[L]를 구하시오. [1802]

Core 036 / page Ⅰ - 16

14 다음 그림을 보고 탱크의 내용적[m^3]을 구하시오. [1701]

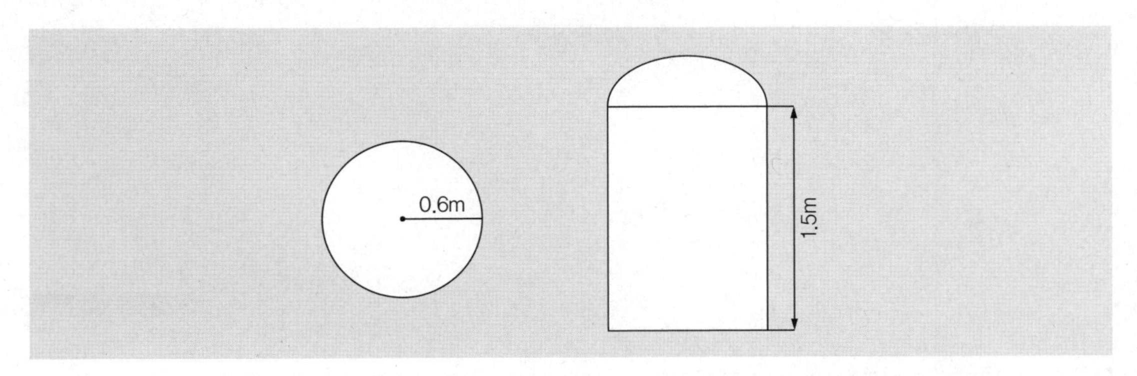

Core 097 / page Ⅰ - 40

2012년 4회 기출복원문제

01 제1류 위험물의 성질로 옳은 것을 [보기]에서 골라 번호를 쓰시오. [1804/2104]

① 무기화합물	② 유기화합물	③ 산화체
④ 인화점이 0℃ 이하	⑤ 인화점이 0℃ 이상	⑥ 고체

Core 002 / page Ⅰ-6

02 다음 물질을 연소 방식에 따라 분류하시오. [0702]

① 나트륨	② TNT	③ 에탄올
④ 금속분	⑤ 디에틸에테르	⑥ 피크르산

Core 137 / page Ⅰ-54

03 보기의 각 위험물에 있어서 위험등급 Ⅱ에 해당하는 품명 2가지씩을 쓰시오.

① 제1류 위험물	② 제2류 위험물	③ 제4류 위험물

Core 075 / page Ⅰ-30

04 제2종 분말약제의 1차 열분해 반응식을 쓰시오. [0801/1701]

Core 142 / page Ⅰ - 55

05 제조소의 보유공지를 설치하지 않을 수 있는 격벽설치 기준이다. 빈칸을 채우시오.

① 방화벽은 내화구조로 할 것. 다만, 제(　)류 위험물인 경우 불연재료로 할 것
② 출입구 및 창에는 자동폐쇄식의 (　)방화문을 설치할 것

Core 133 / page Ⅰ - 52

06 디에틸에테르가 2,000[L]가 있다. 소요단위는 얼마인지 계산하시오. [0802/1804]

Core 085 / page Ⅰ - 34

07 인화알루미늄과 물의 반응식을 쓰시오. [1901]

Core 036 / page Ⅰ - 16

08 제1종 판매취급소의 시설기준이다. 빈칸을 채우시오.

[1704/2001]

가) 위험물을 배합하는 실은 바닥면적은 (①)m^2 이상 (②)m^2 이하로 한다.
나) (③) 또는 (④)로 된 벽으로 한다.
다) 바닥은 위험물이 침투하지 아니하는 구조로 하여 적당한 경사를 두고 (⑤)를 설치하여야 한다.
라) 출입구 문턱의 높이는 바닥면으로부터 (⑥)m 이상으로 해야 한다.

Core 126 / page Ⅰ - 50

09 트리에틸알루미늄 228g이 물과 반응 시 반응식과 발생하는 가연성 가스의 부피는 표준상태에서 몇 L인지 쓰시오.

[0804/1904]

Core 027 / page Ⅰ - 14

10 제3류 위험물인 나트륨에 관한 내용이다. 다음 물음에 답을 답하시오.

① 나트륨의 연소반응식을 쓰시오.
② 나트륨의 완전분해 시 색상을 쓰시오.

Core 026 / page Ⅰ - 13

11 다음은 위험물 운반기준이다. 빈칸을 채우시오. [1501/1604]

가) 고체위험물은 운반용기 내용적의 (①) % 이하의 수납율로 수납할 것
나) 액체위험물은 운반용기 내용적의 (②)% 이하의 수납율로 수납하되, (③)도의 온도에서 누설되지 아니하도록 충분한 공간용적을 유지하도록 할 것

Core 089 / page I - 37

12 이산화탄소 소화설비에 관한 내용이다. 다음 각 물음에 답하시오.

① 저압식 저장용기에는 액면계 및 압력계와 (　)Mpa 이상 (　)Mpa 이하의 압력에서 작동하는 압력경보장치를 설치할 것
② 저압식 저장용기에는 용기 내부의 온도를 영하 (　)℃ 이상 영하 (　)℃ 이하로 유지할 수 있는 자동냉동기를 설치할 것

Core 141 / page I - 55

2013년 1회 기출복원문제

01 흑색화약의 원료 3가지 중 위험물인 것 2가지의 명칭과 각각의 지정수량을 쓰시오.

Core 077 / page Ⅰ-31

02 탄화알루미늄이 물과 반응할 때의 화학반응식을 쓰시오. [0704/2104]

Core 038 / page Ⅰ-16

03 제3종 분말소화약제의 주성분 화학식을 쓰시오. [1801]

Core 142 / page Ⅰ-55

04 옥내저장소에 옥내소화전설비를 3개 설치할 경우 필요한 수원의 양은 몇 m^3인지 계산하시오. [1702]

Core 149 / page Ⅰ-58

05 어떤 물질이 히드라진과 만나면 격렬히 반응하고 폭발한다. 해당 물질에 대한 다음 물음에 답하시오.

> ① 이 물질이 위험물일 조건을 쓰시오.
> ② 이 물질과 히드라진의 폭발 반응식을 쓰시오.

Core 069 / page Ⅰ - 27

06 조해성이 없는 황화린이 연소 시 생성되는 물질 2가지를 화학식으로 쓰시오. [1001]

Core 018 / page Ⅰ - 11

07 셀프용 고정주유설비의 기준에 관한 내용이다. 다음 빈칸을 채우시오.

> 1회의 연속주유량 및 주유시간의 상한을 미리 설정할 수 있는 구조일 것. 이 경우 주유량의 상한은 휘발유는 (①)L 이하, 경유는 (②)L 이하로 하며, 주유시간의 상한은 (③)분 이하로 한다.

Core 129 / page Ⅰ - 51

08 위험물 제조소에 200m^{3}와 100m^{3}의 탱크가 각각 1개씩 2개가 있다. 탱크 주위로 방유제를 만들 때 방유제의 용량[m^3]은 얼마 이상이어야 하는지를 쓰시오. [1004/1604]

Core 117 / page Ⅰ - 47

09 알킬알루미늄 및 아세트알데히드 등의 취급기준에 관한 내용이다. 다음 빈칸을 채우시오.

① 알킬알루미늄 등의 이동탱크저장소에 있어서 이동저장탱크로부터 알킬알루미늄 등을 꺼낼 때에는 동시에 (   )kPa 이하의 압력으로 불활성의 기체를 봉입할 것
② 아세트알데히드 등의 이동탱크저장소에 있어서 이동저장탱크로부터 아세트알데히드 등을 꺼낼 때에는 동시에 (   )kPa 이하의 압력으로 불활성의 기체를 봉입할 것

Core 106 / page I－43

10 압력수조를 이용한 가압송수장치에서 압력수조의 필요한 압력을 구하기 위한 공식이다. 괄호에 들어갈 내용을 골라 알파벳으로 쓰시오.

$$P = p_1 + (\quad) + (\quad) + 0.35[\text{MPa}]$$

A : 전양정[MPa]
B : 필요한 압력[MPa]
C : 소방용 호스의 마찰손실수두압[Mpa]
D : 배관의 마찰손실수두압[MPa]
E : 방수압력 환산수두[MPa]
F : 낙차의 환산수두압[MPa]

Core 152 / page I－59

11 벤젠, 경유, 등유를 각각 1,000[L]씩 저장할 경우 지정수량은 몇 배인지 계산하시오.

Core 041 / page I－18

12 제1류 위험물 중 위험등급 Ⅰ인 품명을 2가지 쓰시오.

Core 074 / page Ⅰ- 29

13 제4류 위험물의 인화점에 관한 내용이다. 다음 빈칸을 채우시오. [1001/1401]

제1석유류	인화점이 섭씨 (①)도 미만인 것
제2석유류	인화점이 섭씨 (①)도 이상 (②)도 미만인 것
제3석유류	인화점이 섭씨 (②)도 이상 섭씨 (③)도 미만인 것
제4석유류	인화점이 섭씨 (③)도 이상 섭씨 (④)도 미만의 것

Core 039 / page Ⅰ- 17

2013년 2회 기출복원문제

01 빈칸을 채우시오. [0602]

황린의 화학식은 (①)이며, (②)의 흰 연기가 발생하고 (③) 속에 저장한다.

Core 029 / page Ⅰ-14

02 ANFO 폭약의 물질로서 산화성인 물질에 대해 다음 물음에 답하시오. [2004]

① 폭탄을 제조하는 물질의 화학식을 쓰시오.
② 질소, 산소, 물이 생성되는 분해반응식을 쓰시오.

Core 011 / page Ⅰ-8

03 지하저장탱크 2개에 경유 15,000[L], 휘발유 8,000[L]를 인접해 설치하는 경우 그 상호간에 몇 m 이상의 간격을 유지하여야 하는가? [1801]

Core 041 · 100 / page Ⅰ-18 · 41

04 제4류 위험물인 알코올류에서 제외되는 경우에 대한 내용이다. 빈칸을 채우시오. [2101]

가) 1분자를 구성하는 탄소원자의 수가 1개 내지 (①)개의 포화1가 알코올의 함량이 (②)중량% 미만인 수용액

나) 가연성 액체량이 60중량% 미만이고 인화점 및 연소점이 에틸알코올 (③)중량% 수용액의 인화점 및 연소점을 초과하는 것

Core 040 / page I - 17

05 2mL 소량의 시료를 사용하여 인화의 위험성을 측정하는 인화점 측정기를 쓰시오.

Core 155 / page I - 60

06 제6류 위험물과 혼재 가능한 위험물은 무엇인가? [0504/1901]

Core 080 / page I - 32

07 다음 빈칸을 채우시오.

제조소에서 건축물 등은 부표의 기준에 의하여 불연재료로 된 방화상 유효한 ( )을 설치하는 경우에는 동표의 기준에 의하여 안전거리를 단축할 수 있다.

Core 118 / page I - 47

08 다음 보기의 빈칸을 채우시오. [0902]

과산화수소는 그 농도가 (①)중량% 이상인 것에 한하며, 지정수량은 (②)이다.

Core 068 / page I – 27

09 제5류 위험물인 트리니트로페놀의 구조식과 지정수량을 쓰시오. [0801/1002/1601/1701/1804]

Core 067 / page I – 26

10 제1류 위험물인 염소산칼륨에 관한 내용이다. 다음 각 물음에 답하시오. [1001/1704]

① 완전분해 반응식을 쓰시오.
② 염소산칼륨 24.5kg이 표준상태에서 완전분해 시 생성되는 산소의 부피[m^3]를 구하시오.

Core 004 / page I – 7

11 제4류 위험물 중 옥외저장소에 보관 가능한 물질 4가지를 쓰시오. [1701/2104]

Core 094 / page I - 39

12 다음 표는 제3류 위험물의 지정수량에 대한 내용이다. 빈칸을 채우시오.

품명	지정수량	품명	지정수량
칼륨	①	(⑤)	20kg
나트륨	②	알칼리금속 및 알칼리토금속	⑥
알킬알루미늄	③	유기금속화합물	⑦
(④)	10kg		

Core 024 / page I - 13

13 소화난이도등급 Ⅰ에 해당하는 제조소 · 일반취급소에 관한 내용이다. 다음 빈칸을 채우시오. [1004]

① 연면적 (   )m^2 이상인 것
② 지반면으로부터 (   )m 이상의 높이에 위험물 취급설비가 있는 것

Core 123 / page I - 49

2013년 4회 기출복원문제

01 보기의 동식물유류를 요오드값에 따라 건성유, 반건성유, 불건성유로 분류하시오. [0604/1604/2003]

① 아마인유	② 야자유	③ 들기름
④ 쌀겨유	⑤ 목화씨유	⑥ 땅콩유

Core 059 / page Ⅰ - 23

02 에틸렌과 산소를 $CuCl_2$의 촉매 하에 생성된 물질로 인화점이 −39℃, 비점이 21℃, 연소범위가 4.1~57%인 특수인화물의 시성식, 증기비중, 산화 시 생성되는 4류 위험물을 쓰시오. [1801]

Core 046 · 157 / page Ⅰ - 19 · 61

03 알루미늄이 건설현장에서 많이 사용되는 이유는 공기 중에서 산화될 때 산화알루미늄 피막을 형성하기 때문이다. 산화반응식을 쓰시오.

Core 022 / page Ⅰ - 12

04 위험물관리법에서 정한 특수인화물일 조건을 2가지 쓰시오.

Core 039 / page Ⅰ-17

05 염소산염류 중 분자량이 106.5이고, 철제용기를 부식시키므로 철제에 저장해서는 안 되는 위험물의 화학식을 쓰시오.

Core 005 / page Ⅰ-7

06 옥외저장소에 옥외소화전설비를 6개 설치할 경우 필요한 수원의 양은 몇 m^3인지 계산하시오. [1804/2104]

Core 149 / page Ⅰ-58

07 트리에틸알루미늄[$(C_2H_5)_3Al$]과 물의 반응식과 발생된 가스의 명칭을 쓰시오. [0904/2104]

Core 027 / page Ⅰ-14

08 옥외저장탱크·옥내저장탱크 또는 지하저장탱크 중 압력탱크 외의 탱크 또는 압력탱크에 저장할 경우에 유지하여야 하는 온도를 쓰시오.

압력탱크 외의 탱크에 저장				압력탱크에 저장	
산화프로필렌	①	아세트알데히드	②	디에틸에테르	③

Core 096 / page Ⅰ-40

09 혼재 불가능한 위험물은 저장이 불가능하다. 옥내저장소 또는 옥외저장소에 혼재하여 보관할 수 있는 위험물에 대한 설명이다. (　)을 채우시오.

① 제1류 위험물(무기과산화물류 제외)과 제(　)류 위험물
② 제1류 위험물과 제(　)류 위험물
③ 제(　)류 위험물과 제3류 위험물(자연발화성물질)

Core 081 / page I - 33

10 이동저장탱크의 구조와 이송취급소의 구조에서 안전장치에 관한 내용이다. 빈칸을 채우시오.

① 상용압력이 20kPa를 초과하는 탱크에 있어서는 상용압력의 (　)배 이하의 압력에서 작동하는 것으로 할 것
② 배관계에는 배관 내의 압력이 최대상용압력을 초과하거나 유격작용 등에 의하여 생긴 압력이 최대상용압력의 (　)배를 초과하지 아니하도록 제어하는 장치를 설치할 것

Core 130 / page I - 51

11 제5류 위험물인 질산에스테르류와 니트로화합물의 종류를 각각 3가지씩 쓰시오.

Core 062 / page I - 25

12 제3류 위험물인 탄화칼슘(카바이트)과 물의 반응식을 쓰시오. [1001/1801]

Core 037 / page I - 16

2014년 1회 기출복원문제

01 알루미늄의 완전 연소식과 염산과의 반응 시 생성가스를 쓰시오.

Core 031 / page Ⅰ- 15

02 다음 표에 할로겐 화학식을 쓰시오. [0802]

할론1301	할론2402	할론1211
①	②	③

Core 143 / page Ⅰ- 56

03 이황화탄소(CS_2) 5kg이 모두 증발할 때 발생하는 독가스의 부피를 구하시오.(단, 기준온도는 25℃이다)

Core 043 / page Ⅰ- 19

04 Ca_3P_2에 대한 다음 각 물음에 대해 답을 쓰시오. [0601/0704/0802/1501/1602]

① 지정수량을 쓰시오.
② 물과의 반응 시 생성되는 가스의 화학식을 쓰시오.

Core 035 / page Ⅰ - 15

05 제4류 위험물인 에틸알코올에 대한 다음 각 물음에 답하시오. [0902/2004]

① 에틸알코올의 연소반응식을 쓰시오.
② 에틸알코올과 칼륨의 반응에서 발생하는 기체의 명칭을 쓰시오.
③ 에틸알코올의 구조이성질체로서 디메틸에테르의 화학식을 쓰시오.

Core 054 / page Ⅰ - 21

06 제6류 위험물로 분자량이 63, 갈색증기를 발생시키고 염산과 혼합되어 금과 백금을 부식시킬 수 있는 것은 무엇인지 화학식과 지정수량을 쓰시오. [0702/2104]

Core 071 / page Ⅰ - 28

07 제5류 위험물인 과산화벤조일의 구조식을 그리시오. [1001]

Core 064 / page Ⅰ - 25

08 과산화나트륨(Na_2O_2) 1kg이 물과 반응할 때 생성된 기체는 350℃, 1기압에서의 체적은 몇 [L]인가? [0801]

Core 009 / page Ⅰ - 8

09 제1류 위험물과 혼재 불가능한 위험물을 모두 쓰시오. [0602]

Core 080 / page Ⅰ - 32

10 벤젠(C_6H_6) 16g 증발 시 70℃에서 수증기의 부피는 몇 [L]인지 쓰시오. [0801]

Core 047 / page Ⅰ - 20

11 제4류 위험물의 인화점에 관한 내용이다. 다음 빈칸을 채우시오. [1001/1301]

제1석유류	인화점이 섭씨 (①)도 미만인 것
제2석유류	인화점이 섭씨 (②)도 이상 (③)도 미만인 것

Core 039 / page Ⅰ-17

12 황린의 완전연소반응식을 쓰시오. [0702/1202/1901]

Core 029 / page Ⅰ-14

2014년 2회 기출복원문제

01 제조소 또는 일반취급소에서 취급하는 제4류 위험물의 최대수량의 합이 지정수량의 48만 배 이상인 사업소의 자체소방대 인원의 수와 소방차의 대수를 쓰시오. [1102]

Core 148 / page Ⅰ - 58

02 트리에틸알루미늄[$(C_2H_5)_3Al$]과 물의 반응식을 쓰시오. [1104]

Core 027 / page Ⅰ - 14

03 크실렌 이성질체 3가지에 대한 명칭과 구조식을 쓰시오. [0604/1501]

명칭			
구조식			

Core 056 / page Ⅰ - 22

04 소화난이도 등급 Ⅰ의 제조소 또는 일반취급소에 반드시 설치해야 할 소화설비 종류 3가지를 쓰시오. [0601]

Core 124 / page Ⅰ - 49

05 주유취급소에 "주유 중 엔진정지" 게시판에 사용하는 색깔과 규격을 쓰시오. [0701/1802]

Core 083 / page I - 33

06 옥외저장소에 저장되어 있는 드럼통에 중요 위험물만을 쌓을 경우 다음 각 물음에 답하시오.

① 기계에 의하여 하역하는 구조로 된 용기만을 겹쳐 쌓는 경우의 한계 저장 높이
② 옥외저장소에서 위험물을 수납한 용기를 선반에 저장하는 경우의 한계 저장 높이
③ 중유만을 저장할 경우 한계 저장 높이

Core 095 / page I - 39

07 다음 빈칸을 채우시오. [0701/0704/1702]

특수인화물이라 함은 이황화탄소, 디에틸에테르 그 밖에 1기압에서 발화점이 섭씨 (①)℃ 이하인 것 또는 인화점이 섭씨 영하 (②)℃ 이하이고 비점이 섭씨 (③)℃ 이하인 것을 말한다.

Core 039 / page I - 17

08 마그네슘과 물이 접촉하는 화학반응식과 마그네슘 화재 시 주수소화가 안 되는 이유를 쓰시오. [1201]

Core 021 / page I - 11

09 과산화나트륨의 완전분해 반응식과 과산화나트륨(Na_2O_2) 1kg이 표준상태에서 물과 반응할 때 생성되는 산소의 부피는 몇 [L]인가?

Core 009 / page Ⅰ - 8

10 CS_2는 물을 이용하여 소화가 가능하다. 이 물질의 비중과 소화효과를 비교해 상세히 설명하시오. [0704]

Core 043 / page Ⅰ - 19

11 제3류 위험물 중 물과 반응성이 없고 공기 중에서 반응하여 흰 연기를 발생시키는 물질명과 지정수량을 쓰시오.

Core 029 / page Ⅰ - 14

12 금속나트륨과 에탄올의 반응식과 반응 시 발생되는 가스의 명칭을 쓰시오. [0702]

Core 026 / page Ⅰ - 13

2014년 4회 기출복원문제

01 칼슘과 물이 접촉했을 때의 반응식을 쓰시오. [0701]

Core 032 / page Ⅰ - 15

02 다음 표에 혼재 가능한 위험물은 "○", 혼재 불가능한 위험물은 "×"로 표시하시오. [1001/1601/1704/2001]

위험물의 구분	제1류	제2류	제3류	제4류	제5류	제6류
제1류						
제2류						
제3류						
제4류						
제5류						
제6류						

Core 080 / page Ⅰ - 32

03 트리에틸알루미늄과 메탄올 반응 시 폭발적으로 반응한다. 이때의 화학반응식을 쓰시오. [0502/1101/1804]

Core 027 / page Ⅰ - 14

04 제1류 위험물인 알칼리금속과산화물의 운반용기 외부에 표시하는 주의사항 4가지를 쓰시오. [0904/1802]

Core 086 / page Ⅰ - 34

05 제2류 위험물인 오황화린과 물의 반응식과 발생 물질 중 기체상태인 것은 무엇인지 쓰시오. [0602]

Core 018 / page Ⅰ - 11

06 다음 에탄올의 완전연소 반응식을 쓰시오. [0502/1104/1801]

Core 054 / page Ⅰ - 21

07 빈칸을 채우시오. [0804]

이동저장탱크는 그 내부에 (①)L 이하마다 (②)mm 이상의 강철판 또는 이와 동등 이상의 강도 · 내열성 및 내식성이 있는 금속성의 것으로 칸막이를 설치하여야 한다.

Core 104 / page Ⅰ - 43

08 제1종 분말소화약제의 주성분 화학식을 쓰시오. [2104]

Core 142 / page Ⅰ - 55

09 원자량이 23, 불꽃반응 시 노란색을 띠는 물질의 원소기호와 지정수량을 쓰시오.

Core 026 / page Ⅰ - 13

10 다음 보기의 물질들을 인화점이 낮은 순으로 배열하시오. [0904/1201/1602/2004]

① 디에틸에테르	② 이황화탄소
③ 산화프로필렌	④ 아세톤

Core 060 / page I - 23

11 주유취급소에 설치하는 탱크의 용량을 몇 [L] 이하로 하는지 다음 물음에 답하시오. [1102/1802]

① 비고속도로 주유설비	② 고속도로 주유설비

Core 127 / page I - 50

12 제4류 위험물 인화점에 대한 설명이다. 다음 빈칸을 채우시오. [1704]

제1석유류라 함은 아세톤, 휘발유 그 밖에 1기압에서 인화점이 섭씨 (   )인 것을 말한다.

Core 039 / page I - 17

13 제조소 또는 일반취급소에서 취급하는 제4류 위험물의 최대수량의 합이 지정수량의 12만 배 이상 24만배 미만인 사업소의 자체소방대 인원의 수와 소방차의 대수를 쓰시오.

Core 148 / page I - 58

14 다음 표에 위험물의 류별 및 지정수량을 쓰시오. [1201]

품명	류별	지정수량	품명	류별	지정수량
칼륨	①	②	니트로화합물	⑤	⑥
질산염류	③	④	질산	⑦	⑧

품명	류별	지정수량	품명	류별	지정수량
칼륨			니트로화합물		
질산염류			질산		

Core 076 / page Ⅰ-30

2015년 1회 기출복원문제

01 크실렌 이성질체 3가지에 대한 명칭과 구조식을 쓰시오. [0604/1402]

명칭			
구조식			

Core 056 / page Ⅰ - 22

02 제5류 위험물 중 트리니트로톨루엔의 구조식을 그리시오.

Core 066 / page Ⅰ - 26

03 금속칼륨을 주수소화하면 안 되는 이유를 2가지 쓰시오.

Core 025 / page Ⅰ - 13

04 다음 위험물 중 비중이 1보다 큰 것을 보기에서 모두 골라 쓰시오.

① 이황화탄소	② 글리세린	③ 산화프로필렌
④ 클로로벤젠	⑤ 피리딘	

Core 061 / page Ⅰ - 24

05 이황화탄소의 연소반응식을 쓰시오.

Core 043 / page Ⅰ - 19

06 질산메틸의 증기비중을 구하시오. [0704/1104]

Core 065 · 157 / page Ⅰ - 26 · 61

07 인화칼슘(Ca_3P_2)에 대한 다음 각 물음에 대해 답을 쓰시오. [0601/0704/0802/1401/1602]

① 몇 류 위험물인지 쓰시오.
② 지정수량을 쓰시오.
③ 물과의 반응식을 쓰시오.
④ 발생가스의 명칭을 쓰시오.

Core 035 / page Ⅰ - 15

08 에틸렌(C_2H_4)을 산화시키면 생성되는 물질에 대한 다음 각 물음에 답하시오. [0802]

① 생성되는 물질의 화학식을 쓰시오.
② 에틸렌의 산화반응식을 쓰시오.
③ 생성되는 물질의 품명을 쓰시오.
④ 생성되는 물질의 지정수량을 쓰시오.

Core 046 / page Ⅰ - 19

09 다음은 위험물의 운반기준이다. 다음 빈 칸을 채우시오. [1204/1604]

① 고체위험물은 운반용기 내용적의 (①)% 이하의 수납율로 수납할 것
② 액체위험물은 운반용기 내용적의 (②)% 이하의 수납율로 수납하되, (③)℃의 온도에서 누설되지 아니하도록 충분한 공간용적을 유지하도록 할 것

Core 089 / page Ⅰ－37

10 다음 제4류 위험물 저장소의 주의사항 게시판에 대한 각 물음에 대하여 답하시오.

① 게시판의 크기를 쓰시오.
② 게시판의 색상을 쓰시오.
③ 게시판의 주의사항을 쓰시오.

Core 084 / page Ⅰ－34

11 황화린에 대한 다음 각 물음에 답하시오. [0901]

① 이 위험물은 몇 류에 해당하는지 쓰시오.
② 이 위험물의 지정수량을 쓰시오.
③ 황화린의 종류 3가지를 화학식으로 쓰시오.

Core 018 / page Ⅰ－11

12 제4류 위험물로 흡입 시 시신경 마비, 인화점 11℃, 발화점 464℃, 분자량 32인 위험물의 명칭과 지정수량을 쓰시오.

[0801/1901]

Core 053 / page I - 21

13 위험물안전관리법령에 따른 위험물 저장 · 취급기준이다. 다음 빈 칸을 채우시오.

가) 제(①)류 위험물은 가연물과의 접촉 · 혼합이나 분해를 촉진하는 물품과의 접근 또는 과열 · 충격 · 마찰 등을 피하는 한편, 알카리금속의 과산화물 및 이를 함유한 것에 있어서는 물과의 접촉을 피하여야 한다.
나) 제(②)류 위험물은 산화제와의 접촉 · 혼합이나 불티 · 불꽃 · 고온체와의 접근 또는 과열을 피하는 한편, 철분 · 금속분 · 마그네슘 및 이를 함유한 것에 있어서는 물이나 산과의 접촉을 피하고 인화성 고체에 있어서는 함부로 증기를 발생시키지 아니하여야 한다.
다) 제(③)류 위험물은 불티 · 불꽃 · 고온체와의 접근 또는 과열을 피하고, 함부로 증기를 발생시키지 아니하여야 한다.

Core 079 / page I - 32

2015년 2회 기출복원문제

01 제1종 분말소화제의 열 분해 시 270℃에서의 반응식과 850℃에서의 반응식을 각각 쓰시오.

[0602/1801/2003]

Core 142 / page Ⅰ-55

02 탄화칼슘 32g이 물과 반응하여 생성되는 기체가 완전연소하기 위한 산소의 부피(L)를 구하시오.

[0804/2001]

Core 037 / page Ⅰ-16

03 질산암모늄 800g이 열분해되는 경우 발생기체의 부피[L]는 표준상태에서 전부 얼마인지 구하시오.

[1002/1901]

$$2NH_4NO_3 \rightarrow 2N_2 + O_2 + 4H_2O$$

Core 011 / page Ⅰ-8

04 인화점이 낮은 것부터 번호로 나열하시오.

① 이황화탄소	② 아세톤
③ 메틸알코올	④ 아닐린

Core 060 / page Ⅰ - 23

05 금속니켈 촉매 하에서 300℃로 가열하면 수소첨가반응이 일어나서 시클로헥산을 생성하는데 사용되는 분자량이 78인 물질과 구조식을 쓰시오.

Core 047 / page Ⅰ - 20

06 유기과산화물과 혼재 불가능한 위험물을 모두 쓰시오. [1104]

Core 080 / page Ⅰ - 32

07 위험물안전관리법령상 제4류 위험물 중 에틸렌글리콜, 시안화수소, 글리세린은 품명이 무엇인지 쓰시오.

Core 041 / page Ⅰ - 18

08 다음 제5류 위험물 중 지정수량이 200kg인 품명을 3가지 쓰시오. [2101]

Core 062 / page Ⅰ - 25

09 제4류 위험물인 메틸알코올에 대한 다음 각 물음에 답하시오.

[0904/2101]

① 완전연소반응식을 쓰시오.
② 생성물에 대한 몰수의 합을 쓰시오.

Core 053 / page I - 21

10 다음은 지하저장탱크에 관한 내용이다. 빈칸을 채우시오.

[2003/2104]

① 지하저장탱크의 윗부분은 지면으로부터 (　　)m 이상 아래에 있어야 한다.
② 지하철 · 지하가 또는 지하터널로부터 수평거리 (　)m 이내의 장소 또는 지하건축물내의 장소에 설치하지 아니할 것
③ 벽 · 피트 · 가스관 등의 시설물 및 대지경계선으로부터 (　)m 이상 떨어진 곳에 매설할 것

Core 098 · 099 / page I - 40 · 41

11 위험물안전관리법령상 옥내저장소 또는 옥외저장소에 있어서 류별을 달리하는 위험물을 동일한 장소에 저장할 경우 이격 거리는 몇 m인가?

Core 081 / page I - 33

12 위험물안전관리법령상 동식물유류에 관한 물음에 답하시오.

① 요오드가의 정의를 쓰시오.
② 동식물유류를 요오드값에 따라 분류하고 범위를 쓰시오.

Core 059 / page I - 23

2015년 4회 기출복원문제

01 위험물의 저장량이 지정수량의 1/10일 때 혼재하여서는 안 되는 위험물을 모두 쓰시오. [0601/1804/2102]

Core 080 / page Ⅰ - 32

02 간이저장탱크에 관한 내용이다. 빈칸을 채우시오. [0604]

> 간이저장탱크는 두께 (①)mm 이상의 강판으로 흠이 없도록 제작하여야 하며, 용량은 (②)L 이하이어야 한다.

Core 101 / page Ⅰ - 42

03 위험물안전관리법령 중 옥내 저장창고의 지붕에 관한 내용이다. 다음 빈칸을 채우시오.

> 가) 중도리 또는 서까래의 간격은 (①)cm 이하로 할 것
> 나) 지붕의 아래쪽 면에는 한 변의 길이가 (②)cm 이하의 환강 · 경량형강 등으로 된 강제의 격자를 설치할 것
> 다) 두께 (③)cm 이상, 너비 (④)cm 이상의 목재로 만든 받침대를 설치할 것

Core 093 / page Ⅰ - 38

04 과산화벤조일을 운반하고 있는 중이다. 이 운반용기 표면에 작성되어 있어야 할 주의사항을 모두 쓰시오.

Core 086 / page I - 34

05 트리니트로페놀과 트리니트로톨루엔의 시성식을 작성하시오.

Core 066 · 067 / page I - 26

06 아세톤 200g이 완전연소하였다. 다음 물음에 답하시오.(단, 공기 중 산소의 부피비는 21%) [0802/2102]

① 아세톤의 연소식을 작성하시오.
② 이것에 필요한 이론 공기량을 구하시오.
③ 발생한 탄산가스의 부피[L]를 구하시오.

Core 051 / page I - 21

07 주어진 물질의 지정수량을 쓰시오.

[0702]

① 트리에틸알루미늄 ② 리튬
③ 탄화알루미늄 ④ 황린

Core 024 / page Ⅰ-13

08 다음에 설명하는 물질의 시성식을 쓰시오.

① 환원력이 아주 크다.
② 이것은 산화하여 아세트산이 된다.
③ 증기비중이 1.5이다.

Core 046 / page Ⅰ-19

09 제1종 분말소화기에 대한 다음 물음에 답하시오.

① A~D등급 중 어느 등급 화재에 적용이 가능한지 2가지를 고르시오.
② 주성분의 화학식을 쓰시오.

Core 142 / page Ⅰ-55

10 위험물안전관리법에서 플라스틱 상자의 최대용적이 125kg인 액체위험물(제4류 인화성 액체)을 운반용기에 수납하는 경우 금속제 내장용기의 최대용적은?

Core 088 / page Ⅰ-36

11 제3류 위험물인 황린은 강알칼리성과 접촉하면 위험성기체가 발생한다. 생성기체의 시성식을 쓰시오.

Core 029 / page I - 14

12 원통형 탱크의 용량[m^3]을 구하시오.(단, 탱크의 공간용적은 10%이다.) [0804]

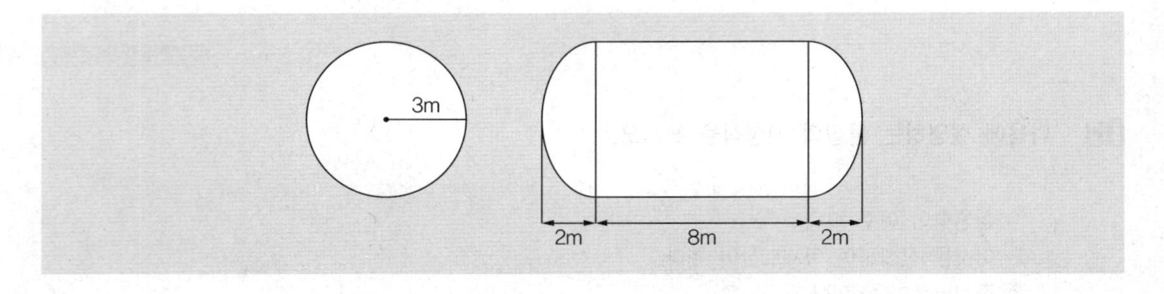

Core 097 / page I - 40

13 위험물안전관리법령에서 정한 제조소 중 옥외탱크저장소에 저장하는 소화난이도등급 I에 해당하는 번호를 고르시오.(단, 해당 답이 없으면 없음이라고 쓰시오.) [2101]

① 질산 60,000kg을 저장하는 옥외탱크저장소
② 과산화수소 액표면적이 40m^2 이상인 옥외탱크저장소
③ 이황화탄소 500[L]를 저장하는 옥외탱크저장소
④ 유황 14,000kg을 저장하는 지중탱크
⑤ 휘발유 100,000[L]를 저장하는 지중탱크

Core 112 / page I - 46

2016년 1회 기출복원문제

01 다음 표에 혼재 가능한 위험물은 "○", 혼재 불가능한 위험물은 "×"로 표시하시오. [1001/1404/1704/2001]

위험물의 구분	제1류	제2류	제3류	제4류	제5류	제6류
제1류						
제2류						
제3류						
제4류						
제5류						
제6류						

Core 080 / page Ⅰ - 32

02 제5류 위험물인 피크린산의 구조식과 지정수량을 쓰시오. [0801/1002/1302/1701/1804]

Core 067 / page Ⅰ - 26

03 다음 정의에 해당하는 품명을 쓰시오.

① 고형알코올 그 밖에 1기압에서 인화점이 섭씨 40도 미만인 고체
② 이황화탄소, 디에틸에테르 그 밖에 1기압에서 발화점이 섭씨 100도 이하인 것 또는 인화점이 섭씨 영하 20도 이하이고 비점이 섭씨 40도 이하인 것
③ 아세톤, 휘발유 그 밖에 1기압에서 인화점이 섭씨 21도 미만인 것

Core 039 / page Ⅰ - 17

04 제1류 위험물인 과염소산칼륨의 610℃에서 열분해 반응식을 쓰시오. [0904/1702]

Core 006 / page Ⅰ - 7

05 에틸알코올에 황산을 촉매로 첨가하면 생성되는 지정수량이 50리터인 특수인화물의 화학식을 쓰시오. [0804]

Core 044 / page Ⅰ - 19

06 옥외탱크저장소의 방유제 설치에 관한 내용이다. 빈칸을 채우시오. [1104]

> 높이가 (　　)를 넘는 방유제 및 간막이 둑의 안팎에는 방유제 내에 출입하기 위한 계단 또는 경사로를 약 50m마다 설치할 것

Core 113 / page Ⅰ - 46

07 제2류 위험물인 오황화린과 물의 반응 시 생성되는 물질이 무엇인지 쓰시오.

Core 018 / page Ⅰ - 11

08 위험물제조소 배출설비 배출능력은 국소방식 1시간당 배출장소 용적의 몇 배 이상인 것으로 하여야 하는지 쓰시오. [0904]

Core 116 / page I - 47

09 이황화탄소에 대한 다음 물음에 답하시오.

① 지정수량을 쓰시오.
② 연소반응식을 쓰시오.

Core 043 / page I - 19

10 각 위험물에 대한 주의사항 게시판의 표시 내용을 표에 쓰시오. [0801]

유별	품명	주의사항
제1류 위험물 과산화물	과산화나트륨(Na_2O_2)	①
제2류 위험물(인화성고체 제외)	황(S_8)	②
제5류 위험물	트리니트로톨루엔[$C_6H_2CH_3(NO_2)_3$]	③

Core 086 / page I - 34

11 제5류 위험물인 TNT 분해 시 생성되는 물질을 4가지 화학식으로 쓰시오. [1004]

Core 066 / page I - 26

12 다음과 같은 원형탱크의 내용적은 몇 m^3인가?(단, 계산식도 함께 쓰시오.) [0501]

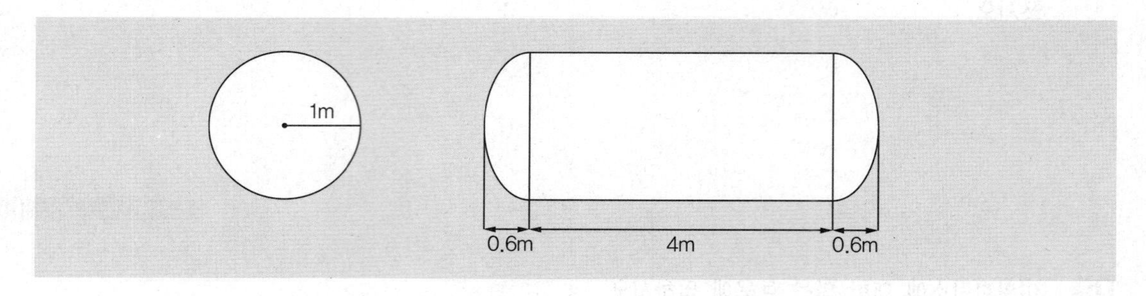

Core 097 / page I - 40

13 다음 [보기]에서 불활성가스 소화설비에 적응성이 있는 위험물을 2가지 고르시오. [1702/1902]

① 제1류 위험물 중 알칼리금속의 과산화물
② 제2류 위험물 중 인화성고체
③ 제3류 위험물
④ 제4류 위험물
⑤ 제5류 위험물
⑥ 제6류 위험물

Core 147 / page I - 57

14 메타인산이 발생하여 막을 형성하는 방식의 분말소화약제에 대해 쓰시오.

① 이 소화약제는 몇 종 분말인가?
② 주성분을 화학식으로 쓰시오.

Core 142 / page I - 55

2016년 2회 기출복원문제

01 다음 각 물음에 답하시오. [1104]

① (　　)라 함은 고형알코올 그 밖에 1기압에서 인화점이 섭씨 40도 미만인 고체를 말한다.
② ①의 위험물은 몇 류 위험물인지 쓰시오.
③ ①의 위험물 지정수량을 쓰시오.

Core 016 / page Ⅰ - 10

02 인화칼슘(Ca_3P_2)에 대한 다음 각 물음에 대해 답을 쓰시오. [0601/0704/0802/1401/1501]

① 물과의 반응식을 쓰시오.
② 위험한 이유를 쓰시오.

Core 035 / page Ⅰ - 15

03 위험물 탱크 기능검사 관리자로 필수인력을 고르시오. [1102]

① 위험물기능장
② 누설비파괴검사 기사 · 산업기사
③ 초음파비파괴검사 기사 · 산업기사
④ 비파괴검사기능사
⑤ 토목분야 측량 관련 기술사
⑥ 위험물산업기사

Core 135 / page Ⅰ - 53

04 탄화알루미늄이 물과 반응할 때 생성되는 물질 2가지를 쓰시오.

Core 038 / page Ⅰ - 16

05 칼륨, 트리에틸알루미늄, 인화알루미늄이 물과의 반응 후 생성되는 가스를 각각 적으시오.

Core 025 · 027 · 036 / page Ⅰ - 13 · 14 · 16

06 제5류 위험물인 피크린산의 구조식을 쓰시오. [1201]

Core 067 / page Ⅰ - 26

07 다음 보기의 물질들을 인화점이 낮은 순으로 배열하시오. [0904/1201/1404/2004]

① 디에틸에테르	② 이황화탄소
③ 산화프로필렌	④ 아세톤

Core 060 / page Ⅰ - 23

08 옥외저장탱크 · 옥내저장탱크 또는 지하저장탱크 중 압력탱크 외의 탱크에 저장할 경우에 유지하여야 하는 온도를 쓰시오. [0604/1202/1901]

아세트알데히드	①	디에틸에테르	②	산화프로필렌	③

Core 096 / page I - 40

09 주유취급소에 "주유 중 엔진정지" 게시판에 사용하는 색깔을 쓰시오. [0604/1201/1904]

Core 083 / page I - 33

10 옥외저장소에 지정수량 10배 이하 및 지정수량 10배를 초과할 때의 보유공지를 각각 쓰시오.

Core 132 / page I - 52

11 특수인화물 200L, 제1석유류 400L, 제2석유류 4,000L, 제3석유류 12,000L, 제4석유류 24,000L의 지정수량의 배수의 합을 구하시오.(단, 제1석유류, 제2석유류, 제3석유류는 수용성이다) [0804/2004]

Core 041 / page I - 18

12 에틸렌과 산소를 $CuCl_2$의 촉매 하에 생성된 물질로 인화점이 －39℃, 비점이 21℃, 연소범위가 4.1~57%인 특수인화물의 시성식, 증기비중을 쓰시오. [1901]

Core 046 · 157 / page I－19 · 61

13 A, B, C 분말소화기 중 올소인산이 생성되는 열분해 반응식을 쓰시오. [0901]

Core 142 / page I－55

2016년 4회 기출복원문제

01 위험물 운반 시 가솔린과 함께 운반할 수 있는 유별을 쓰시오.(단, 지정수량의 1/5 이상의 양이다)

Core 080 / page Ⅰ - 32

02 질산암모늄의 구성성분 중 질소와 수소의 함량을 wt%로 구하시오. [0702/1104/2101]

Core 011 / page Ⅰ - 8

03 인화점이 낮은 것부터 번호로 나열하시오. [0704]

① 초산메틸　　② 이황화탄소
③ 글리세린　　④ 클로로벤젠

Core 060 / page Ⅰ - 23

04 인화칼슘과 물과의 반응식을 쓰시오.

Core 035 / page Ⅰ - 15

05 제4류 위험물 중에서 인화점이 21℃ 이상 70℃ 미만이면서 수용성인 위험물을 모두 고르시오.

① 메틸알코올	② 아세트산	③ 포름산
④ 클로로벤젠	⑤ 니트로벤젠	

Core 041 / page Ⅰ-18

06 환원력이 강하고 물과 에탄올, 에테르에 잘 녹고 은거울반응을 하며 산화하면 아세트산이 되는 물질의 명칭과 화학식을 쓰시오.

Core 046 / page Ⅰ-19

07 톨루엔이 표준상태에서 증기밀도가 몇 g/L인지 구하시오. [0701/1201]

Core 048 · 158 / page Ⅰ-20 · 61

08 보기의 동식물유류를 요오드값에 따라 건성유, 반건성유, 불건성유로 분류하시오. [0604/1304/2003]

① 아마인유	② 야자유	③ 들기름
④ 쌀겨유	⑤ 목화씨유	⑥ 땅콩유

Core 059 / page Ⅰ-23

09 제2류 위험물인 마그네슘에 대한 다음 각 물음에 답하시오. [1002]

① 마그네슘이 완전연소 시 생성되는 물질을 쓰시오.
② 마그네슘과 황산이 반응하는 경우 발생되는 기체를 쓰시오.

Core 021 / page Ⅰ-11

10 연한 경금속으로 2차전지로 이용하며, 비중 0.53, 융점 180℃, 불꽃반응 시 적색을 띠는 물질의 명칭을 쓰시오. [0604/0804/0901]

Core 030 / page Ⅰ-14

11 다음 위험물 중 지정수량이 같은 품명을 3가지 골라 쓰시오.

① 적린	② 철분	③ 히드라진유도체
④ 유황	⑤ 히드록실아민	⑥ 질산에스테르

Core 076 / page Ⅰ-30

12 분말소화약제 중 A, B, C급 화재에 공통적으로 소화가능한 약제의 화학식을 쓰시오.

Core 142 / page Ⅰ-55

13 다음은 위험물의 운반기준이다. 다음 빈 칸을 채우시오. [1204/1501]

① 고체위험물은 운반용기 내용적의 (①)% 이하의 수납율로 수납할 것
② 액체위험물은 운반용기 내용적의 (②)% 이하의 수납율로 수납하되, (③)℃의 온도에서 누설되지 아니하도록 충분한 공간용적을 유지하도록 할 것

Core 089 / page I - 37

14 위험물 제조소에 200m^{3}와 100m^{3}의 탱크가 각각 1개씩 2개가 있다. 탱크 주위로 방유제를 만들 때 방유제의 용량[m^3]은 얼마 이상이어야 하는지를 쓰시오. [1004/1301]

Core 117 / page I - 47

2017년 1회 기출복원문제

01 다음 그림을 보고 탱크의 내용적[m^3]을 구하시오. [1202]

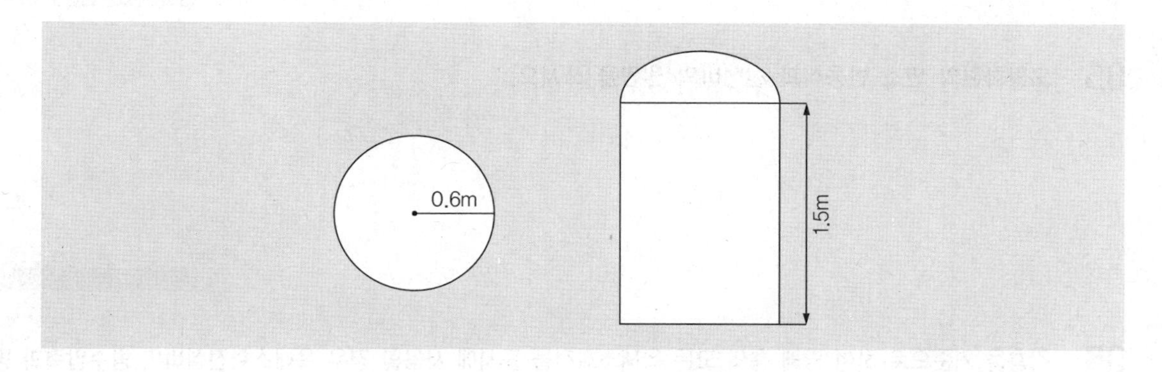

Core 097 / page Ⅰ - 40

02 제4류 위험물 중 옥외저장소에 보관 가능한 물질 4가지를 쓰시오. [1302/2104]

Core 094 / page Ⅰ - 39

03 제3류 위험물인 탄화칼슘(CaC_2)에 대해 다음 각 물음에 답하시오. [0801/2104]

① 탄화칼슘과 물의 반응식을 쓰시오.
② 발생 가스의 명칭과 연소범위를 쓰시오.
③ 발생 가스의 완전연소반응식을 쓰시오.

Core 037 / page Ⅰ - 16

04 과산화나트륨의 분해 시 생성된 물질 2가지와 이산화탄소와의 반응식을 쓰시오.

Core 009 / page I - 8

05 오황화린의 연소 반응식과 산성비의 원인을 쓰시오.

Core 018 / page I - 11

06 각층을 기준으로 하여 당해 층의 모든 옥내소화전을 동시에 사용할 경우 옥내소화전설비의 방수압력과 방수량을 쓰시오.

Core 151 / page I - 58

07 제2류 위험물의 종류 4가지와 각각의 지정수량을 쓰시오.

Core 016 / page I - 10

08 제5류 위험물인 트리니트로페놀의 구조식과 지정수량을 쓰시오. [0801/1002/1302/1601/1804]

Core 067 / page I - 26

09 **이동저장탱크의 구조에 관한 내용이다. 빈칸을 채우시오.** [0702/0901]

위험물을 저장, 취급하는 이동탱크는 두께 (①)mm 이상의 강철판으로 위험물이 새지 아니하게 제작하고, 압력탱크에 있어서는 최대상용압력의 (②)배의 압력으로, 압력탱크를 제외한 탱크에 있어서는 (③)kPa 압력으로 각각 (④)분간 행하는 수압시험에서 새거나 변형되지 아니하여야 한다.

Core 104 / page Ⅰ - 43

10 **보기 위험물의 지정수량 합계가 몇 배인지 계산하시오.** [0904/1101]

① 메틸에틸케톤 1,000[L]　② 메틸알코올 1,000[L]　③ 클로로벤젠 1,500[L]

Core 041 / page Ⅰ - 18

11 **인화점이 낮은 것부터 번호로 나열하시오.** [0602/0802/1002/1904]

① 초산에틸　② 메틸알코올
③ 니트로벤젠　④ 에틸렌글리콜

Core 060 / page Ⅰ - 23

12 다음 보기의 위험물 운반용기 외부에 표시하는 주의사항을 쓰시오. [0701/1202]

① 제2류 위험물 중 인화성 고체	② 제3류 위험물 중 금수성 물질
③ 제4류 위험물	④ 제6류 위험물

Core 086 / page Ⅰ-34

13 제2종 분말약제의 1차 열분해 반응식을 쓰시오. [0801/1204]

Core 142 / page Ⅰ-55

2017년 2회 기출복원문제

01 100kg의 이황화탄소(CS_2)가 완전연소할 때 발생하는 독가스의 체적은 800mmHg 30℃에서 몇 m^3인가?

[0504/1102]

Core 043 / page Ⅰ-19

02 다음은 제3류 위험물인 칼륨에 관한 내용이다. 다음 보기의 위험물과 반응하는 반응식을 쓰시오. [2102]

① 이산화탄소	② 에탄올

Core 025 / page Ⅰ-13

03 옥외저장소에 유황의 지정수량 150배를 저장하는 경우 보유공지는 몇 m 이상인지 쓰시오. [0901]

Core 132 / page Ⅰ-52

04 아세트알데히드 등의 옥외탱크저장소에 관한 내용이다. 다음 빈칸을 채우시오.

가. 옥외저장탱크의 설비는 동, (①), 은, (②) 또는 이들을 성분으로 하는 합금으로 만들지 아니할 것
나. 아세트알데히드 등을 취급하는 탱크에는 (③) 또는 (④) 및 연소성 혼합기체의 생성에 의한 폭발을 방지하기 위한 불활성기체를 봉입하는 장치를 갖출 것

Core 114 / page I - 46

05 제1류 위험물인 과염소산칼륨의 610℃에서 열분해 반응식을 쓰시오.

[0904/1601]

Core 006 / page I - 7

06 다음 빈칸을 채우시오.

[0701/0704/1402]

특수인화물이라 함은 이황화탄소, 디에틸에테르 그 밖에 1기압에서 발화점이 섭씨 (①)℃ 이하인 것 또는 인화점이 섭씨 영하 (②)℃ 이하이고 비점이 섭씨 (③)℃ 이하인 것을 말한다.

Core 039 / page I - 17

07 소화난이도등급 Ⅰ에 해당하는 제조소 · 일반취급소에 관한 내용이다. 다음 빈칸을 채우시오.

① 연면적 ( )m^2 이상인 것
② 지정수량의 ( )배 이상인 것
③ 지반면으로부터 ( )m 이상의 높이에 위험물 취급설비가 있는 것

Core 123 / page I - 49

08 지정과산화물을 저장 또는 취급하는 옥내저장소의 저장창고 격벽의 설치기준이다. 빈칸을 채우시오.

[1202/2101]

> 저장창고는 (①)m^2 이내마다 격벽으로 완전하게 구획할 것. 이 경우 당해 격벽은 두께 (②)cm 이상의 철근콘크리트조 또는 철골철근콘크리트조로 하거나 두께 (③)cm 이상의 보강콘크리트블록조로 하고, 당해 저장창고의 양측의 외벽으로부터 (④)m 이상, 상부의 지붕으로부터 (⑤)cm 이상 돌출하게 하여야 한다.

Core 093 / page I - 38

09 제6류 위험물에 관한 내용이다. 해당하는 물질이 위험물이 될 수 있는 조건을 쓰시오.(단, 없으면 없음이라 쓰시오.)

[2003]

> ① 과산화수소 ② 과염소산 ③ 질산

Core 068 / page I - 27

10 인화점이 150℃, 비중이 1.8이고 쓴맛이 나며, 금속과 반응하여 금속염을 생성하는 제5류 위험물의 물질에 대한 다음 물음에 답하시오.

> ① 물질명 ② 지정수량

Core 067 / page I - 26

11 옥내저장소에 옥내소화전설비를 3개 설치할 경우 필요한 수원의 양은 몇 m^3인지 계산하시오. [1301]

Core 149 / page Ⅰ - 58

12 다음 [보기]에서 불활성가스 소화설비에 적응성이 있는 위험물을 2가지 고르시오. [1601/1902]

① 제1류 위험물 중 알칼리금속의 과산화물 ② 제2류 위험물 중 인화성고체
③ 제3류 위험물 ④ 제4류 위험물
⑤ 제6류 위험물

Core 147 / page Ⅰ - 57

13 다음 보기에서 제2석유류에 대한 설명으로 맞는 것을 고르시오. [1002]

① 등유, 경유
② 아세톤, 휘발유
③ 기어유, 실린더유
④ 1기압에서 인화점이 섭씨 21도 미만인 것을 말한다.
⑤ 1기압에서 인화점이 섭씨 21도 이상 70도 미만인 것을 말한다.
⑥ 1기압에서 인화점이 섭씨 70도 이상 섭씨 200도 미만인 것을 말한다.

Core 039 / page Ⅰ - 17

2017년 4회 기출복원문제

01 다음 표에 혼재 가능한 위험물은 "○", 혼재 불가능한 위험물은 "×"로 표시하시오. [1001/1404/1601/2001]

위험물의 구분	제1류	제2류	제3류	제4류	제5류	제6류
제1류						
제2류						
제3류						
제4류						
제5류						
제6류						

Core 080 / page I - 32

02 제1류 위험물인 염소산칼륨에 관한 내용이다. 다음 각 물음에 답하시오. [1001/1302]

① 완전분해 반응식을 쓰시오.
② 염소산칼륨 24.5kg이 표준상태에서 완전분해 시 생성되는 산소의 부피[m^3]를 구하시오.
(단, 칼륨의 분자량은 39, 염소의 분자량은 35.5)

Core 004 / page I - 7

03 제3류 위험물 중 위험등급 Ⅰ인 품명 3가지를 쓰시오. [1202]

Core 024 / page I - 13

04 제4류 위험물 인화점에 대한 설명이다. 다음 빈칸을 채우시오. [1404]

제1석유류라 함은 아세톤, 휘발유 그 밖에 1기압에서 인화점이 섭씨 (　　　)인 것을 말한다.

Core 039 / page Ⅰ - 17

05 다음 [보기]의 위험물이 각 1몰씩 완전분해되었을 때 발생하는 산소의 부피가 가장 큰 것부터 작은 것 순으로 쓰시오.

① 과염소산암모늄　　② 염소산칼륨
③ 염소산암모늄　　④ 과염소산나트륨

Core 008 / page Ⅰ - 7

06 위험물안전관리법령상 운반의 기준에 따른 차광성의 피복으로 덮어야 하는 위험물의 품명 또는 류별을 4가지 쓰시오.

Core 082 / page Ⅰ - 33

07 외벽이 내화구조인 위험물 제조소의 건축물 면적이 450m^2인 경우 소요단위를 계산하시오. [1202]

Core 085 / page Ⅰ - 34

08 다음에서 설명하는 물질에 대해 물음에 답하시오.

- 인화점이 −37℃이다.
- 분자량이 58이다.
- 수용성이다.
- 구리, 은, 수은, 마그네슘과 반응하여 폭발성 아세틸리드를 생성한다.

① 물질의 화학식을 쓰시오.
② 물질의 지정수량을 쓰시오.

Core 045 / page Ⅰ−19

09 다음 [보기] 중 제2류 위험물의 설명으로 옳은 것은? [1101/2004]

[보기]

㉠ 황화린, 적린, 황은 위험등급 Ⅱ 이다.
㉡ 모두 산화제이다.
㉢ 대부분 물에 잘 녹는다.
㉣ 모두 비중이 1보다 작다.
㉤ 고형알코올은 제2류 위험물이며 품명은 알코올류이다.
㉥ 지정수량이 100kg, 500kg, 1,000kg이다.
㉦ 위험물에 따라 제조소에 설치하는 주의사항은 화기엄금 또는 화기주의로 표시한다.

Core 017 / page Ⅰ−10

10 아세트산과 과산화나트륨의 반응식을 쓰시오. [0804]

Core 009 / page Ⅰ−8

11 제3류 위험물인 트리에틸알루미늄에 대한 다음 물음에 답하시오. [1004]

① 산소와 반응하는 반응식을 쓰시오.
② 물과 반응하는 반응식을 쓰시오.

Core 027 / page Ⅰ-14

12 제1종 판매취급소의 시설기준이다. 빈칸을 채우시오. [1204/2001]

가) 위험물을 배합하는 실은 바닥면적은 (①)m^2 이상 (②)m^2 이하로 한다.
나) (③) 또는 (④)로 된 벽으로 한다.
다) 바닥은 위험물이 침투하지 아니하는 구조로 하여 적당한 경사를 두고 (⑤)를 설치하여야 한다.
라) 출입구 문턱의 높이는 바닥면으로부터 (⑥)m 이상으로 해야 한다.

Core 126 / page Ⅰ-50

13 다음 빈칸을 채우시오.

① 제4류 위험물은 불티 · 불꽃 · 고온체와의 접근 또는 과열을 피하고, 함부로 ( )를 발생시키지 아니하여야 한다.
② 제6류 위험물은 가연물과의 접촉 · 혼합이나 분해를 촉진하는 물품과의 접근 또는 ( )을 피하여야 한다.

Core 079 / page Ⅰ-32

2018년 1회 기출복원문제

01 제1류 위험물인 과산화나트륨의 운반용기 외부에 표시하는 주의사항 3가지를 쓰시오. [0902]

Core 086 / page I - 34

02 제3종 분말소화약제의 주성분 화학식을 쓰시오. [1301]

Core 142 / page I - 55

03 다음 보기의 물질 중 위험물에서 제외되는 물질을 모두 고르시오. [1102]

① 황산	② 질산구아니딘	③ 금속의 아지화합물
④ 구리분	⑤ 과요오드산	

Core 073 / page I - 29

04 제1종 분말소화제의 열 분해 시 270℃에서의 반응식과 850℃에서의 반응식을 각각 쓰시오. [0602/1502/2003]

Core 142 / page I - 55

05 다음 표에 지정수량을 쓰시오. [0804]

중크롬산나트륨	수소화나트륨	니트로글리세린
①	②	③

Core 076 / page Ⅰ-30

06 다음 에탄올의 완전연소 반응식을 쓰시오. [0502/1104/1404]

Core 054 / page Ⅰ-21

07 에틸렌과 산소를 $CuCl_2$의 촉매 하에 생성된 물질로 인화점이 −39℃, 비점이 21℃, 연소범위가 4.1~57%인 특수인화물의 시성식, 증기비중, 산화 시 생성되는 4류 위험물을 쓰시오. [1304]

Core 046 · 157 / page Ⅰ-19 · 61

08 제3류 위험물과 혼재 가능한 위험물을 모두 쓰시오. [0704]

Core 080 / page Ⅰ-32

09 과산화칼륨, 마그네슘, 나트륨과 물이 접촉했을 때 가연성 기체가 발생하는 반응식을 쓰시오. [0604/2003]

Core 010 · 021 · 026 / page I - 8 · 11 · 13

10 옥외저장탱크의 구조에 관한 내용이다. 다음 빈칸을 채우시오.

> 탱크는 두께 (　　)mm 이상의 강철판 또는 이와 동등 이상의 강도 · 내식성 및 내열성이 있다고 인정하여 소방청장이 정하여 고시하는 재료 및 구조로 위험물이 새지 아니하게 제작할 것

Core 111 / page I - 45

11 종으로 설치된 탱크의 내용적을 계산하시오. [2101]

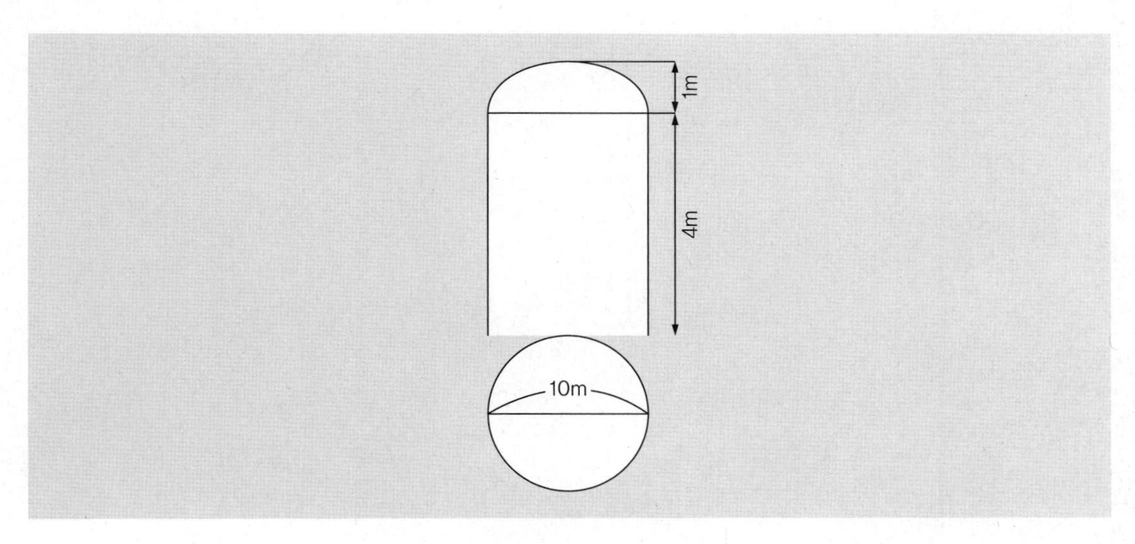

Core 097 / page I - 40

12 제3류 위험물인 탄화칼슘(카바이트)과 물의 반응식을 쓰시오. [1001/1304]

Core 037 / page Ⅰ-16

13 지하저장탱크 2개에 경유 15,000[L], 휘발유 8,000[L]를 인접해 설치하는 경우 그 상호간에 몇 m 이상의 간격을 유지하여야 하는가? [1302]

Core 041 · 100 / page Ⅰ-18 · 41

2018년 2회 기출복원문제

01 보기의 소화기를 구성하는 물질을 각각 쓰시오.

소화기	구성물질1		구성물질2		구성물질3	
	물질명	비중	물질명	비중	물질명	비중
IG-55	질소	①	아르곤	②	–	–
IG-541	질소	③	아르곤	④	이산화탄소	⑤

Core 144 / page Ⅰ-56

02 다음 산화성 고체에 있어서 분해온도가 낮은 것부터 번호로 나열하시오.

① 염소산칼륨 ② 과염소산암모늄 ③ 과산화바륨

Core 014 / page Ⅰ-9

03 금속나트륨에 대한 다음 각 물음에 대해 답을 쓰시오. [2104]

① 지정수량을 쓰시오. ② 보호액을 쓰시오. ③ 물과의 반응식을 쓰시오.

Core 026 / page Ⅰ-13

04 원통형 탱크의 용량[L]을 구하시오.(단, 탱크의 공간용적은 5/100이다)

[2104]

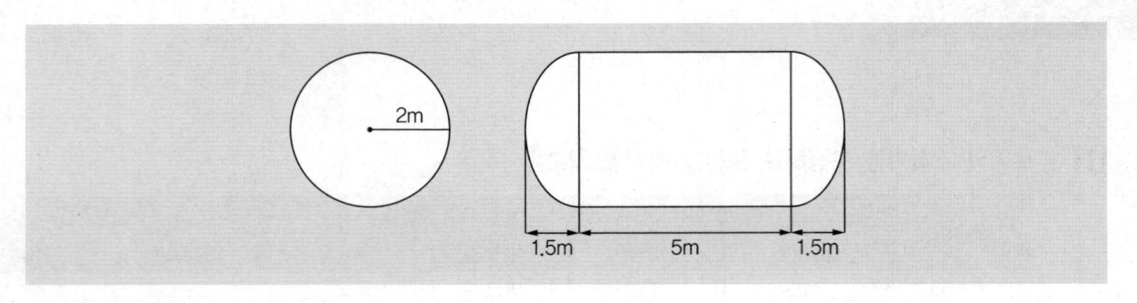

Core 097 / page Ⅰ - 40

05 다음은 인화성 액체에 해당하는 동식물유류의 분류 기준에 대한 설명이다. ( )안을 채우시오.

분류	건성유	반건성유	불건성유
요오드값	요오드값 (①)	요오드값 (②)	요오드값 (③)

Core 059 / page Ⅰ - 23

06 다음 보기의 물질을 저장할 때 내용적 수납율을 각각 쓰시오.

① 염소산칼륨 ② 톨루엔 ③ 트리에틸알루미늄

Core 089 / page Ⅰ - 37

07 이황화탄소(CS_2)가 완전 연소할 때 불꽃반응 시 나타나는 색과 생성물을 쓰시오.

Core 043 / page Ⅰ - 19

08 제1류 위험물인 알칼리금속과산화물의 운반용기 외부에 표시하는 주의사항 4가지를 쓰시오. [0904/1404]

Core 086 / page Ⅰ - 34

09 다음 유별과 혼재가 가능한 위험물 모두를 각각 쓰시오.

① 제2류 위험물 ② 제3류 위험물 ③ 제4류 위험물

Core 080 / page Ⅰ - 32

10 다음 빈칸을 채우시오.

가) 제1류 위험물은 (①)과의 접촉 · 혼합이나 분해를 촉진하는 물품과의 접근 또는 과열 · 충격 · 마찰 등을 피하는 한편, 알칼리금속의 과산화물 및 이를 함유한 것에 있어서는 (②)과의 접촉을 피하여야 한다.
나) 제3류 위험물 중 자연발화성물질에 있어서는 불티 · 불꽃 또는 고온체와의 접근 · 과열 또는 (③)와의 접촉을 피하고, 금수성물질에 있어서는 (④)과의 접촉을 피하여야 한다.
다) 제6류 위험물은 (⑤)과의 접촉 · 혼합이나 (⑥)를 촉진하는 물품과의 접근 또는 과열을 피하여야 한다.

Core 079 / page Ⅰ - 32

11 주유취급소에 "주유 중 엔진정지" 게시판에 사용하는 색깔과 규격을 쓰시오. [0701/1402]

Core 083 / page Ⅰ - 33

12 인화알루미늄 580g이 표준상태에서 물과 반응하여 생성되는 기체의 부피[L]를 구하시오. [1202]

Core 036 / page Ⅰ - 16

13 주유취급소에 설치하는 탱크의 용량을 몇 [L] 이하로 하는지 다음 물음에 답하시오. [1102/1404]

① 비고속도로 주유설비	② 고속도로 주유설비

Core 127 / page Ⅰ - 50

2018년 4회 기출복원문제

01 소화난이도 등급이 Ⅰ에 해당하는 것을 모두 고르시오.

① 옥외탱크저장소
② 제조소 연면적 1,000m^2 이상인 것
③ 지반면으로부터 6m 이상의 높이에 위험물 취급설비가 있는 것
④ 지하탱크저장소
⑤ 이동탱크저장소
⑥ 지정수량의 10배 이상인 것

Core 123 / page Ⅰ - 49

02 위험물의 저장량이 지정수량의 1/10일 때 혼재하여서는 안 되는 위험물을 모두 쓰시오. [0601/1504/2102]

Core 080 / page Ⅰ - 32

03 옥외저장소에 옥외소화전설비를 6개 설치할 경우 필요한 수원의 양은 몇 m^3인지 계산하시오. [1304/2104]

Core 149 / page Ⅰ - 58

04 보기의 소화기를 구성하는 물질을 각각 쓰시오.

소화기	구성물질1		구성물질2		구성물질3	
	물질명	비중	물질명	비중	물질명	비중
IG-55	①	50%	②	50%	–	–
IG-541	①	8%	②	40%	③	52%

Core 144 / page Ⅰ - 56

05 아세트산의 완전연소 반응식을 쓰시오. [1102]

Core 057 / page Ⅰ - 22

06 P_4S_3과 P_2S_5이 연소하여 공통으로 생성되는 물질을 모두 쓰시오. [2104]

Core 018 / page Ⅰ - 11

07 다음 설명의 ( )을 채우시오.

옥내저장소에서 동일 품명의 위험물이더라도 자연발화할 우려가 있는 위험물 또는 재해가 현저하게 증대할 우려가 있는 위험물을 다량 저장하는 경우에는 지정수량의 (①)배 이하마다 구분하여 상호간 (②)m 이상의 간격을 두어 저장하여야 한다.

Core 081 / page Ⅰ - 33

08 아세톤에 대한 다음 물음에 답하시오.

① 시성식을 쓰시오.	② 품명을 쓰시오.
③ 지정수량을 쓰시오.	④ 증기비중을 계산하시오.

Core 051 · 157 / page Ⅰ - 21 · 61

09 제5류 위험물인 트리니트로페놀의 구조식과 지정수량을 쓰시오. [0801/1002/1302/1601/1701]

Core 067 / page Ⅰ - 26

10 다음의 위험물 등급을 분류하시오. [1101]

① 칼륨	② 나트륨	③ 알킬알루미늄	④ 알킬리튬
⑤ 황린	⑥ 알칼리토금속	⑦ 알칼리금속	

Core 024 / page Ⅰ - 13

11 트리에틸알루미늄과 메탄올 반응 시 폭발적으로 반응한다. 이때의 화학반응식을 쓰시오. [0502/1101/1404]

Core 027 / page Ⅰ - 14

12 디에틸에테르가 2,000[L]가 있다. 소요단위는 얼마인지 계산하시오. [0802/1204]

Core 085 / page Ⅰ - 34

13 제1류 위험물의 성질로 옳은 것을 [보기]에서 골라 번호를 쓰시오. [1204/2104]

① 무기화합물	② 유기화합물	③ 산화체
④ 인화점이 0℃ 이하	⑤ 인화점이 0℃ 이상	⑥ 고체

Core 002 / page Ⅰ - 6

2019년 1회 기출복원문제

01 하론소화기의 방사압력을 쓰시오.

소화기	Halon 2402	Halon 1211
방사압력	①	②

Core 143 / page Ⅰ-56

02 제4류 위험물 옥내저장탱크 밸브 없는 통기관에 관한 내용이다. 빈칸을 채우시오. [0902]

통기관의 선단은 건축물의 창 · 출입구 등의 개구부로부터 (①)m 이상 떨어진 옥외의 장소에 지면으로부터 (②)m 이상의 높이로 설치하되, 인화점이 40℃ 미만인 위험물의 탱크에 설치하는 통기관에 있어서는 부지경계선으로부터 (③)m 이상 이격할 것

Core 108 / page Ⅰ-44

03 트리니트로톨루엔(TNT)을 제조하는 방법과 구조식으로 쓰시오.

Core 066 / page Ⅰ-26

04 인화알루미늄과 물의 반응식을 쓰시오. [1204]

Core 036 / page Ⅰ-16

05 옥외탱크 저장시설의 위험물 취급 수량에 따른 보유공지의 너비에 관한 표이다. ( )안을 채우시오. [2102]

저장 또는 취급하는 위험물의 최대수량	공지의 너비
지정수량의 500배 이하	(①)m 이상
지정수량의 500배 초과 1,000배 이하	(②)m 이상
지정수량의 1,000배 초과 2,000배 이하	(③)m 이상
지정수량의 2,000배 초과 3,000배 이하	(④)m 이상
지정수량의 3,000배 초과 4,000배 이하	(⑤)m 이상

Core 131 / page Ⅰ-52

06 황린의 완전연소반응식을 쓰시오. [0702/1202/1401]

Core 029 / page Ⅰ-14

07 에틸렌과 산소를 $CuCl_2$의 촉매 하에 생성된 물질로 인화점이 -39℃, 비점이 21℃, 연소범위가 4.1~57%인 특수인화물의 시성식, 증기비중을 쓰시오. [1602]

Core 046 · 157 / page Ⅰ-19 · 61

08 질산암모늄 800g이 열분해되는 경우 발생기체의 부피[L]는 표준상태에서 전부 얼마인지 구하시오.

[1002/1502]

$$2NH_4NO_3 \rightarrow 2N_2 + O_2 + 4H_2O$$

Core 011 / page Ⅰ - 8

09 유황 100kg, 철분 500kg, 질산염류 600kg의 지정수량 배수의 합을 구하시오.

Core 076 / page Ⅰ - 30

10 옥외저장탱크 · 옥내저장탱크 또는 지하저장탱크 중 압력탱크 외의 탱크에 저장할 경우에 유지하여야 하는 온도를 쓰시오.

[0604/1202/1602]

아세트알데히드	디에틸에테르	산화프로필렌
①	②	③

Core 096 / page Ⅰ - 40

11 제6류 위험물과 혼재 가능한 위험물은 무엇인가?

[0504/1302]

Core 080 / page Ⅰ - 32

12 황화린의 종류 3가지를 화학식으로 쓰시오. [0902]

Core 018 / page I - 11

13 제3류 위험물인 탄화칼슘(CaC_2)에 대해 다음 각 물음에 답하시오. [0902/1201/2101]

① 탄화칼슘과 물의 반응식을 쓰시오.
② 발생 가스의 완전연소반응식을 쓰시오.

Core 037 / page I - 16

2019년 2회 기출복원문제

01 옥내저장소에 저장하는 용기 높이의 최대치를 쓰시오.

① 기계에 의하여 하역하는 구조로 된 용기
② 일반용기로서 제3석유류 저장용기
③ 일반용기로서 동식물유 저장용기

Core 092 / page Ⅰ-38

02 이동탱크저장소에 주입설비에 대해 다음 (　)안을 채우시오. [2104]

가) 위험물이 (①) 우려가 없고 화재예방상 안전한 구조로 한다.
나) 주입설비의 길이는 (②) 이내로 하고, 그 선단에 축적되는 (③)를 유효하게 제거할 수 있는 장치를 한다.
다) 분당 토출량은 (④) 이하로 한다.

Core 105 / page Ⅰ-43

03 옥내저장소의 동일한 실에 저장할 수 있는 유별끼리 연결한 것을 모두 고르시오.

① 무기과산화물 - 유기과산화물
② 질산염류 - 과염소산
③ 황린 - 제1류 위험물
④ 인화성고체 - 제1석유류
⑤ 유황 - 제4류 위험물

Core 081 / page Ⅰ-33

04 고인화점 위험물의 정의를 쓰시오. [1201]

Core 039 / page I - 17

05 황린 20kg을 연소 시 필요한 공기의 부피는 몇 m^3인지 쓰시오.(황린의 분자량은 124이고 공기 중 산소는 21부피%이다) [0901]

Core 029 / page I - 14

06 트리에틸알루미늄이 자연발화하는 반응식을 쓰시오. [1202]

Core 027 / page I - 14

07 다음 [보기]에서 불활성가스 소화설비에 적응성이 있는 위험물을 2가지 고르시오. [1601/1702]

① 제1류 위험물 중 알칼리금속의 과산화물	② 제2류 위험물 중 인화성고체
③ 제3류 위험물	④ 제4류 위험물
⑤ 제6류 위험물	

Core 147 / page I - 57

08 위험물 운반 시 제4류 위험물과 혼재할 수 없는 유별을 쓰시오.

Core 080 / page I - 32

09 다음 위험물의 지정수량을 쓰시오.

① 중유	② 경유
③ 디에틸에테르	④ 아세톤

Core 041 / page I - 18

10 다음 위험물의 유별과 지정수량을 쓰시오.

① 황린	② 칼륨
③ 니트로화합물	④ 질산염류

Core 076 / page I - 30

11 질산암모늄을 열분해하면 질소와 수증기, 그리고 산소가 발생한다, 질산암모늄의 열분해 반응식을 쓰고, 1몰의 질산암모늄이 0.9기압, 300℃에서 분해하면 이때 발생하는 수증기의 부피는 몇 L인지 계산과정과 답을 쓰시오.

Core 011 / page I - 8

12 제4류 위험물 중 위험등급 II에 속하는 품명 2개를 쓰시오. [1102]

Core 041 / page I - 18

13 다음 [보기]에 해당하는 위험물에 대한 다음 물음에 답하시오.

[보기]

- 술의 원료이다.
- 요오드포름 반응을 한다.
- 산화시키면 아세트알데히드가 된다.

① 화학식
② 지정수량
③ 진한황산과 반응 후 생성되는 위험물의 화학식

Core 054 / page I - 21

2019년 4회 기출복원문제

01 다음 위험물의 옥내저장소 바닥면적이 몇 m^2 이하인지 쓰시오.

① 염소산염류　　② 제2석유류　　③ 유기과산화물

Core 090 / page Ⅰ - 37

02 다음 위험물을 압력탱크 외의 탱크에 저장하는 경우 저장온도를 쓰시오.

① 산화프로필렌 및 디에틸에테르　　② 아세트알데히드

Core 096 / page Ⅰ - 40

03 다음은 산화성액체의 산화성 시험방법 및 판정기준이다. (　)안에 알맞은 말을 채우시오.

(①), (②) 90% 수용액 및 시험물품을 사용하여 실시한다. 이때 연소시간의 평균치를 수용액과 (①)의 혼합물 연소시간으로 할 것

Core 153 / page Ⅰ - 60

04 톨루엔의 증기비중을 구하시오.

Core 048 · 157 / page Ⅰ - 20 · 61

05 주유 중 엔진정지 게시판의 바탕과 문자색을 쓰시오. [0604/1201/1602]

① 바탕색　　② 문자색

Core 083 / page Ⅰ - 33

06 트리에틸알루미늄 228g이 물과 반응 시 반응식과 발생하는 가연성 가스의 부피는 표준상태에서 몇 L인지 쓰시오. [0804/1204]

Core 027 / page Ⅰ - 14

07 과산화나트륨과 이산화탄소의 반응식을 쓰시오. [1201]

Core 009 / page Ⅰ - 8

08 다음 [보기] 중 운반 시 방수성 덮개와 차광성 덮개를 모두 해야 하는 위험물의 품명을 쓰시오.

[보기]
유기과산화물, 질산, 알칼리금속과산화물, 염소산염류

Core 082 / page Ⅰ-33

09 다음 표의 연소형태를 채우시오. [0902]

연소형태	①	②	③
연소물질	나트륨, 금속분	에탄올, 디에틸에테르	TNT, 피크린산

Core 137 / page Ⅰ-54

10 인화점이 낮은 것부터 번호로 나열하시오. [0602/0802/1002/1701]

① 초산에틸　　② 메틸알코올
③ 니트로벤젠　　④ 에틸렌글리콜

Core 060 / page Ⅰ-23

11 제3류 위험물 중 지정수량이 50kg인 품명을 모두 쓰시오.(세부사항을 모두 쓰시오)

Core 024 / page Ⅰ-13

12 분자량이 227이고 폭약의 원료이며, 햇빛에 다갈색으로 변하며 물에 안 녹고 벤젠과 아세톤에는 녹으며 운반 시 10%의 물에 안정한 물질에 대한 다음 물음에 답하시오. [0901/1202]

① 화학식
② 지정수량
③ 제조방법을 사용원료를 중심으로 설명하시오.

Core 066 / page I – 26

13 제3종 분말소화약제의 1차 분해반응식을 쓰시오.

Core 142 / page I – 55

2020년 1·2회 기출복원문제

01 다음 [보기－1]에 대해 다음 물음에 답하시오.

[보기－1]

㉠ 염소산칼륨 250ton을 취급하는 제조소
㉡ 염소산칼륨 250ton을 취급하는 일반취급소
㉢ 특수인화물 250kL을 취급하는 제조소
㉣ 특수인화물 250kL을 이동저장탱크에 주입하는 일반취급소

① 자체소방대를 두어야 하는 경우를 모두 쓰시오.
② 화학소방차 1대 당 필요한 인원수
③ 자체소방대를 설치하지 않을 경우 받는 처벌의 종류
④ 다음 [보기－2] 중 틀린 것의 번호를 쓰시오. (없으면 “없음”이라 쓰시오.)

[보기－2]

ⓐ 포수용액의 비치량은 10만L 이상으로 한다.
ⓑ 2개 이상의 사업소가 협력하기로 한 경우 같은 사업장으로 본다.
ⓒ 포수용액 방사차는 전체 소방차 대수의 2/3 이상으로 한다.
ⓓ 포수용액 방사차의 방사능력은 분당 3000L 이상이다.

Core 148 / page Ⅰ－58

02 다음 시험물품의 양에 해당하는 인화점 시험방법의 종류를 쓰시오.

① 시험물품의 양 : 2mL　② 시험물품의 양 : 50cm^3　③ 시험물품의 양 : 시료컵의 표선까지

Core 155 / page Ⅰ－60

03 제4류 위험물 중 비수용성인 위험물을 보기에서 고르시오. [1004]

① 이황화탄소	② 아세트알데히드	③ 아세톤
④ 스티렌	⑤ 클로로벤젠	

Core 041 / page Ⅰ-18

04 옥내저장소에 대한 사항이다. 물음에 답하시오.

① 연면적 150m^2, 외벽이 내화구조인 옥내저장소의 소요단위
② 에틸알코올 1,000L, 클로로벤젠 1,500L, 동식물유류 20,000L, 특수인화물 500L의 소요단위

Core 085 / page Ⅰ-34

05 [보기]의 제1류 위험물의 품명과 지정수량을 쓰시오.

[보기]

① KIO_3 ② $AgNO_3$ ③ $KMnO_4$

Core 001 / page Ⅰ-6

06 다음 위험물질의 열분해 반응식을 쓰시오.

① 과염소산나트륨 ② 염소산나트륨 ③ 아염소산나트륨

Core 008 / page Ⅰ - 7

07 소화설비의 적응성에 대해 다음 [표]에 "O"을 표시하시오.

소화설비의 구분	제1류 위험물		제2류 위험물			제3류 위험물		제4류 위험물	제5류 위험물	제6류 위험물
	알칼리금속과 산화물 등	그 밖의 것	철분 · 금속분 · 마그네슘등	인화성 고체	그 밖의 것	금수성 물품	그 밖의 것			
옥내소화전, 옥내소화전설비										
물분무소화설비										
포소화설비										
불활성가스소화설비										
할로겐화합물소화설비										

Core 147 / page Ⅰ - 57

08 옥외저장탱크 2개에 휘발유를 내용적 5천만L에 3천만L를 저장하고, 경유를 내용적 1억2천만L의 탱크에 8천만L를 저장한다. 다음 물음에 답하시오.

① 작은 탱크의 최대용량 ② 방유제 용량(공간용적 10%) ③ 중간에 설치된 설비의 명칭

Core 113 / page Ⅰ - 46

09 농도가 36중량% 이상인 것이 제6류 위험물인 물질에 대해 다음 물음에 답하시오.

① 분해반응식　　② 운반용기 주의사항　　③ 위험등급

Core 069 / page Ⅰ-27

10 분자량 27인 제4류 위험물에 대해 다음 물음에 답하시오.

① 화학식　　② 증기비중

Core 052 · 157 / page Ⅰ-21 · 61

11 다음 [보기]의 물질에 대해 물(H_2O)과의 반응식을 쓰시오.

[보기]

① $(CH_3)_3Al$　　② $(C_2H_5)_3Al$

Core 027 · 028 / page Ⅰ-14

12 염소산칼륨과 적린의 혼촉발화에 대해 다음 물음에 답하시오.

① 두 물질의 반응식
② 반응 후 생성기체와 물의 반응 후 생성물질

Core 004 / page I - 7

13 아세트알데히드에 대해 다음 물음에 답하시오.

① 옥외탱크 중 압력탱크 외의 탱크에 저장하는 저장온도
② 위험도(4.1~57%)
③ 산화 시 발생물질

Core 046 / page I - 19

14 다음 ( ) 안을 채우시오.

[1704]

① ( ) 위험물은 불티, 불꽃, 고온체와의 접근이나 과열, 충격 또는 마찰을 피해야 한다.
② ( ) 위험물은 가연물과의 접촉 · 혼합이나 분해를 촉진하는 물품과의 접근 또는 과열을 피해야 한다.
③ ( ) 위험물은 불티, 불꽃, 고온체와의 접근 또는 과열을 피하고, 함부로 증기를 발생시키지 않아야 한다.

Core 079 / page I - 32

15 벤젠 16g이 기화되었을 때 1기압, 90℃에서 부피를 구하시오.

Core 047 / page I - 20

16 트리니트로페놀에 대해 다음 물음에 답하시오.

① 구조식	② 지정수량	③ 품명

Core 067 / page I - 26

17 탄화칼슘 32g이 물과 반응 시 발생하는 기체를 연소 시 필요한 산소의 부피는 표준상태에서 몇 L인지 쓰시오.

[0804/1502]

Core 037 / page I - 16

18 다음 표에 혼재 가능한 위험물은 "○", 혼재 불가능한 위험물은 "×"로 표시하시오. [1001/1404/1601/1704]

위험물의 구분	제1류	제2류	제3류	제4류	제5류	제6류
제1류						
제2류						
제3류						
제4류						
제5류						
제6류						

Core 080 / page Ⅰ－32

19 판매취급소 배합실에 대한 다음 물음에 답하시오. [1204/1704]

① 바닥면적 (　　)m^2 이상 (　　)m^2 이하
② 벽은 (　　) 또는 (　　)로 할 것
③ 출입구에는 자동폐쇄식의 (　　)을 설치할 것
④ 문턱 높이는 바닥면으로부터 (　　) 이상
⑤ 바닥에는 (　　)를 설치할 것

Core 126 / page Ⅰ－50

20 다음에 열거된 제5류 위험물의 위험등급을 구분해서 쓰시오.

유기과산화물, 질산에스테르, 히드록실아민, 히드라진유도체, 아조화합물, 니트로화합물

Core 062 / page Ⅰ－25

2020년 3회 기출복원문제

01 제6류 위험물에 관한 내용이다. 해당하는 물질이 위험물이 될 수 있는 조건을 쓰시오.(단, 없으면 없음이라 쓰시오.) [1702]

① 과염소산	② 과산화수소	③ 질산

Core 068 / page Ⅰ - 27

02 과산화나트륨 1kg이 열분해 시 발생하는 산소의 부피는 350℃, 1기압에서 몇 L인지 쓰시오.

Core 009 / page Ⅰ - 8

03 다음 물음에 답하시오. [2001]

① 트리메틸알루미늄의 연소반응식
② 트리메틸알루미늄의 물과의 반응식
③ 트리에틸알루미늄의 연소반응식
④ 트리에틸알루미늄의 물과의 반응식

Core 027 · 028 / page Ⅰ - 14

04 탄화알루미늄에 대해 다음 물음에 답하시오.

① 물과 반응 시 발생하는 가스의 연소반응식 ② 물과 반응 시 발생하는 가스의 화학식
③ 물과 반응 시 발생하는 가스의 연소범위 ④ 물과 반응 시 발생하는 가스의 위험도

Core 038 / page Ⅰ - 16

05 삼황화린, 오황화린, 칠황화린에 대해 다음 물음에 답하시오.

가) 조해성에 있는 물질과 없는 물질에 대해 답하시오.
① 삼황화린 ② 오황화린 ③ 칠황화린
나) 발화점이 가장 낮은 것에 대해 답하시오.
① 화학식 ② 연소반응식

Core 018 / page Ⅰ - 11

06 질산칼륨에 대한 다음 물음에 답하시오.

① 품명을 쓰시오. ② 지정수량을 쓰시오.
③ 위험등급을 쓰시오. ④ 제조소의 주의사항(없으면 "필요 없음"이라 쓰시오)
⑤ 분해반응식

Core 012 / page Ⅰ - 8

07 다음의 제4류 위험물의 인화점 범위를 쓰시오. [0901/1001/1301/1401/1404/1704]

① 제1석유류	② 제2석유류
③ 제3석유류	④ 제4석유류

Core 039 / page I – 17

08 지하탱크저장소에 대한 다음 물음에 답하시오. [1502/2104]

① 지하저장탱크와 탱크전용실의 안쪽과의 사이는 0.1m 이상의 간격을 유지해야 한다. 여기에 설치하는 누유검사관은 하나의 탱크 당 몇 개소 이상 설치해야 하는지 쓰시오.
② 지하저장탱크의 윗부분은 지면으로부터 몇 m 이상 아래에 있어야 하는지 쓰시오.
③ 통기관의 선단은 지면으로 몇 m 이상의 높이에 설치해야 하는지 쓰시오.
④ 전용실의 벽 및 바닥의 두께는 몇 m 이상으로 해야 하는지 쓰시오.
⑤ 지하저장탱크의 주위에 채우는 재료는 무엇인지 쓰시오.

Core 098 · 099 / page I – 40 · 41

09 제4류 위험물 중에서 수용성인 위험물을 고르시오.

① 휘발유	② 벤젠	③ 톨루엔	④ 아세톤
⑤ 메틸알코올	⑥ 클로로벤젠	⑦ 아세트알데히드	

Core 041 / page I – 18

10 옥내저장소에 용기를 저장하는 경우에 대한 다음 물음에 답하시오.

① 기계에 의하여 하역하는 구조로 된 용기는 몇 m를 초과하여 겹쳐 쌓을 수 없는지 쓰시오.
② 제4류 위험물 중 제3석유류, 제4석유류 및 동식물유의 용기는 몇 m를 초과하여 겹쳐 쌓을 수 없는지 쓰시오.
③ 그 밖의 경우는 몇 m를 초과하여 겹쳐 쌓을 수 없는지 쓰시오.
④ 옥내저장소에서 용기에 수납하여 저장하는 위험물의 저장온도는 몇 ℃ 이하로 해야 하는지 쓰시오.
⑤ 동일 품명의 위험물이라도 자연발화 할 우려가 있거나 재해가 현저하게 증대할 우려가 있는 위험물을 다량 저장하는 경우는 지정수량의 10배 이하마다 구분하여 상호간 몇 m 이상의 간격을 두어 저장하여야 하는지 쓰시오.

Core 092 / page Ⅰ - 38

11 제1종 분말소화제의 열 분해 시 270℃에서의 반응식과 850℃에서의 반응식을 각각 쓰시오. [0602/1502/1801]

Core 142 / page Ⅰ - 55

12 반지름 3m, 직선 8m, 양쪽으로 각각 2m씩 볼록한 원형탱크에 대한 다음 물음에 답하시오.

① 내용적은 몇 m^3인지 구하시오.
② 공간용적이 10%일 때 탱크용량은 몇 m^3인지 구하시오.

Core 097 / page Ⅰ - 40

13 제시된 소화설비에 대해 적응성이 있는 위험물을 [보기]에서 골라 쓰시오.

[보기]

㉠ 제1류 위험물 중 무기과산화물(알칼리금속 과산화물 제외)
㉡ 제2류 위험물 중 인화성고체
㉢ 제3류 위험물(금수성물질 제외)
㉣ 제4류 위험물
㉤ 제5류 위험물
㉥ 제6류 위험물

Core 147 / page Ⅰ-57

14 아세트알데히드에 대해 다음 물음에 답하시오. [0704/1304/1602/1801/1901]

① 시성식을 쓰시오.
② 증기비중을 쓰시오.
③ 산화 시 생성물질의 물질명과 화학식을 쓰시오.

Core 046 · 157 / page Ⅰ-19 · 61

15 다음 물질의 화학식과 지정수량을 쓰시오.

① 과산화벤조일 ② 과망간산암모늄 ③ 인화아연

Core 076 / page Ⅰ-30

16 이산화탄소 소화설비에 대해 답하시오.

① 고압식 분사헤드의 방사압력은 몇 MPa 이상으로 해야 하는지 쓰시오.
② 저압식 분사헤드의 방사압력은 몇 MPa 이상으로 해야 하는지 쓰시오.
③ 저압식 저장용기는 내부의 온도를 영하 몇 ℃ 이상, 영하 ℃ 이하로 유지할 수 있는 자동냉동기를 설치해야 하는지 쓰시오.
④ 저압식 저장용기는 몇 MPa 이상의 압력 및 몇 MPa 이하의 압력에서 작동하는 압력경보장치를 설치해야 하는지 쓰시오.

Core 141 / page Ⅰ - 55

17 다음 위험물에 대한 운반용기 외부에 표시하는 주의사항을 쓰시오.

① 제2류 인화성고체
② 제3류 금수성물질
③ 제4류 위험물
④ 제5류 위험물
⑤ 제6류 위험물

Core 086 / page Ⅰ - 34

18 다음 물음에 답하시오.

① 제3류 위험물 중 물과 반응하지 않고 연소 시 백색기체를 발생하는 물질의 명칭을 쓰시오.
② ①의 물질이 저장된 물에 강알칼리성 염류를 첨가하면 발생하는 독성기체의 화학식을 쓰시오.
③ ①의 물질을 저장하는 옥내저장소의 바닥면적은 몇 m^2 이하로 해야 하는지 쓰시오.

Core 029 / page Ⅰ - 14

19 다음 물질의 물(H_2O)과의 반응식을 쓰시오. [0604/1801]

① K_2O_2	② Mg	③ Na

Core 010 · 021 · 026 / page Ⅰ-8 · 11 · 13

20 보기의 동식물유류를 요오드값에 따라 건성유, 반건성유, 불건성유로 분류하시오. [0604/1304/1604]

① 아마인유	② 야자유	③ 들기름
④ 쌀겨유	⑤ 목화씨유	⑥ 땅콩유

Core 059 / page Ⅰ-23

2020년 4회 기출복원문제

01 다음 괄호 안에 품명과 지정수량을 알맞게 채우시오.

① 칼륨 : ( )kg ② 나트륨 : ( )kg ③ ( ) : 10kg
④ ( ) : 10kg ⑤ ( ) : 20kg
⑥ 알칼리금속(칼륨 및 나트륨 제외) 및 알칼리토금속 : ( )kg
⑦ 유기금속화합물(알킬알루미늄 및 알킬리튬 제외) : ( )kg

Core 024 / page Ⅰ - 13

02 에틸알코올을 저장한 옥내저장탱크에 대한 다음 물음에 답하시오.

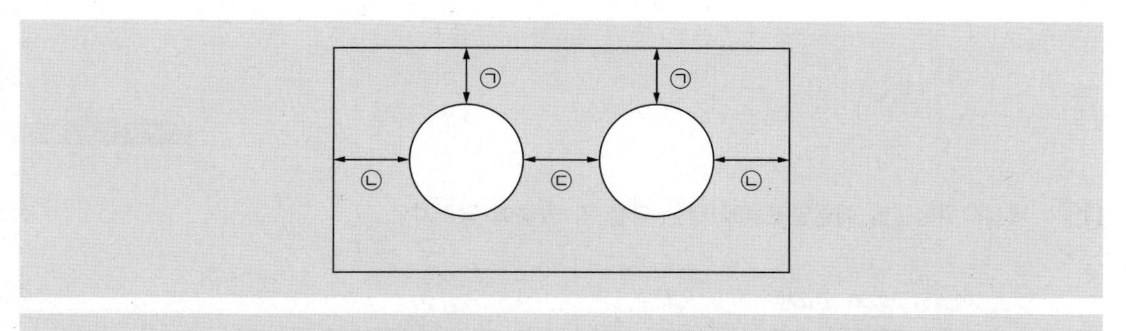

① ㉠의 거리는 몇 m 이상으로 하는가? ② ㉡의 거리는 몇 m 이상으로 하는가?
③ ㉢의 거리는 몇 m 이상으로 하는가? ④ 옥내저장탱크의 용량은 몇 L 이하로 하는가?

Core 110 / page Ⅰ - 45

03 휘발유와 같은 인화성 액체 위험물 옥외탱크저장소의 탱크 주위에 방유제 설치에 관한 내용이다. 다음 각 물음에 답하시오.

[0902]

① 방유제의 높이는 (　)m 이상 (　)m 이하로 할 것
② 방유제 내의 면적은 (　)m^2 이하로 할 것
③ 방유제 내에 설치하는 옥외저장탱크의 수는 (　) 이하로 할 것

Core 113 / page Ⅰ - 46

04 다음 보기의 물질들을 인화점이 낮은 것부터 순서대로 나열하시오.

[0904/1201/1404/1602]

① 디에틸에테르　② 이황화탄소　③ 산화프로필렌　④ 아세톤

Core 060 / page Ⅰ - 23

05 제4류 위험물인 에틸알코올에 대한 다음 각 물음에 답하시오.

[0902/1401]

① 에틸알코올의 연소반응식을 쓰시오.
② 에틸알코올과 칼륨의 반응에서 발생하는 기체의 명칭을 쓰시오.
③ 에틸알코올의 구조이성질체로서 디메틸에테르의 화학식을 쓰시오.

Core 054 / page Ⅰ - 21

06 다음 물음에 답하시오.

① 고정주유설비의 중심선을 기점으로 해서 도로경계선까지의 거리
② 고정급유설비의 중심선을 기점으로 해서 도로경계선까지의 거리
③ 고정주유설비의 중심선을 기점으로 해서 부지경계선까지의 거리
④ 고정급유설비의 중심선을 기점으로 해서 부지경계선까지의 거리
⑤ 고정급유설비의 중심선을 기점으로 해서 개구부가 없는 벽까지의 거리

Core 128 / page Ⅰ-51

07 다음 [보기] 중 제2류 위험물의 설명으로 옳은 것은?

[1101/1704]

[보기]

㉠ 황화린, 적린, 황은 위험등급Ⅱ이다.
㉡ 모두 산화제이다.
㉢ 대부분 물에 잘 녹는다.
㉣ 모두 비중이 1보다 작다.
㉤ 고형알코올은 제2류 위험물이며 품명은 알코올류이다.
㉥ 지정수량이 100kg, 500kg, 1,000kg이다.
㉦ 위험물에 따라 제조소에 설치하는 주의사항은 화기엄금 또는 화기주의로 표시한다.

Core 017 / page Ⅰ-10

08 이황화탄소에 대한 다음 물음에 답하시오.

① 품명 ② 연소반응식 ③ 수조의 두께는 몇 m 이상인가?

Core 043 / page Ⅰ-19

09 옥내저장소의 동일한 장소에 다음 물질과 함께 저장할 수 있는 것을 [보기]에서 골라 쓰시오. (단, 1m 이상의 간격을 두고 있다)

[보기]
과염소산칼륨, 염소산칼륨, 과산화나트륨, 아세톤, 과염소산, 질산, 아세트산

① CH_3ONO_2　　② 인화성고체　　③ P_4

Core 081 / page I - 33

10 다음 괄호 안에 알맞은 말을 쓰시오. [0901]

① 유황은 순도 (①)중량% 이상이 위험물이다.
② 철분은 철의 분말로서 (②)마이크로미터의 표준체를 통과하는 것이 (③)중량% 미만을 제외한다.
③ 금속분은 알칼리금속 및 알칼리토금속, 마그네슘, 철분 외의 분말을 말하고, 니켈, 구리분 및 (④)마이크로미터의 체를 통과하는 것이 (⑤)중량% 미만을 제외한다.

Core 015 / page I - 10

11 나트륨에 적응성이 있는 소화약제를 모두 고르시오.

[보기]
팽창질석, 인산염류분말소화설비, 건조사, 불활성가스소화설비, 포소화설비

Core 147 / page I - 57

12 다음은 옥내소화전의 가압송수장치 중 압력수조에 필요한 압력을 구하는 공식이다. 괄호 안에 알맞은 말을 [보기]에서 골라 쓰시오.

P=(　)+(　)+(　)+(　)MPa

[보기]

㉠ 소방용 호스의 마찰손실수두압(MPa)　　㉡ 배관의 마찰손실수두압(MPa)
㉢ 낙차의 환산수두압(MPa)　　㉣ 낙차(m)
㉤ 배관의 마찰손실수두(m)　　㉥ 소방용 호스의 마찰손실수두(m)
㉦ 0.35MPa　　㉧ 35MPa

Core 152 / page I - 59

13 다음 [보기]의 물질이 물과 반응 시 발생하는 가스의 몰수를 구하시오.(단, 1기압, 30℃이다)

[보기]

① 과산화나트륨 78g　　② 수소화칼슘 42g

Core 009 · 034 / page I - 8 · 15

14 다음 유별에 대해 위험등급Ⅱ인 품명을 2개 쓰시오.

① 제1류　　② 제2류　　③ 제4류

Core 075 / page I - 30

15 다음 물질의 운반용기의 수납률은 몇 % 이하인지 쓰시오.

① 과염소산	② 질산칼륨	③ 질산
④ 알킬알루미늄	⑤ 알킬리튬	

Core 089 / page Ⅰ- 37

16 다음 물질의 운반용기 외부에 표시하는 주의사항을 쓰시오.

① 황린	② 아닐린	③ 질산
④ 염소산칼륨	⑤ 철분	

Core 086 / page Ⅰ- 34

17 ANFO 폭약의 물질로서 산화성인 물질에 대해 다음 물음에 답하시오. [1302]

① 폭탄을 제조하는 물질의 화학식을 쓰시오.
② 질소, 산소, 물이 생성되는 분해반응식을 쓰시오.

Core 011 / page Ⅰ- 8

18 특수인화물 200L, 제1석유류 400L, 제2석유류 4,000L, 제3석유류 12,000L, 제4석유류 24,000L의 지정수량의 배수의 합을 구하시오.(단, 제1석유류, 제2석유류, 제3석유류는 수용성이다) [0804/1602]

Core 041 / page Ⅰ-18

19 다음 물질의 품명과 지정수량을 쓰시오.

① CH_3COOH ② N_2H_4 ③ $C_2H_4(OH)_2$
④ $C_3H_5(OH)_3$ ⑤ HCN

Core 041 / page Ⅰ-18

20 인화칼슘에 대해 답하시오.

① 유별 ② 지정수량
③ 물과의 반응식 ④ 물과 반응 시 발생하는 기체

Core 035 / page Ⅰ-15

2021년 1회 기출복원문제

01 질산암모늄의 구성성분 중 질소와 수소의 함량을 wt%로 구하시오. [0702/1104/1604]

Core 011 / page Ⅰ-8

02 다음 소화약제의 1차 열분해반응식을 쓰시오.

① 제1종 분말소화약제	② 제2종 분말소화약제

Core 142 / page Ⅰ-55

03 다음 보기 중 지정수량이 옳은 것을 모두 고르시오.

① 테레핀유 : 2,000L	② 실린더유 : 6,000L	③ 아닐린 : 2,000L
④ 피리딘 : 400L	⑤ 산화프로필렌 : 200L	

Core 041 / page Ⅰ-18

04 다음 물음에 답하시오.

① 제조소, 취급소, 저장소를 통틀어 무엇이라 하는가?
② 옥내저장소, 옥외저장소, 지하저장탱크, 암반탱크저장소, 이동탱크저장소, 옥내탱크저장소, 옥외탱크저장소 외 저장소의 종류에서 빠진 것을 쓰시오.
③ 안전관리자를 선임할 필요 없는 저장소의 종류를 모두 쓰시오.
④ 주유취급소, 일반취급소, 판매취급소 외 취급소의 종류에서 빠진 것을 쓰시오.
⑤ 이동저장탱크에 액체위험물을 주입하는 일반취급소를 무엇이라 하는지 쓰시오.

Core 125 / page Ⅰ - 50

05 다음 용어의 정의를 쓰시오.

① 인화성고체　　② 철분

Core 015 / page Ⅰ - 10

06 제2류 위험물인 마그네슘 화재 시 이산화탄소로 소화하면 위험한 이유를 반응식과 함께 설명하시오.

[0902]

Core 021 / page Ⅰ - 11

07 제5류 위험물 중 지정수량이 200kg인 품명 3가지를 쓰시오.

[1502]

Core 062 / page Ⅰ - 25

08 다음 물음에 답하시오. [0902/1201/1901]

① 탄화칼슘과 물과의 반응식
② 물과 반응으로 생성되는 기체의 연소반응식

Core 037 / page I - 16

09 제4류 위험물인 메틸알코올에 대한 다음 각 물음에 답하시오. [0904/1502]

① 완전연소반응식을 쓰시오.
② 생성물에 대한 몰수의 합을 쓰시오.

Core 053 / page I - 21

10 지름 10m, 높이 4m인 종형 원통형 탱크의 내용적을 구하시오. [1801]

Core 097 / page I - 40

11 다음 [보기]의 위험물 운반용기 외부에 표시해야 할 주의사항을 쓰시오.

① 황린 ② 인화성고체 ③ 과산화나트륨

Core 086 / page I - 34

12 다음 배출설비에 대한 물음에 답하시오.

가) 국소방식은 시간당 배출장소 용적의 (①)배 이상으로 하고 전역방식은 바닥면적 $1m^2$당 (②)m^3 이상으로 한다.
나) 배출구는 지상 (③)m 이상으로서 연소의 우려가 없는 장소에 설치하고, (④)가 관통하는 벽 부분의 바로 가까이에 화재 시 자동으로 폐쇄되는 (⑤)를 설치할 것

Core 116 / page Ⅰ - 47

13 지정과산화물을 저장 또는 취급하는 옥내저장소의 저장창고 격벽의 설치기준이다. 빈칸을 채우시오.

[1202/1702]

저장창고는 (①)m^2 이내마다 격벽으로 완전하게 구획할 것. 이 경우 당해 격벽은 두께 (②)cm 이상의 철근콘크리트조 또는 철골철근콘크리트조로 하거나 두께 (③)cm 이상의 보강콘크리트블록조로 하고, 당해 저장창고의 양측의 외벽으로부터 (④)m 이상, 상부의 지붕으로부터 (⑤)cm 이상 돌출하게 하여야 한다.

Core 093 / page Ⅰ - 38

14 과산화수소가 이산화망간 촉매에 의해 분해되는 반응에 대한 다음 물음에 답하시오.

① 반응식을 쓰시오. ② 발생기체의 명칭을 쓰시오.

Core 069 / page Ⅰ - 27

15 다음 [보기]의 설명에 해당하는 물질에 대한 다음 물음에 답하시오. [0704/1004]

[보기]
㉠ 이소프로필알코올 산화시켜 만든다.
㉡ 제1석유류에 속한다.
㉢ 요오드포름 반응을 한다.

① 물질의 명칭을 쓰시오.
② 요오드포름의 화학식을 쓰시오.
③ 요오드포름의 색상을 쓰시오.

Core 055 / page I – 22

16 다음 ( ) 안을 채우시오.

가) (①)등을 취급하는 제조소의 설비
㉠ 불활성기체 봉입장치를 갖추어야 한다.
㉡ 누설된 (①)등을 안전한 장소에 설치된 저장실에 유입시킬 수 있는 설비를 갖추어야 한다.

나) (②)등을 취급하는 제조소의 설비
㉠ 은, 수은, 구리(동), 마그네슘을 성분으로 하는 합금으로 만들지 아니한다.
㉡ 연소성 혼합기체의 폭발을 방지하기 위한 불활성기체 또는 수증기 봉입장치를 갖추어야 한다.
㉢ 저장하는 탱크에는 냉각장치 또는 보냉장치 및 불활성기체 봉입장치를 갖추어야 한다.

다) (③)등을 취급하는 제조소의 설비
㉠ (③)등의 온도 및 농도의 상승에 따른 위험한 반응을 방지하기 위한 조치를 강구한다.
㉡ 철, 이온 등의 혼입에 따른 위험한 반응을 방지하기 위한 조치를 강구한다.

Core 121 / page I – 48

17 이황화탄소 5kg이 모두 증기로 변했을 때 1기압, 50℃에서 부피를 구하시오.

Core 043 / page Ⅰ - 19

18 위험물안전관리법령에서 정한 제조소 중 옥외탱크저장소에 저장하는 소화난이도등급 Ⅰ에 해당하는 번호를 고르시오.(단, 해당 답이 없으면 없음이라고 쓰시오.) [1504]

① 질산 60,000kg을 저장하는 옥외탱크저장소
② 과산화수소 액표면적이 40m^2 이상인 옥외탱크저장소
③ 이황화탄소 500[L]를 저장하는 옥외탱크저장소
④ 유황 14,000kg을 저장하는 지중탱크
⑤ 휘발유 100,000[L]를 저장하는 지중탱크

Core 112 / page Ⅰ - 46

19 자체소방대에 두는 화학소방자동차 및 인원에 대한 다음 표의 ( )안을 채우시오.

구분	화학소방자동차	자체 소방대원의 수
① 12만배 미만	( )대	( )인
② 12만배 이상 24만배 미만	( )대	( )인
③ 24만배 이상 48만배 미만	( )대	( )인
④ 48만배 미만	( )대	( )인

Core 148 / page Ⅰ - 58

20 **제4류 위험물인 알코올류에서 제외되는 경우에 대한 내용이다. 빈칸을 채우시오.** [1302]

가) 1분자를 구성하는 탄소원자의 수가 1개 내지 (①)개의 포화1가 알코올의 함량이 (②)중량% 미만인 수용액

나) 가연성 액체량이 60중량% 미만이고 인화점 및 연소점이 에틸알코올 (③)중량% 수용액의 인화점 및 연소점을 초과하는 것

Core 040 / page I - 17

2021년 2회 기출복원문제

01 위험물의 저장량이 지정수량의 1/10일 때 혼재하여서는 안 되는 위험물을 모두 쓰시오. [0601/1504/1804]

Core 080 / page Ⅰ - 32

02 위험물안전관리법령에 따른 위험물 저장 · 취급기준이다. 다음 빈 칸을 채우시오.

가) 제3류 위험물 중 자연발화성물질에 있어서는 불티 · 불꽃 또는 고온체와의 접근 · 과열 또는 (①)와의 접촉을 피하고, 금수성물질에 있어서는 물과의 접촉을 피하여야 한다.
나) 제(②)류 위험물은 불티 · 불꽃 · 고온체와의 접근이나 과열 · 충격 또는 마찰을 피하여야 한다.
다) 제2류 위험물은 산화제와의 접촉 · 혼합이나 불티 · 불꽃 · 고온체와의 접근 또는 과열을 피하는 한편, (③) 및 이를 함유한 것에 있어서는 물이나 산과의 접촉을 피하고 인화성 고체에 있어서는 함부로 증기를 발생시키지 아니하여야 한다.

Core 079 / page Ⅰ - 32

03 질산암모늄 800g이 열분해되는 경우 발생하는 기체의 부피[L]는 1기압, 600℃에서 전부 얼마인지 구하시오.

Core 011 / page Ⅰ - 8

04 다음 위험물 중 염산과 반응 시 제6류 위험물이 발생하는 물질을 찾고, 그 물질과 물과의 반응식을 쓰시오.

㉠ 과산화나트륨　　㉡ 과망간산칼륨　　㉢ 마그네슘

Core 009 / page I - 8

05 다음은 제3류 위험물인 칼륨에 관한 내용이다. 다음 보기의 위험물과 반응하는 반응식을 쓰시오. [1702]

① 이산화탄소　　② 에틸알코올　　③ 물

Core 025 / page I - 13

06 제2류 위험물과 동소체 관계를 갖는 자연발화성 물질인 제3류 위험물에 대한 다음 물음에 답하시오.

① 연소반응식
② 위험등급
③ 옥내저장소의 바닥면적은 몇 m^2 이하로 해야 하는지 쓰시오.

Core 029 / page I - 14

07 특수인화물의 종류 중 물속에 저장하는 위험물에 대한 다음 물음에 답하시오.

① 연소할 때 발생하는 독성가스의 화학식
② 증기비중
③ 이 위험물을 옥외저장탱크에 저장할 때 철근콘크리트 수조의 두께는 몇 m 이상으로 하는지 쓰시오.

Core 043 · 157 / page Ⅰ－19 · 61

08 메탄올 320g을 산화시키면 포름알데히드와 물이 발생한다. 이때 발생하는 포름알데히드의 g수를 구하시오.

Core 053 / page Ⅰ－21

09 주어진 제4류 위험물에 대한 다음 물음에 답하시오.

㉠ 메탄올　　㉡ 아세톤　　㉢ 클로로벤젠
㉣ 아닐린　　㉤ 메틸에틸케톤

① 인화점이 가장 낮은 것을 고르시오.
② ①의 구조식을 쓰시오.
③ 제1석유류를 모두 고르시오.

Core 051 / page Ⅰ－21

10 아세톤 200g이 완전연소하였다. 다음 물음에 답하시오.(단, 공기 중 산소의 부피비는 21%) [0802/1504]

① 아세톤의 연소식을 작성하시오.
② 이것에 필요한 이론 공기량을 구하시오.
③ 발생한 탄산가스의 부피[L]를 구하시오.

Core 051 / page Ⅰ - 21

11 질산 98중량% 비중 1.51 100mL를 질산 68중량% 비중 1.41로 바꾸려면 물은 몇 g 첨가되어야 하는지 구하시오.

Core 071 / page Ⅰ - 28

12 다음 물질의 완전연소반응식을 쓰시오.

① P_2S_5　　② Mg　　③ Al

Core 018 · 021 · 022 / page Ⅰ - 11 · 11 · 12

13 옥외탱크 저장시설의 위험물 취급 수량에 따른 보유공지의 너비에 관한 표이다. ( )안을 채우시오. [1901]

저장 또는 취급하는 위험물의 최대수량	공지의 너비
지정수량의 500배 이하	(①)m 이상
지정수량의 500배 초과 1,000배 이하	(②)m 이상
지정수량의 1,000배 초과 2,000배 이하	(③)m 이상
지정수량의 2,000배 초과 3,000배 이하	(④)m 이상
지정수량의 3,000배 초과 4,000배 이하	(⑤)m 이상

Core 131 / page Ⅰ - 52

14 다음 소화방법에 대한 다음 물음에 답하시오.

① 대표적인 소화방법 4가지를 쓰시오.
② ①의 소화방법 중 증발잠열을 이용하여 소화하는 방법의 명칭을 쓰시오.
③ ①의 소화방법 중 가스의 밸브를 폐쇄하여 소화하는 방법의 명칭을 쓰시오.
④ 불활성 기체를 방사하여 소화하는 방법의 명칭을 쓰시오.

Core 136 / page Ⅰ - 54

15 제조소에 설치하는 옥내소화전에 대한 다음 물음에 답하시오.

① 수원의 양은 소화전의 개수에 몇 m^3를 곱해야 하는가?
② 하나의 노즐의 방수압력은 몇 kPa 이상으로 해야 하는가?
③ 하나의 노즐의 방수량은 몇 L/min 이상으로 하는가?
④ 하나의 호스접속구까지의 수평거리는 몇 m 이하로 해야 하는가?

Core 151 / page I - 58

16 면적 $300m^2$의 옥외저장소에 덩어리 상태의 유황을 30,000kg 저장하는 경우에 다음 물음에 답하시오.

① 설치할 수 있는 경계구역의 수
② 경계구역과 경계구역간의 간격
③ 해당 옥외저장소에 인화점 10℃인 제4류 위험물을 함께 저장할 수 있는지의 유무

Core 094 / page I - 39

17 지정과산화물 옥내저장소에 대한 다음 물음에 답하시오.

① 지정과산화물의 위험등급을 쓰시오.
② 옥내저장소의 바닥면적은 몇 m^2 이하로 해야 하는지 쓰시오.
③ 철근콘크리트로 만든 옥내저장소의 외벽의 두께는 몇 cm 이상으로 해야 하는지 쓰시오.

Core 090 · 093 / page I - 37 · 38

18 다음은 위험물의 저장 및 취급에 관한 기준에 대한 설명이다. 옳은 것을 모두 고르시오.

① 옥내저장소에서는 용기를 수납하여 저장하는 위험물의 온도가 45℃가 넘지 않도록 필요한 조치를 강구하여야 한다.
② 제3류 위험물 중 황린 그 밖에 물속에 저장하는 물품과 금수성물질은 동일한 저장소에서 저장할 수 있다.
③ 제조소등에서 허가 및 신고와 관련되는 품명 외의 위험물 또는 이러한 허가 및 신고와 관련되는 수량 또는 지정수량의 배수를 초과하는 위험물을 저장 또는 취급하지 아니하여야 한다.
④ 이동탱크저장소에서는 위험물을 이송하기 위한 배관 · 펌프 및 이에 부속한 설비의 안전을 확인하기 위한 순찰을 행하고, 위험물을 이송하는 중에는 이송하는 위험물의 압력 및 유량을 항상 감시해야 한다.
⑤ 컨테이너식 이동탱크저장소외의 이동탱크저장소에 있어서는 위험물을 저장한 상태로 이동저장탱크를 옮겨 싣지 아니하여야 한다.

Core 092 · 103 · 119 · 130 / page I – 38 · 42 · 48 · 51

19 다음 물음에 답하시오.

(가) 다음 설명의 빈칸에 들어갈 위험물의 명칭과 지정수량을 쓰시오.

(①) · (②) · 그 밖에 정전기에 의한 재해발생의 우려가 있는 액체의 위험물을 이동저장탱크의 상부로 주입하는 때에는 주입관을 사용하되, 당해 주입관의 끝부분을 이동저장탱크의 밑바닥에 밀착할 것

(나) (가)의 물질 중 겨울철에 응고할 수 있고, 인화점이 낮아 고체상태에서도 인화할 수 있는 방향족 탄화수소에 해당하는 물질의 구조식을 쓰시오.

Core 047 · 103 / page I – 20 · 42

20 옥외저장탱크 · 옥내저장탱크 또는 지하저장탱크에 다음과 같은 위험물을 저장하는 경우 저장온도는 몇 ℃ 이하로 하여야 하는지를 쓰시오.

① 압력탱크에 저장하는 디에틸에테르
② 압력탱크에 저장하는 아세트알데히드
③ 압력탱크 외의 탱크에 저장하는 아세트알데히드
④ 압력탱크 외의 탱크에 저장하는 디에틸에테르
⑤ 압력탱크 외의 탱크에 저장하는 산화프로필렌

Core 106 / page Ⅰ - 43

2021년 4회 기출복원문제

01 옥외저장소에 옥외소화전설비를 다음과 같은 개수로 설치할 경우 필요한 수원의 양은 몇 m^3인지 계산하시오.

[1304/1804]

① 3개　　② 6개

Core 149 / page Ⅰ - 58

02 다음 각 종별 분말소화약제의 주성분 화학식을 쓰시오. [1404]

① 제1종　　② 제2종　　③ 제3종

Core 142/ page Ⅰ - 55

03 제1류 위험물의 성질로 옳은 것을 [보기]에서 골라 번호를 쓰시오. [1204/1804]

① 무기화합물　　② 유기화합물　　③ 산화체
④ 인화점이 0℃ 이하　　⑤ 인화점이 0℃ 이상　　⑥ 고체

Core 002/ page Ⅰ - 6

04 갈색병에 보관하는 제6류 위험물에 대한 다음 물음에 답하시오. [0702/0901/1401]

① 지정수량을 쓰시오.
② 위험등급을 쓰시오.
③ 위험물이 되기 위한 조건을 쓰시오.(단, 없으면 없음이라고 쓰시오)
④ 빛에 의해 분해되는 반응식을 쓰시오.

Core 071/ page Ⅰ－28

05 제조소 보유공지에 대한 물음이다. 다음의 지정수량의 배수에 따른 보유공지를 쓰시오.

① 1배 ② 5배 ③ 10배 ④ 20배 ⑤ 200배

Core 133/ page Ⅰ－52

06 원통형 탱크의 용량[L]을 구하시오.(단, 탱크의 공간용적은 5/100이다) [1802]

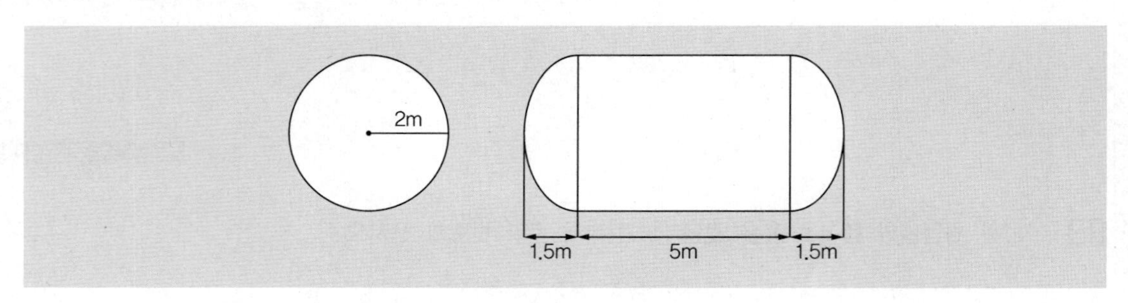

Core 097/ page Ⅰ－40

07 위험물안전관리법령상 옥외저장소에 저장할 수 있는 위험물의 품명 5가지를 적으시오. [1302/1701]

Core 094/ page I - 39

08 불티 · 불꽃 · 고온체와의 접근이나 과열 · 충격 또는 마찰을 피해야하는 위험물에 대한 다음 물음에 답하시오.

① 혼재 가능한 위험물의 유별을 쓰시오.
② 운반용기 외부에 표시해야 하는 주의사항을 쓰시오.
③ 지정수량이 가장 작은 품명 1가지를 쓰시오.

Core 062 · 063/ page I - 25

09 주어진 그림은 옥내탱크저장소의 펌프실의 모습이다. 그림을 보고 물음에 답하시오.

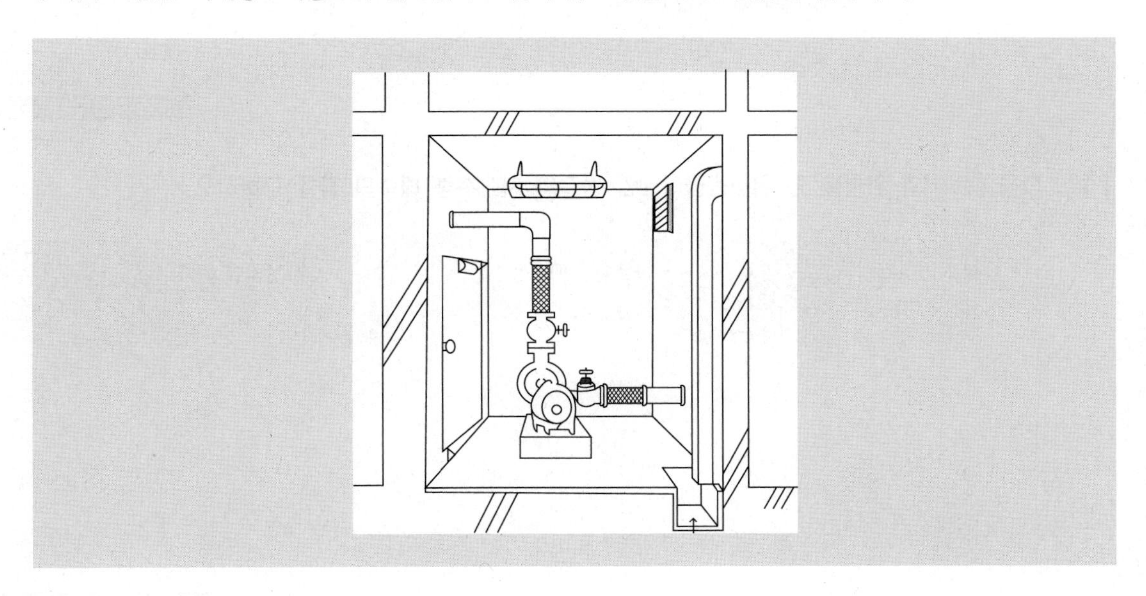

① 펌프실은 상층이 있는 경우에 있어서는 상층의 바닥을 내화구조로 하는데 상층이 없는 경우에 있어서는 지붕을 어떤 재료로 해야 하는지 쓰시오.
② 펌프실의 출입구에는 어떤 문을 설치해야 하는지 쓰시오.
③ 탱크전용실에 펌프설비를 설치하는 경우에는 견고한 기초 위에 고정한 다음 그 주위에는 불연재료로 된 턱을 몇 m 이상의 높이로 설치하는지 쓰시오.
④ 액상의 위험물의 옥내저장탱크를 설치하는 탱크전용실의 바닥은 위험물이 침투하지 아니하는 구조로 적당한 경사를 두는데 그 바닥의 최저부에 설치하는 설비를 쓰시오.
⑤ 탱크전용실의 창 또는 출입구에 유리를 이용하는 경우 어떤 유리를 설치하는지 쓰시오.

Core 110/ page I – 45

10 다음은 이동탱크저장소의 주유호스에 대한 설명이다. 빈칸을 채우시오. [1902]

가) 주입호스는 내경이 (①)mm 이상이고, (②)MPa 이상의 압력에 견딜 수 있는 것으로 하며, 필요 이상으로 길게 하지 아니한다.
나) 주입설비의 길이는 (③) 이내로 하고, 그 선단에 축적되는 (④)를 유효하게 제거할 수 있는 장치를 한다.
다) 분당 토출량은 (⑤) 이하로 한다.

Core 105/ page I – 43

11. 다음 [보기]의 위험물 중 위험등급이 II인 물질의 지정수량 배수의 합을 구하시오.

• 유황 : 100kg
• 나트륨 : 100kg
• 질산염류 : 600kg
• 등유 : 6,000L
• 철분 : 50kg

Core 075 · 076/ page I – 30

12 다음은 지하저장탱크에 관한 내용이다. 빈칸을 채우시오. [1502/2003]

- 탱크전용실은 지하의 가장 가까운 벽 · 피트 · 가스관 등의 시설물 및 대지경계선으로부터 (①) 이상 떨어진 곳에 매설할 것
- 지하저장탱크의 윗부분은 지면으로부터 (②) 이상 아래에 있어야 한다.
- 지하저장탱크를 2 이상 인접해 설치하는 경우에는 그 상호간에 (③)(당해 2 이상의 지하저장탱크의 용량의 합계가 지정수량의 100배 이하인 때에는 (④) 이상의 간격을 유지하여야 한다. 다만, 그 사이에 탱크전용실의 벽이나 두께 (⑤) 이상의 콘크리트 구조물이 있는 경우에는 그러하지 아니하다.

Core 098 · 099 · 100/ page Ⅰ- 40 · 41

13 다음 [보기]의 위험물 중 연소될 경우 발생하는 연소생성물이 같은 위험물의 연소반응식을 각각 쓰시오. [1804]

적린, 삼황화린, 오황화린, 황, 마그네슘

Core 018/ page Ⅰ- 11

14 [보기]의 물질 중 연소범위가 가장 큰 물질에 대한 물음에 답하시오.

[보기]
아세톤, 메틸에틸케톤, 디에틸에테르, 메틸알코올, 톨루엔

① 물질의 명칭을 쓰시오. ② 위험도를 구하시오.

Core 044 · 061/ page Ⅰ- 19 · 24

15 다음에서 설명하는 물질에 대한 물음에 답하시오. [0801/1701]

- 제3류 위험물이며, 지정수량이 300kg이다.
- 분자량이 64이다.
- 비중이 2.2이다.
- 질소와 고온에서 반응하여 석회질소를 생성한다.

① 물질의 화학식을 쓰시오.
② 물과의 반응식을 쓰시오.
③ 물과 반응하여 생성되는 기체의 완전연소반응식을 쓰시오.

Core 037/ page Ⅰ-16

16 다음은 알코올류의 산화 · 환원과정을 보여주고 있다. 물음에 답하시오.

- 메틸알코올 ↔ 포름알데히드 ↔ (①)
- 에틸알코올 ↔ (②) ↔ 아세트산

① 물질명과 화학식을 쓰시오.
② 물질명과 화학식을 쓰시오.
③ ①, ② 중 지정수량이 작은 물질의 연소반응식을 쓰시오.

Core 046 · 053 · 054/ page Ⅰ-19 · 21

17 트리니트로톨루엔(TNT)을 제조하는 과정을 화학반응식으로 쓰시오. [0802/1102/1201]

Core 066/ page Ⅰ - 26

18 다음 보기의 물질이 물과 반응하는 반응식을 쓰시오. [0604/0704/1002/1301]

① 탄화알루미늄 ② 탄화칼슘

Core 037 · 038/ page Ⅰ - 16

19 금속나트륨에 대한 다음 각 물음에 대해 답을 쓰시오. [1802]

① 지정수량을 쓰시오.
② 보호액을 쓰시오.
③ 물과의 반응식을 쓰시오.

Core 026/ page Ⅰ - 13

20 트리에틸알루미늄[$(C_2H_5)_3Al$]과 물의 반응식과 발생된 가스의 명칭을 쓰시오. [0904/1304]

Core 027/ page Ⅰ - 14

MEMO

MEMO

MEMO